EINFACH
ALLES!

Genehmigte Lizenzausgabe für Impian GmbH, Leverkusen, 2023
Die englische Originalausgabe erschien unter dem Titel *Absolutely Everything!*
A History of Earth, Dinosaurs, Ruler, Robots and Other Things Too Numerous to Mention.

Übersetzung aus dem Englischen von Hanne Henninger
Umschlaggestaltung: Nele Schütz Design, München
unter Verwendung von Illustrationen von Justin Poulter
Druck: UAB BALTO print
Printed in Lithuania

ISBN 978-3-96269-157-8

www.impian.de

EINFACH ALLES!

Die GESCHICHTE der ERDE, DINOSAURIER, ROBOTER und ZU VIELER ANDERER DINGE, um sie hier AUFZUZÄHLEN

CHRISTOPHER LLOYD

impian

Inhalt

Vorwort

Hast du schon mal einen Campingausflug gemacht? Camping ist das Tollste, was ich je mit meiner Familie erlebt habe – wir hatten jede Menge Spaß!

Jeder, der schon mal gecampt hat, weiß, dass es auf dem Campingplatz einiges zu tun gibt. Neben ein paar anderen Arbeiten, die ich erledigen sollte, war meine Hauptaufgabe das Geschirrspülen.

Damit hatte ich kein Problem. Es machte mir schließlich sogar Spaß. Wann immer ich an der Spülstelle ankam, traf ich Leute, die ich fragen konnte, wie der Ort hier aussieht, was wir uns anschauen sollten oder, was noch wichtiger war, was *nicht*. Jedes Mal gingen mir beim Geschirrspülen zig Fragen durch den Kopf.

Und dann, eines Tages, als wir gerade auf einem neuen Campingplatz angekommen waren, ging ich zur Spülstelle, und obwohl es jede Menge Autos, Zelte und Wohnmobile gab, war außer mir kein Mensch beim Geschirrspülen. Nur ich. Ich war ganz allein.

Ich war enttäuscht.

„Ganz ehrlich“, dachte ich. „Wie um alles in der Welt soll ich denn mein Wissen erweitern, wenn niemand hier ist, den ich fragen kann?“

Da hörte ich es hinter mir zwitschern. Es war ein herrlicher Tag und wie bei allen guten Campingplätzen waren die Spülbecken im Freien.

Etwa 50 Meter hinter mir sah ich einen Vogel hoch oben in einem Baum sitzen. Und dann kam mir ein Gedanke, den ich nie vergessen werde.

„Wenn ich bloß die Vogelsprache könnte!“

Diese Kreatur mit den bemerkenswerten Flügeln muss einen herrlichen Blick auf alles Sehenswerte in dieser Gegend haben. Das Einzige, was mich daran hindert, all das zu erfahren, was ich wissen möchte, ist die Sprachbarriere. Wie frustrierend, obwohl wir uns Luft und Sonnenschein teilen, werde ich mich nie mit diesem Vogel unterhalten können.

Dann kam ein anderer Gedanke in mir auf. Nicht nur die Vogelsprache ist mir fremd, ich habe auch keine Ahnung, was für ein Vogel das ist, der da hoch oben im grünen Laub der Baumkronen zwitschert.

Klein und braun, sicher, aber welche Art? Wie wenig ich doch wusste!

Und es ging weiter.

Ich sah mir den Baum von unten bis oben an und musste mir eingestehen, dass ich ihn nicht benennen konnte.

Mein Blick fiel auf den Boden.

Mir wurde klar, dass ich keinen blassen Schimmer hatte, wie alt der Planet Erde ist.

Ich war betroffen und beschämt!

Da hatte ich nun einen Hochschulabschluss in Geschichte und war Journalist, konnte aber die einfachsten Fragen zu Dingen, die ich alltäglich sah, nicht beantworten! Welches Wissen fehlte mir sonst noch? Wie konnte ich das herausfinden?

Mir schwirrte der Kopf. Ich brauchte ein Buch, das einfach zu verstehen und doch so umfassend sein musste, dass es die Kernpunkte der Vergangenheit miteinander verknüpft. Mein Gehirn fühlte sich wie eine zerbrochene Glasscheibe an. Ich kannte viele Details, aber sobald ich einen Schritt zurückging, fehlte mir ein Gesamtbild, um das Ganze zu verstehen.

Nach meinem Campingausflug suchte ich in vielen Buchhandlungen nach einem einfachen Leitfaden über alles in der Geschichte der Erde.

Von den Buchhändlern, die ich fragte, bekam ich die Auskunft, dass sie zu allen gewünschten Informationen etwas hätten, allerdings auf viele verschiedene Bücher verteilt.

„Aber ich möchte alles in nur einem Buch, in dem das Ganze einen Zusammenhang hat ..."

„Tut mir leid, Sir, da kann ich Ihnen nicht helfen ..."

Tja. Das war der Punkt, an dem ich beschloss, dieses Buch zu schreiben.

Einfach alles! Die Geschichte der Erde, Dinosaurier, Roboter und zu vieler anderer Dinge, um sie hier aufzuzählen, führt von der Entstehung des Universums vor etwa 13,8 Milliarden Jahren bis in das 21. Jahrhundert, in dem wir heute leben.

Ich hoffe, es wird möglichst viele deiner Fragen beantworten. Einiges weißt du sicher schon, manches andere ist wahrscheinlich neu für dich. So ging es mir, als ich die ganze Zeit recherchiert und geschrieben habe.

Wie alt ist das Universum? Was geschah mit den Dinosauriern? Wann entdeckten die Menschen, wie man Feuer macht? Warum betrifft der Klimawandel uns alle?

Natürlich enthält dieses Buch nicht wirklich *alles*, was man so wissen kann. Das wäre unmöglich. Es soll vielmehr ein Tor zu all dem Wissen sein, das in der Welt bereits vorhanden ist. Jede Antwort auf eine Frage, wirft weitere Fragen auf, die hoffentlich dazu führen, dass du nie aufhören wirst, Fragen zu stellen und Antworten darauf zu finden.

Wenn du es also liebst, viel zu hinterfragen und Antworten zu finden, ist dieses Buch das Richtige für dich. Und da gibt es noch etwas Faszinierendes, das ich im Laufe der Zeit herausgefunden habe: Die reale Welt ist viel erstaunlicher als alles, was man sich vorstellen kann!

Christopher Lloyd

Ach übrigens, seit ich von diesem Campingausflug zurück bin, spüle ich zu Hause immer ab, denn, naja, ich habe gelernt, dass man nie wirklich weiß, was als Nächstes passiert.

Kapitel 1

AUS DEM NICHTS

Vor 13,8 Milliarden–450 Millionen Jahren
Die Entstehung des Universums, der Erde und allen Lebens

Zeitleiste

Vor 13,8 Milliarden Jahren
Der Urknall.

Vor 13,6 Mrd. Jahren
Die Milchstraße bildet sich.

Vor 4,6 Milliarden Jahren
Das Sonnensystem bildet sich.

Vor 4,5 Milliarden Jahren
Erde und Theia stoßen zusammen und so entsteht der Mond.

Vor 4 Milliarden Jahren
Die ersten mikroskopisch kleinen Lebewesen finden sich in den Meeren.

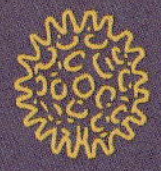

Vor 3,2 Milliarden Jahren
Die Plattentektonik führt zu Kontinentalverschiebungen.

Vor 2,5 Milliarden Jahren
Sauerstoff produzierende Cyanobakterien verändern die Erdatmosphäre.

Vor 540 Millionen Jahren
Die kambrische Artenexplosion.

Schau dich zuerst einmal gut um. Dann stellst du dir eine riesige und superstarke Häckselmaschine vor, und steckst alles was du siehst hinein. Pflanzen, Tiere, G ude, dein ganzes Haus, die Stadt und sogar das Land, in dem du lebst. Schau zu, wie alles püriert und zu einem winzigen Ball zerquetscht wird. Steckst du jetzt noch den Rest der ganzen Welt hinein, ebenso wie die anderen Planeten in unserem Sonnensystem und nimm die Sonne auch dazu.

Dann wirfst du unsere Galaxie, die Milchstraße mit ungefähr 100 bis 400 Milliarden weiteren Sonnen und schließlich alle anderen Galaxien des Universums hinein. Du siehst, wie all das auf die Größe eines Tennisballs zusammengepresst wird und noch weiter, bis es kleiner als ein i-Tüpfelchen schließlich gar nicht mehr zu sehen ist. All diese Sterne, Monde und Planeten sind verschwunden – im Nichts. Genauso war es.

Das Universum entstand aus einem winzigen nicht mehr sichtbaren Punkt. Dieser Punkt war so heiß und stand durch die eingeschlossene Energie unter so gewaltigem Druck, dass etwas Gigantisches passieren musste. Vor etwa 13,8 Milliarden Jahren war es dann soweit. Er explodierte.

Wahrscheinlich hast du schon vom Urknall, dem Big Bang, gehört, einer Theorie, die versucht,

Wie in den Augen eines Künstlers aus dem Urknall das gesamte Universum entstand. Obwohl sich das Ganze über Milliarden von Jahren erstreckte, zeigt das Bild alles zusammen.

Aber warte kurz – den Anfang? Genau das ist es, was so schwer zu verstehen ist. Wenn das Universum einen Anfang hatte, was geschah dann vor dem Anfang? Das weiß wirklich niemand. Wie du noch merken wirst, gibt es viele Rätsel, die selbst die moderne Wissenschaft noch nicht gelöst hat.

Der Urknall setzte eine unvorstellbar große Energiemenge frei. Dann kamen die Grundkräfte des Universums, zu denen auch die Schwerkraft gehört. Sie ist eine der wichtigsten Kräfte, die dafür sorgt, dass sich die Teilchen im Universum gegenseitig anziehen. Anschließend folgten unzählige winzig kleine Bausteine, die sogenannten subatomaren Teilchen. Stell sie dir wie Mini-Legosteine vor, mit denen sich ein riesiges Universum bauen lässt. Es ist unglaublich, dass alles auf der Welt aus Milliarden subatomarer Teilchen besteht, die durch den Urknall erzeugt wurden. Und das schließt die Möbel in deinem Zuhause und die Haare auf deinem Kopf mit ein.

> **IN DIESEM DUNKLEN ZEITALTER WARTETE DAS UNIVERSUM IN ALLER STILLE AUF WASSERSTOFFWOLKEN, UM DEM EINFLUSS DER SCHWERKRAFT ZU GEHORCHEN UND IN DIE ALLERERSTEN STERNE UND GALAXIEN ZU ZERFALLEN.**
>
> Aaron Parsons, Astrophysiker

Etwa 380 000 Jahre nach dem Urknall hatte sich das Universum so weit abgekühlt, dass sich die subatomaren Teilchen zu etwas größeren (für uns aber immer noch unsichtbaren) Klümpchen, die wir Atome nennen, zusammenlagern konnten. Von diesen gab es zuerst nur eine Art, nämlich Wasserstoffatome, die sich in riesigen Wolken aus extrem heißem Staub sammelten. Dann, nach einer langen Pause, dem sogenannten dunklen Zeitalter, stießen die Wasserstoffatome im Inneren der Wolke aufeinander, verschmolzen und begannen als Sterne zu leuchten. Und das ist es, was Sterne sind. Sie sind

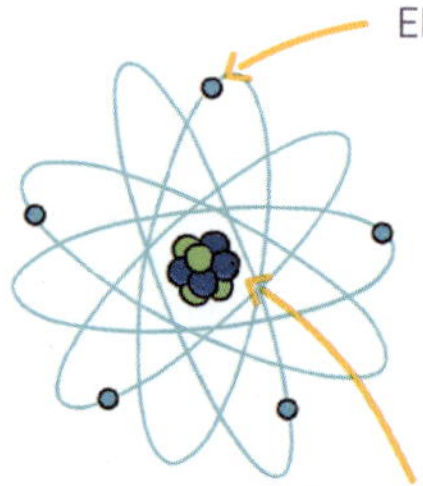

Ein Atom besteht aus subatomaren Teilchen, den Elektronen (die sich um den Atomkern bewegen) und den Protonen und Neutronen (die den Atomkern oder Nukleus bilden).

ganz einfach Kugeln aus glühendem Gas voller Atome und Energie – die Überbleibsel vom Urknall.

Durch die Ansammlung von Sternen bildeten sich Galaxien unterschiedlicher Form und Größe. Sterne wurden geboren und starben wieder. Weitere Sterne wurden geboren. Weitere Sterne starben. Dann, vor etwa 4,6 Milliarden Jahren, als das Universum etwa zwei Drittel seines jetzigen Alters erreicht hatte, bildete sich aus der Gas- und Staubwolke eines alten ausgebrannten Sterns ein neuer leuchtender Stern. Den schauen wir uns genauer an, denn dieser Stern ist die Sonne und somit unserer Erde am nächsten. Und unser Planet, zusammen mit mehreren anderen, entstand etwa zur gleichen Zeit wie die Sonne aus einer Mischung von Staubresten und Gestein. Das war der Anfang unseres Sonnensystems.

Unser Sonnensystem ist Teil einer großen Ansammlung von Sternen, der Milchstraße. Wir befinden uns in einem der Spiralarme der Milchstraße und drehen uns mit etwa 800 000 Stundenkilometern um das Zentrum dieser Galaxie. Du spürst nichts von dieser schnellen Drehung, weil sich unser gesamtes Sonnensystem in derselben Geschwindigkeit mitbewegt.

In seiner Frühzeit war das Sonnensystem für jegliche Art von Leben völlig ungeeignet. Du hättest dort nicht einen Moment überlebt. Ein unsichtbarer Regen aus tödlichen Teilchen strömte wie eine prasselnde Flut rasiermesserscharfer Dolche aus der Sonne.

Sonneneruptionen sind für alle lebenden Organismen tödlich, die Erde wird jedoch durch ihre Atmosphäre und ihr Magnetfeld vor den dabei freigesetzten Strahlungswolken geschützt.

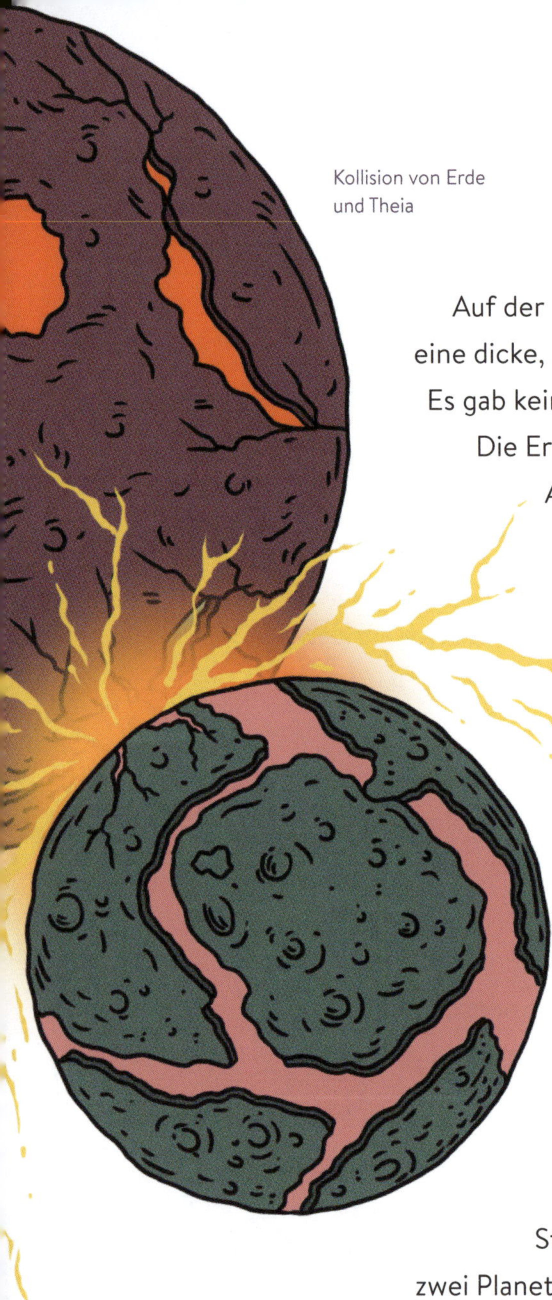

Kollision von Erde und Theia

Auf der Oberfläche unseres Planeten Erde blubberte eine dicke, halb geschmolzene Kruste aus klebriger Lava. Es gab keinen festen Boden und definitiv kein Leben. Die Erde drehte sich damals so schnell um ihre Achse, dass jeder Tag nur ungefähr vier Stunden dauerte.

Als Nächstes geschah etwas Verrücktes. Experten gehen davon aus, dass zwei junge Planeten auf der gleichen Umlaufbahn, jedoch mit unterschiedlichen Geschwindigkeiten, um die Sonne kreisten. Einer davon war die Erde, der andere war ein kleinerer Planet namens Theia. Du kannst dir denken, was dann passiert ist. So unglaublich es klingt, aber vor etwa 4,5 Milliarden Jahren, also 100 Millionen Jahre nach der Entstehung der Erde, krachten diese beiden neugeborenen Planeten ineinander.

Stell dir nur die enorme Wucht vor, mit der zwei Planeten zusammenprallten. Die äußeren Schichten von Theia zerfielen sofort in Milliarden von winzigen Teilchen. Sie bedeckten die Erde mit einer dicken Schicht aus heißem Staub und Gestein. Überall auf der Erde brachen Vulkane aus. Unzählige Tonnen Gas, die im Erdkern eingeschlossen waren, schossen nach außen in die Luft und bildeten die erste Atmosphäre unseres Planeten.

Aber eigentlich war diese gewaltige Kollision für das Leben auf der Erde ein Segen. Erinnerst du dich an die winzigen tödlichen Teilchen, die aus unserer Sonne schossen? Nun, das hat nie aufgehört. Noch heute feuert die Sonne innerhalb von nur 24 Stunden 20 Milliarden Tonnen davon ab. Dieses beängstigende Zeug heißt Sonnenwind. Er kann sogar durch die robustesten Raumanzüge und Helme von Astronauten dringen.

Uns auf der Erde kann der Sonnenwind nichts anhaben. Als Theia und die Erde kollidierten, verbanden sich die beiden Planetenkerne durch die riesige Stoßwelle zu einer heißen Metallkugel. Der Metallkern des Planeten ließ einen magnetischen Schutzschild entstehen, der den tödlichen Sonnenwind fernhält und außerdem verhindert, dass der Erde kostbare Wasservorräte verloren gehen, die sich ansonsten in den Weltraum verflüchtigen würden. Und ohne Wasser gibt es kein Leben. So einfach ist das.

> „THEIA WURDE GRÜNDLICH IN DIE ERDE UND DEN MOND GEMISCHT UND GERECHT ZWISCHEN IHNEN AUFGETEILT …“
>
> Edward Young, Kosmochemiker

Heute finden sich auf der Erde keine sichtbaren Beweise mehr für diese dramatische Kollision. Es gibt keinen Krater, weil die gesamten Außenschichten unseres Planeten durch die Wucht des Aufpralls verdampften und als Staub in den Weltraum entwichen. Dieser Staub legte sich in einer großen Wolke um die Erde, in der er schließlich dank der Schwerkraft wieder zusammenklebte.

Kannst du dir vorstellen, was aus dieser riesigen Staubwolke geworden ist? Natürlich! Es wurde unser schöner leuchtender Begleiter – der Mond. Der Mond hat keinen metallischen Kern und ist somit nicht vor dem Sonnenwind geschützt. Deshalb gibt es dort auch kein Wasser. Er hat auch keine Atmosphäre, was bedeutet, dass auf dem Mond kein Geräusch zu hören ist und der Himmel immer tiefschwarz und mit Sternen übersät erscheint.

Was die Frühgeschichte unseres Planeten Erde anbelangt, sind sich die Wissenschaftler über so manches noch im Unklaren. Das liegt daran, dass es von dieser frühen Zeit nicht mehr viel gibt, das man erforschen könnte, weil sich die Erde im Laufe der Zeit so sehr verändert hat. Aber sie können die Welt von heute betrachten und Vermutungen anstellen.

Von allen Planeten unseres Sonnensystems ist die Erde der einzige, der über solche Mengen an flüssigem Wasser verfügt. Warum ist das so? Und woher kommt es? Das sind entscheidende Fragen, denn ohne Wasser hätte sich ein Leben, wie wir es kennen, nicht entwickeln können.

Einige Forscher nehmen an, dass das Wasser tief aus dem Inneren der Früherde kam, während andere dabei eher an äußere Einflüsse aus dem Universum denken. Sie vermuten, dass gut die Hälfte des gesammten Wassers von eisigen Kometen oder Asteroiden stammt, die vor etwa vier Milliarden Jahren auf die Erde stürzten.

Stell dir vor, wie Tausende von riesigen Objekten, einige mit einem Umfang von mehr als 160 Kilometern, auf die junge Erde stürzen und mit voller Wucht einschlagen. Als sie durch die Atmosphäre drangen, schmolz ihr Eis durch die Reibungshitze oder verdampfte sogar, und so entstand nach dem Abkühlen eine riesige Wassermenge, die es heute noch gibt und die bis heute noch unsere Ozeane füllt. Daran solltest du denken, wenn du das nächste Mal ein Bad nimmst, denn mehr als die Hälfte des Wassers in deiner Wanne kam womöglich einmal aus dem Weltraum.

Diese Gebilde in der westaustralischen Shark Bay sind Stromatolithen. Sie bestehen aus Cyanobakterien, der frühesten Lebensform, die Sauerstoff produzierte.

Wie und wo begann das Leben? Auch in dieser Frage sind sich die Wissenschaftler nicht ganz einig. Manche nehmen an, dass die Bausteine für den Ursprung ersten Lebens möglicherweise mit diesen Kometen oder Asteroiden aus dem All gekommen sind. Die meisten glauben, dass das

Leben irgendwo in der Tiefe der Meere begann. Auch heute noch liefern Unterwasservulkane chemische Substanzen als Nährstoffe und Wärme für winzige Lebewesen. Die erste Lebensform auf der Erde waren Einzeller. Das sind Mikroorganismen die essen, wachsen und – was am wichtigsten ist – sich teilen konnten, um zwei neue winzige Lebewesen zu bilden. Und genau das ist das Einzigartige am Leben. Die Fähigkeit, sich fortzupflanzen.

Im Laufe der Zeit gelang es einigen einzelligen Lebensformen, den Cyanobakterien, näher an der Meeresoberfläche zu überleben. Sie schlossen sich in seichten Gewässern zu hügeligen Gebilden zusammen, den so genannten Stromatolithen und konnten auch Photosynthese betreiben. Das ist derselbe Prozess, mit dem Pflanzen auch heute noch aus Sonnenlicht, Kolendioxid und Wasser in Nährstoffe und Energie umwandeln, die sie zum Überleben brauchen. Und wie alle Lebewesen hinterließen die Cyanobakterien ein Abfallprodukt. Aber dieser Abfall war etwas Besonderes. Cyanobakterien reicherten Luft und Meere

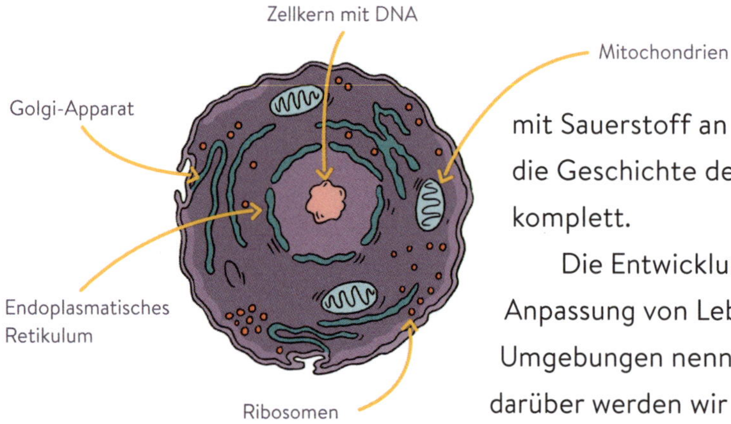

mit Sauerstoff an und veränderten so die Geschichte des Lebens auf der Erde komplett.

Die Entwicklung, Veränderung und Anpassung von Lebewesen an neue Umgebungen nennt man Evolution, und darüber werden wir gleich noch viel erfahren.

Alle diese Veränderungen auf der Erde gingen sehr langsam voran. Machen wir einen Sprung in die Zeit vor etwa 2,5 Milliarden Jahren. Eine neue Art von Lebensform, die Eukaryoten, entwickelt sich gerade. Eukaryoten verwenden einen Prozess namens Atmung, bei dem Sauerstoff aufgenommen und zur Energiegewinnung genutzt wird. Dies stellt eine weitere große Veränderung in der Geschichte des Lebens auf der Erde dar. Alle Pflanzen, Pilze und Tiere sind Eukaryoten. Und wir Menschen, wie du vielleicht schon erraten hast, sind es auch.

Eukaryotische Zellen haben einen Zellkern, in dem sich das Erbgut, die DNA, befindet. Sie enthalten auch Organellen, die für verschiedene Funktionen wie Energiegewinnung (Mitochondrien), Proteinherstellung (Ribosomen und endoplasmatisches Retikulum) und Proteintransport (Golgi-Apparat) verantwortlich sind.

Stell dir die Geschichte der Erde auf einer 24-Stunden-Uhr vor. Die Erde entstand genau um Mitternacht. Die ersten Anzeichen von Leben machten sich um 3:00 Uhr morgens bemerkbar. Aber wir sind schon so weit gereist, dass es nun 13:00 Uhr am Nachmittag ist und bis jetzt waren alle Lebewesen auf der Erde mit dem bloßen Auge nicht sichtbare Lebensformen in den Meeren. Es bleiben also nur noch elf Stunden (weniger als ein halber Tag) für die Entwicklung des übrigen Lebens, wie wir es kennen.

Bestimmt erinnerst du dich, wie unglaublich schnell die Erde mit dem Sonnensystem um das Zentrum der Milchstraße kreist, viel schneller als jeder Rennwagen. Aber wir bewegen

uns gleichzeitig noch auf andere Weise. Während die Erde die Sonne umläuft, dreht sie sich auch um ihre eigene Achse. Und das ist nicht alles. Du sitzt gerade auf einem Stück der Erdkruste, das wie ein riesiges Floß *sehr langsam* auf einem unterirdischen Meer aus kochend heißem Magma dahintreibt, dieser flüssigen Masse, die, wenn sie an die Erdoberfläche kommt, Lava genannt wird und bei all diesem Umkreisen und Drehen und Treiben sitzt niemals jemanden wirklich still!

Die Erdoberfläche, auch Erdkruste genannt, ist in mehrere Plattenstücke unterteilt, die sich immerzu bewegen. Manche driften ständig auseinander, andere bewegen sich aufeinander zu oder stoßen zusammen, wie langsam fahrende Autoskooter in einem

Während du das hier liest, sitzt du auf einem Stück der Erdkruste, das wie ein riesiges Floß auf einem unterirdischen Meer aus kochend heißem Magma schwimmt. Hier siehst du, wie die tektonischen Platten der Erde heute angeordnet sind.

Vergnügungspark. Man bezeichnet diesen Vorgang als Plattentektonik und die schwimmenden Stücke tektonische Platten. Wenn zwei solcher Platten aufeinander treffen, wird ihr Gestein zusammengeschoben und türmt sich zu einem gewaltigen Gebirge auf. Treiben sie auseinander, bilden sich zwischen ihnen weite Ozeane oder tiefe Täler. Im Gestein der Erde kann sich dabei so viel Druck aufbauen, dass die Bewegung der Platten Erdbeben, Vulkanausbrüche, heiße Geysire und Tsunamis entstehen lässt.

Aber das Ganze hat auch einen positiven Effekt. Die Salzkonzentration in den Meeren muss so niedrig sein, dass Leben gedeihen kann. Ist das Meer zu salzig, sterben die Lebewesen. Doch solange sich die Erdplatten bewegen, wird das Meersalz nach dem Verdunsten des Wassers immer wieder tief unter Gebirgsketten vergraben. So wird es dem Meer entzogen und sein Salzgehalt bleibt niedrig genug, dass es als Lebensraum sicher ist.

Die globale Durchschnittstemperatur während der „Schneeball-Erde"-Zeit lag bei etwa -27 °C.

Die Plattentektonik kann auch das Klima verändern. Nach Ansicht einiger Wissenschaftler, haben bewegliche Platten vor etwa 700 Millionen Jahren auf der Erde eine „Supereiszeit" ausgelöst. Diese Zeit, in der der gesamte Planet von Pol zu Pol mit Eis bedeckt war, ist unter dem Namen „Schneeball-Erde" bekannt. Als sich die Erde schließlich wieder erwärmte und sich das Eis zurückzog, nahm die Geschichte des Lebens eine neue Wendung. Es gab noch immer mikroskopisch kleine Lebewesen. Doch nun begannen sich in den Meeren mehrzellige Lebewesen zu entwickeln.

Dies führt uns zu einem der spannendsten Momente unserer Geschichte. Das war vor 540 Millionen Jahren. Auf unsere 24-Stunden-Uhr

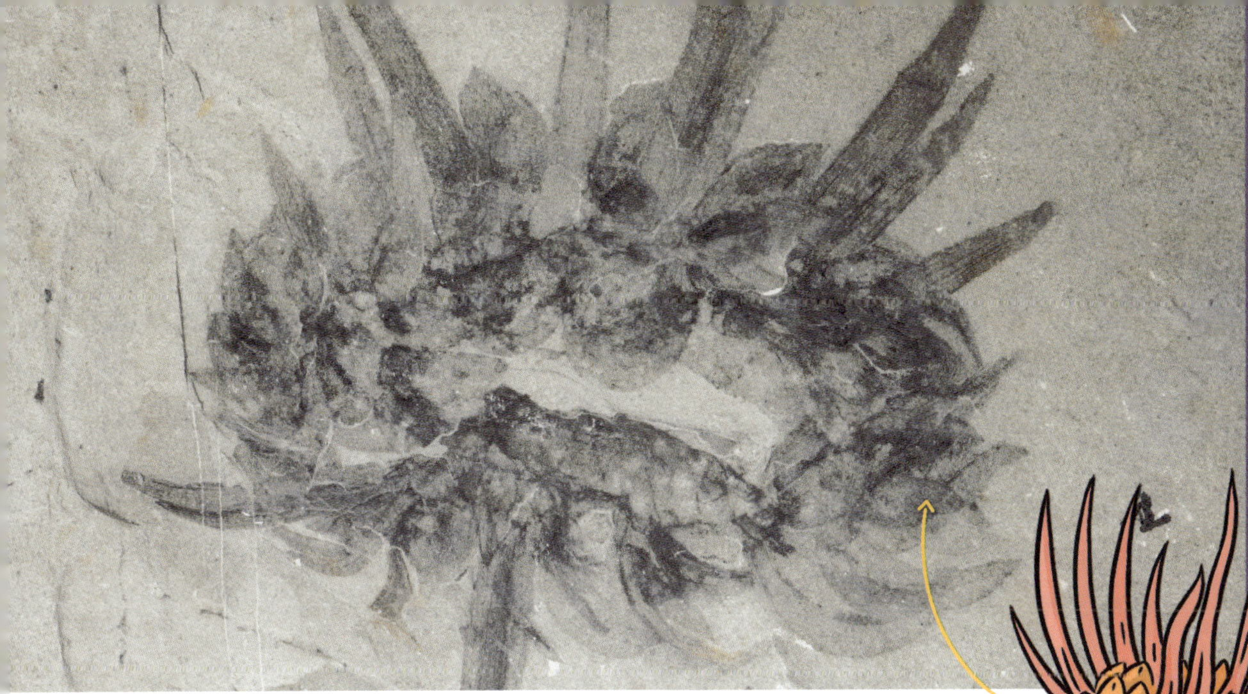

Dieses Fossil eines stacheligen Tieres namens *Wiwaxia* ist eines von Tausenden, das im Burgess-Schiefer in Kanada gefunden wurde.

ist es jetzt kurz nach 21:00 Uhr. Es gibt noch immer keine Pflanzen, Blumen, Vögel, Tiere oder Menschen. Aber jetzt bilden sich die ersten Lebensformen, die allmählich die vertraute Welt um uns herum entstehen lassen.

Fossilien sind die erhaltenen Überreste von längst verstorbenen Lebewesen oder deren Abdrücke, die sie im Gestein hinterlassen haben. Wenn Lebewesen sterben, beginnt ihr Körper zu verwesen. Manchmal ersetzen jedoch Mineralien im Boden die einst lebenden Zellen in einem ihrer Knochen und verwandeln ihn in ein Fossil. Das Gleiche kann auch mit Schalen oder Zähnen passieren. Wissenschaftler können anhand von Fossilien erforschen, welche Art von Lebewesen es einst auf der Erde gab. Erfahrene Fossiliensammler nennt man Paläontologen.

Einer von ihnen war Charles Doolittle Walcott. Er wurde 1850 in den Vereinigten Staaten von Amerika geboren. Als kleiner Junge fand er die Schule ziemlich langweilig. Es lag nicht daran, dass er sich für die Dinge

ES GEFÄLLT DER NATUR, EINIGE IHRER WERTVOLLSTEN SCHÄTZE SO ZU VERSTECKEN, DASS SIE NUR SCHWER ZU FINDEN UND KAUM ERREICHBAR SIND.

Charles Doolittle Walcott, Paläontologe

nicht interessiert hätte, eher ganz im Gegenteil. Er war so wissbegierig, dass er lieber hinausgehen und die Welt für sich selbst erkunden wollte – vor allem suchte er gerne nach Mineralien, Steinen, Vogeleiern und Fossilien.

Eines Tages im Jahr 1909 veränderte ein seltsamer Zufall sein ganzes weiteres Leben. Erzählungen zufolge war er grade in einem hoch und abseits gelegenen Gebiet der kanadischen Rocky Mountains unterwegs, als sein Pferd ausrutschte und ein Hufeisen verlor. Dabei löste sich ein glänzender Gesteinsbrocken. Walcott hob ihn auf und erkannte eine Reihe auffallend silbriger Fossilien. Es waren ausgeteichnet erhaltene Abdrücke von Tieren aus einer längst vergangenen Zeit, dem so genannten Kambrium.

Erinnerst du dich, dass das Land ständig in Bewegung ist und sich verändert? Nun, es stellte sich heraus, dass der Bergrücken, auf dem Walcott stand, vor 505 Millionen Jahren noch auf dem Meeresboden lag. Damals hatte etwas – vielleicht ein Erdrutsch – die Tiere getötet und sie wurden wie in einer Zeitkapsel begraben und blieben so der Nachwelt erhalten. Walcotts Fossilien gehören mit zu den ältesten Funden. Die Fundstelle wird heute Burgess-Schiefer genannt, nach dem in der Nähe gelegenen Mount Burgess. Walcott kehrte mehrmals dorthin zurück und schrieb unzählige Bücher über seine Funde. Und was für eine Vielfalt der merkwürdigsten Lebewesen darunter waren! Eines davon war das seltsam aussehende *Anomalocaris*. Das war der wohl

Anomalocaris

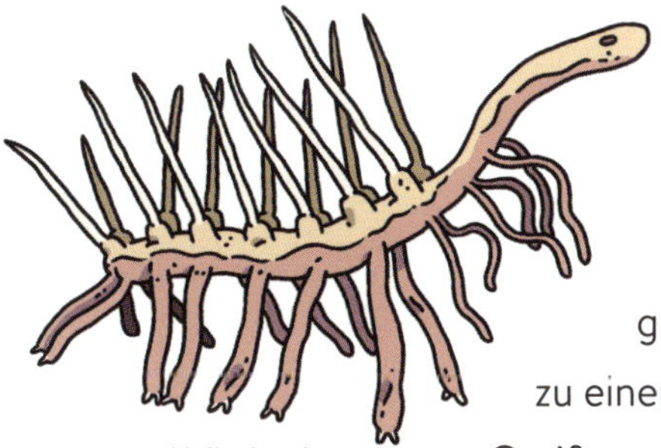
Hallucigenia

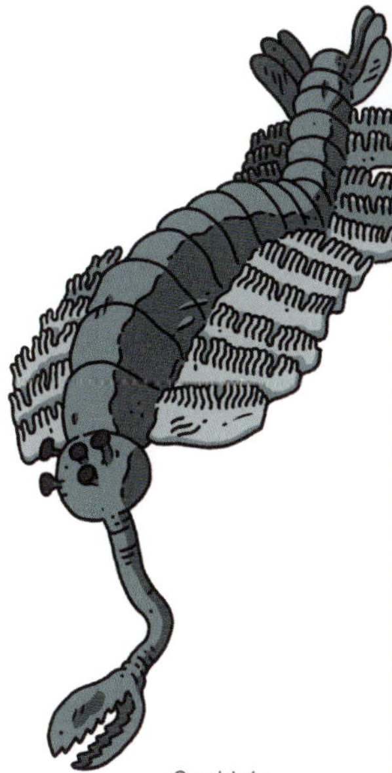
Opabinia

größte Jäger seiner Zeit, konnte bis zu einem Meter lang werden und hatte zwei Greifarme, mit denen es seine zappelnde Beute einfing und festhielt.

Ein anderes war *Hallucigenia*. Dieses kleine Tier lief auf tentakelähnlichen Beinen und hatte zum Schutz vor Räubern Stacheln auf dem Rücken.

Aber das ist alles nichts gegen *Opabinia*. Dieser schwimmende Sonderling hatte fünf Augen, einen fächerartigen Schwanz zum Schwimmen und einen langen Rüssel mit Mund. Es gibt heute kein Tier, das diesem auch nur im Entferntesten ähnlich sieht.

Zu den häufigsten Meeresbewohnern des Kambriums gehörten die Trilobiten. Ihre daumengroßen bis hin zu 75 cm langen Fossilien wurden auf der ganzen Welt gefunden. Interessant ist, dass sie möglicherweise die ersten Lebewesen mit voll entwickelten Augen waren.

Einige Forscher glauben, dass die Augen der Trilobiten einen neuen Wettlauf ums Überleben in den Urmeeren auslösten. Sie konnten sich aussuchen, was sie zum Abendessen wollten, sie brauchten sich nur umzusehen. Natürlich war alles, was gut sichtbar im Meer herumschamm, leichte Beute. Eine bessere Überlebensschance hatten diejenigen, die sich im Meeresboden versteckten oder die Farbe ihrer Körper dem Meeresgrund anpassten. Es ist ein gutes Beispiel dafür, wie die Natur funktioniert, und wie neue, besser angepasste Lebewesen im Laufe der Zeit die alten ersetzen.

Die Fossilien aus dem Burgess-Schiefer geben einen kleinen Einblick in die Tierwelt eines Zeitalters, das man Paläozoikum nennt. Viele Fossilien aus dieser Zeit zeugen von einer explosionsartigen Entwicklung des Lebens in den Meeren.

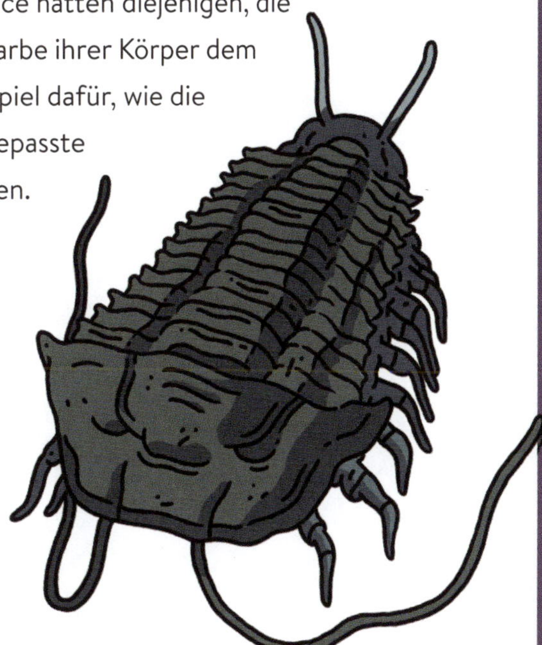
Trilobit

Zeitleiste der Erdgeschichte

Vor Millionen von Jahren	Zeitalter	Periode	Epoche	Evolutionsstufe	24-Stunden-Uhr
4600	HADAIKUM			Kein Leben auf der Erde; Vulkane; Regen kühlt die Oberfläche; Meere entstehen	00:00
4000	ARCHAIKUM			Methanbildner (Prokaryonten); Cyanobakterien; Stromatolithen; Sauerstoff in der Luft	03:08
2500	PROTEROZOIKUM			Eukaryoten	13:04
850		Kryogenium		Schneeball-Erde	
635		Ediacarium		Mehrzellige Lebewesen	
541	PALÄOZOIKUM	Kambrium		Gehäuse, Knochen und Zähne	21:11
485		Ordovizium		Wirbeltiere	
444		Silur		Einfache Landpflanzen, Würmer	
419		Devon		Knochenfische, Landwirbeltiere	
359		Karbon		Amphibien; Reptilien; Wälder	
299		Perm		Säugetierähnliche Reptilien; Pangäa	
252	MESOZOIKUM	Trias		Erste Dinosaurier; kleine Säugetiere; Ichthyosaurier	22:41
201		Jura		Dinosaurier beherrschen das Land, Flugsaurier (Pterosauria) die Luft	
145		Kreide		Letzte Dinosaurier; staatenbildende Insekten; Blumen; Vögel	
66	ERDNEUZEIT (KÄNOZOIKUM)	Tertiär	Paläozän	Säugetiere werden größer	23:40
56			Eozän	Wale kehren ins Meer zurück	
34			Oligozän	Evolution der Pferde in Amerika	
23			Miozän	Affenwanderungen	
5,3			Pliozän	Erste Zweibeiner und Menschen	
2,6	HISTORISCHE ZEIT	Quartär	Pleistozän	Aussterben der Megafauna	23:59
0,01			Holozän	Landwirtschaft; erste Zivilisationen	
Heute			Anthropozän	Globalisierung; Anstieg des CO_2-Gehalts	24:00

Spezies:

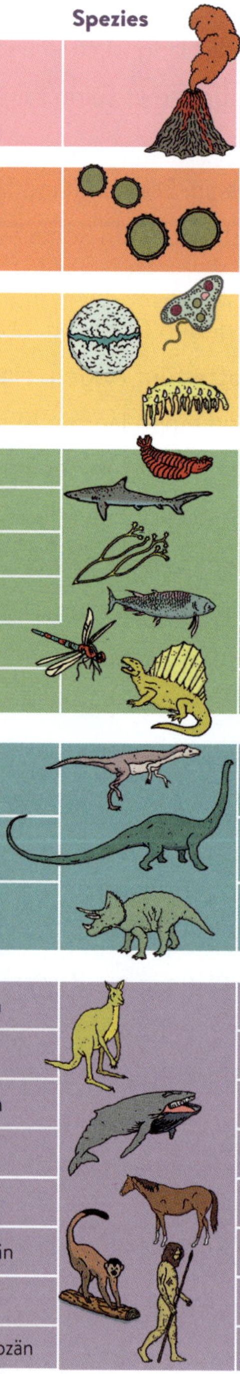

> Im Laufe der Zeit entwickelten sich viele Lebewesen und starben wieder aus. Durch das genaue Studium ihrer Fossilien und der Steine, in denen sie eingeschlossen sind, können Wissenschaftler die Zeit bestimmen, in der sie lebten. Die Tabelle zeigt die Zeit von der Entstehung der Erde bis heute.

Lass uns einen imaginären Tauchgang machen und dort einige Tiere unter die Lupe nehmen, die in der ersten Periode des Paläozoikums lebten, dem Kambrium, Ordovizium, Silur und Devon. Vorher zeigt uns ein kurzer Blick auf unsere 24-Stunden-Uhr der Erdgeschichte, dass diese Zeit von 21:11 bis 22:08 Uhr dauerte.

Schwämme gehören zu den einfachsten Tieren, die in den Meeren des frühen Kambriums zu Hause waren. Es gibt sie auch heute noch in vielen verschiedenen Formen. Bislang hat man fast 5000 Arten von Schwämmen entdeckt. Lange Zeit hielt man Schwämme für Pflanzen, weil sie sich nicht bewegen. In Wirklichkeit aber sind es Tiere und entfernte Verwandet des Menschen. Wir sind sogar viel enger mit einem Schwamm verwandt als mit einer Narzisse.

Korallenriffe kennst du bestimmt, aber wusstest du auch, dass diese riesigen Bauwerke in Hunderttausenden von Jahren von winzigen Tieren errichtet wurden, die jeweils auf den Skeletten ihrer toten Vorfahren wachsen? Wenn die Korallentiere gestorben sind, türmen sich ihre Körper zu immer größeren Gebilden auf, die ihren Nachkommen und vielen anderen Meeresbewohnern einen ausgezeichneten Lebensraum bieten. Heute leben bis zu 9000 verschiedene Arten im größten Korallenriff der Welt, dem *Great Barrier Reef* vor der Küste Australiens. Es besteht aus fast 3000 einzelnen Riffen und erstreckt

Korallenriff

Quallen wie diese Pazifische Kompassqualle (*Chrysaora fuscescens*) bevölkern die Meere seit mehr als 500 Millionen Jahren. Schneidet man eine Qualle auseinander, kann sie sich regenerieren und in zwei neue Quallen verwandeln.

sich über mehr als 2300 Kilometer. Die Vorfahren der heutigen Korallen tauchten erstmals im Kambrium auf.

Quallen sind zwar mit den Korallen verwandt, aber bei weitem nicht so harmlos. Sie schwimmen mithilfe ihres glockenförmigen Kopfes, auch Schirm genannt, der sie durch stetige Pumpbewegungen im Wasser vorantreibt. Quallen haben ein sehr einfaches Nervensystem und nur eine Körperöffnung, die sowohl Mund als auch After ist. Manche können ganz schön unangenehm werden, denn an ihren Tentakeln befinden sich Harpunen mit denen sie beim Zustechen Gift abgeben. In den Meeren des Kambriums waren Quallen weit verbreitet.

Ammonit

Die ersten Ammoniten tauchten im Devon auf und sind schon lange ausgestorben. Sie verschwanden zusammen mit vielen anderen Arten etwa zur gleichen Zeit wie die Dinosaurier, also vor rund 65 Millionen Jahren. Sie sahen zwar wie riesige Schnecken aus, aber ihre engsten lebenden Verwandten sind Kraken und Tintenfische. Offensichtlich waren die harten Schalen ihrer spiralförmigen Gehäuse ein idealer Schutz vor den scharfen Zähnen der Angreifer, denn ihre Fossilien wurden auf der ganzen Welt mit Bissspuren und Schrammen gefunden.

Auf den ersten Blick scheinen Seescheiden den Schwämmen zu ähneln. Aber ihr Nachwuchs, die Jungen der Seescheiden schwimmen wie Kaulquappen umher. Zur Fortbewegung im Wasser benutzen sie

Seescheiden

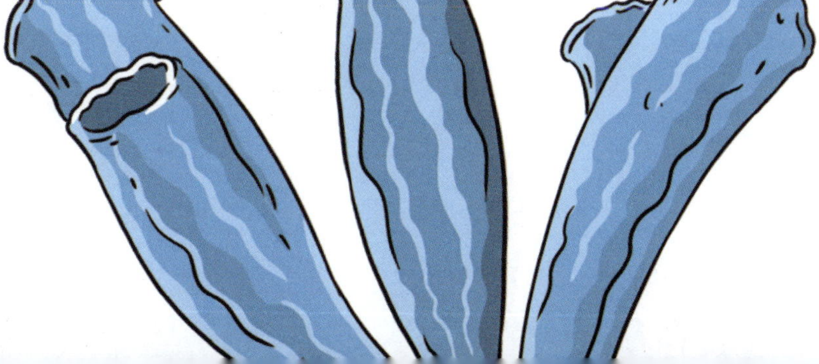

einen speziellen Schwanz, der durch, ein sehr eifach gebautes Rückgrat, das sich bei den Nachkommen der Seescheide zu einer Wirbelsäule weiterentwickelt hat, verstärkt wird. Seescheiden, die erstmals im Kambrium zu finden waren, gibt es auch heute noch. Sie gelten als frühe Vorfahren der Chorda- oder Wirbeltiere, der Tiere mit Rückgrat. Zu diesen gehören Fische, Amphibien, Reptilien, Vögel und Säugetiere. Da wie Menschen ja zu den Säugetieren zählen, sind junge Seescheiden auch für unsere Entwicklungslinie wichtig und manche vertreten sogar die Meinung, dass sie als unsere Ururur...Großeltern in die Vorgeschichte eingehen sollten!

Zu den furchterregendsten Lebewesen der vorzeitlichen Meere gehörten die heute ausgestorbenen *Placodermi* („Plattenhäuter") oder Panzerfische. Diese riesigen Fische besaßen einen Kiefer und Zähne. Kopf und Hals waren durch eine Panzerung aus Knochenplatten geschützt. Den Körper bedeckten dicke Schuppen und bei einigen Arten waren sogar

die Flossen gepanzert. Es waren die ersten von der Natur wie Panzer gebauten Kampfmaschinen. Ein Panzerfisch konnte bis zu zehn Meter lang und über vier Tonnen schwer werden. Würde er heute noch leben, könnte er einen Hai mit einem einzigen Biss mühelos zweiteilen.

Ganz bestimmt hättest du auch keinem Riesen- oder Seeskorpion begegnen wollen. Er hatte einen langen, wohl mit einem tödlichen Giftstachel ausgestatteten Schwanz und konnte eine Länge von über zwei Metern erreichen. Seeskorpione tauchten erstmals im Ordovizium auf und verschwanden wie so viele andere Arten vor 252 Millionen Jahren beim verheerenden Massenaussterben an der Grenze vom Perm zur Trias.

Die Erde entstand vor 4,6 Milliarden Jahren. Das erste Leben zeigte sich vor etwa vier Milliarden Jahren. Wir sind jetzt in der Zeit vor 470 Millionen Jahren. In den Meeren tummeln sich unsere Vorfahren. Auf dem Land ist weniger los. Meist regnet es.

Kapitel 2

LAND IN SICHT!

Vor 470 Millionen–252 Millionen Jahren
Tiere verlassen die Meere
und Wälder bedecken das Land

Zeitleiste

Vor 470 Millionen Jahren
Die ersten Landpflanzen wachsen an den Küsten und Ufern der Gewässer.

Vor 420 Millionen Jahren
Wurmähnliche Tiere, die wie Tausendfüßler aussehen, kriechen aus den Meeren.

Vor 400 Mio. Jahren
Pilze helfen Pflanzen, weiter vom Wasser entfernt zu leben.

Vor 375 Millionen Jahren
Wirbeltiere passen sich an das Leben auf dem Land an.

Vor 360 Millionen Jahren
Pflanzen entwickeln Samen.

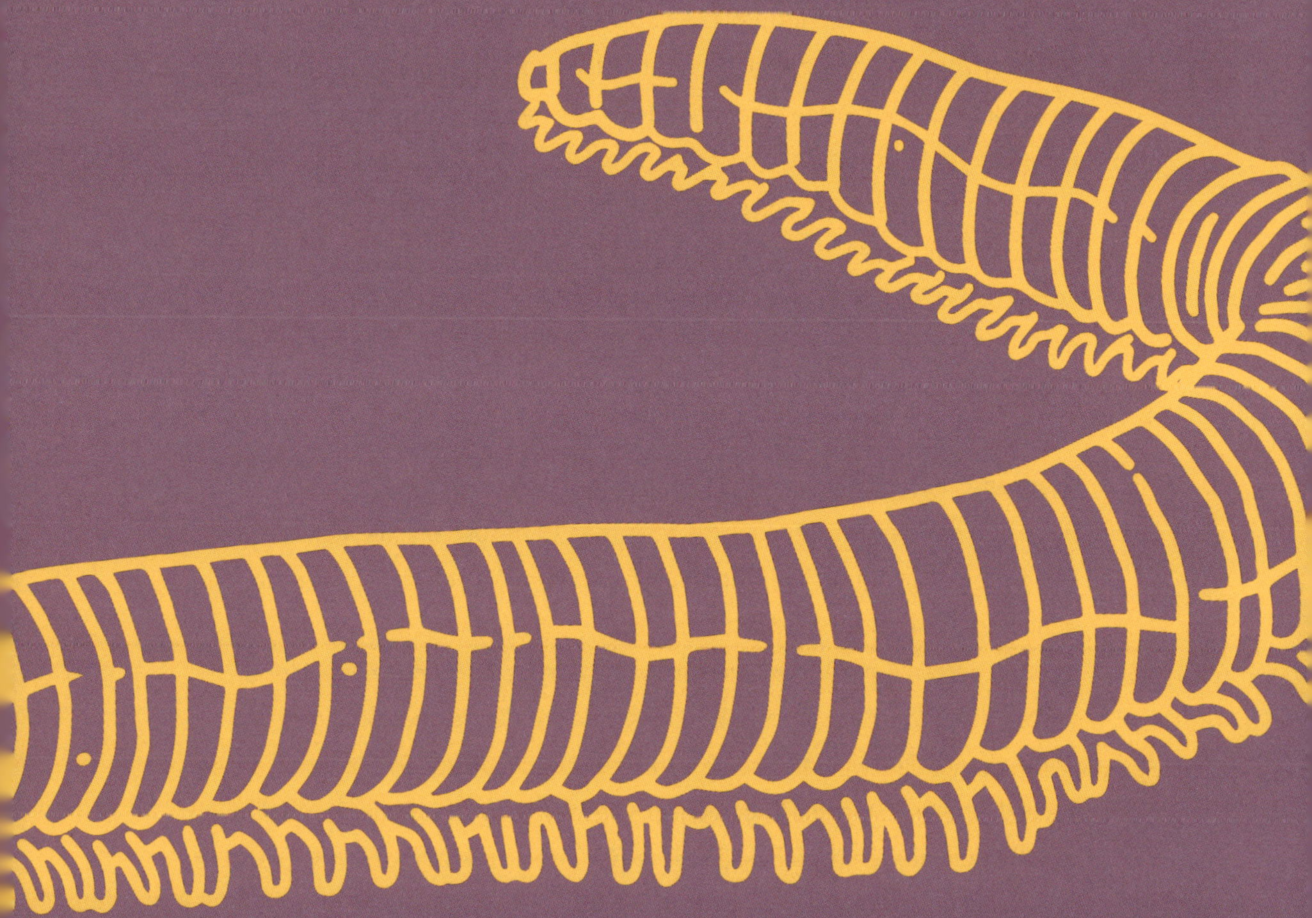

Vor 360 Millionen Jahren
Die Landfläche der Erde ist mit Bäumen bedeckt.

Vor 350 Mio. Jahren
Der Sauerstoffgehalt steigt, während sich die ersten Insekten in die Lüfte erheben.

Vor 312 Millionen Jahren
Reptilien entwickeln Eier mit wasserdichten Schalen.

Vor 280 Mio. Jahren
Einige Tiere sind in der Lage, ihre Körpertemperatur zu regulieren.

Vor 252 Millionen Jahren
Das Leben bekommt durch das Massenaussterben den schlimmsten Todesstoß aller Zeiten.

Es regnete. Auch am Vortag hatte es geregnet und an allen Tagen zuvor auch. Viele Millionen Jahre lang spielte sich das Leben ausschließlich in den Meeren ab und starker Regen fiel aufs Land. Es gab nichts außer leblosen Felsen und Schlamm.

Dann, vor etwa 470 Millionen Jahren, erschien ein wenig Grün. Die ersten Landpflanzen, die in Strand- und Ufernähe direkt am Wasser wuchsen, waren glitschige Laub- und Lebermoose. Sie hatten sich aus Grünalgen entwickelt, einer Wasserpflanze, die es heute noch gibt. Wie alle Pflanzen betrieben sie Photosynthese, um die benötigte Energie zu erzeugen.

Als Nächstes kam eine neue Art von Pflanzen, die viel höher wachsen konnten. Sie hatten eine Art Röhrensystem, um Nahrung und Wasser vom Boden zu den oberen Teilen ihres Stammes zu befördern, ähnlich wie wir das Blut in unseren Blutgefäßen durch unseren Körper transportieren. Wir nennen diese Pflanzen Gefäßpflanzen.

Die ersten Gefäßpflanzen waren nur wenige Zentimeter hoch und hatten dicke Stämme. Dieses Wissen verdanken wir einer zufälligen Entdeckung, die William Mackie, ein schottischer Arzt, 1912 machte, als er in der Nähe des Dorfes Rhynie unterwegs war und völlig unerwartet einige merkwürdig aussehende Fossilien in einer alten Steinmauer fand. Es stellte sich heraus, dass Rhynie vor ungefähr 400 Millionen Jahren ein dampfender Kessel aus kochend heißen blubbernden Schlammlachen war. Von Zeit zu Zeit spuckte ein riesiger Geysir eine gewaltige Fontäne aus siedendem Wasser in die Luft. Sobald das Wasser auf den nahestehenden Pflanzen landete, kühlten die darin enthaltenen Mineralien ab und verwandelten sie in Stein. Dieser Vorgang heißt Versteinerung und daher spricht man auch von versteinerten Pflanzen.

Die Fossilien von Rhynie sind so gut erhalten, dass Wissenschaftler genau erkennen können, woraus die

Die Illustration eines Künstlers zeigt frühe Gefäßpflanzen *(Rhynie)* und Riesenpilze *(Protaxites)*, die vor etwa 420 bis 395 Millionen Jahren wuchsen. Die Rhynie-Pflanzen waren bis zu 20 cm und die Stämme der Riesenpilze sogar bis zu 8 m hoch.

Gefäßgewebe stärkt die Pflanzen und lässt sie höher wachsen. Dieses unter dem Mikroskop aufgenommene Bild zeigt, wie es im Inneren eines Pflanzenstamms aussieht, in dem ein holziges Leitgewebe namens Xylem Wasser und Nährstoffe von den Wurzeln zu den Blättern und ein bastähnliches Gewebe namens Phloem Zucker, der durch Photosynthese hergestellt wurde, von den Blättern zum Rest der Pflanze transportiert.

Pflanzen bestanden und wie sie funktionierten. Man weiß jetzt, dass sie eine Substanz namens Lignin enthielten. Lignin stärkt nicht nur die Wände von Pflanzenzellen, es macht sie auch wasserdicht, sodass die Röhren innerhalb der Pflanze Mineralstoffe und Wasser selbst bis in die Krone eines hohen Baumes befördern können. Das ist so, als hätte man anstelle einer Röhre aus Seidenpapier eine Kunststoffröhre.

Lignin macht Bäume holzig und hält sie aufrecht. Es dauerte jedoch noch mindestens 40 Millionen Jahre, bis aus diesen kleinen Gefäßpflanzen richtige Bäume wurden. Und sie hätten nie diese Höhe erreicht, wenn es nicht eine andere Gruppe von Lebewesen, Pilze genannt, geben würde.

Magst du Pilze? Ich muss sagen, dass ich sie nie sehr lecker fand. Aber meine Recherchen beim Schreiben dieses Buches haben mich zu einem richtigen Pilzliebhaber gemacht. Denn ohne Pilze oder Fungi (so lautet der wissenschaftliche Name) wäre die Welt ein widerlicher und sehr übelriechender Ort.

Über die Herkunft der Pilze wissen wir nicht viel. Wir wissen nicht einmal, ob sie zuerst im Meer oder schon immer an Land gelebt haben. Das liegt daran, dass ihre weichen Körper nicht viele Fossilien hinterlassen. Aber wir sind ziemlich sicher, dass es an Land bereits Pilze gab, als die ersten Pflanzen dort zu wachsen begannen. Seitdem hat sich auch bei den Pilzen eine große Formenvielfalt entwickelt, die von einigen der kleinsten bis hin zu den größten Lebewesen der Erde reicht.

Kleine Pilze bestehen aus nur einer Zelle. Ein solcher Pilz ist auch die Hefe, die den Brot- oder Kuchenteig zum Aufgehen bringt. Große Pilze zählen zu den größten Lebewesen, die es auf dieser Erde gibt. In Oregon, USA, soll sich ein solcher Riese von Pilz auf einer fast zehn Quadratkilometer großen Fläche unter der Erde ausbreiten – das entspricht mehr als 1300 Fußballfeldern!

Da Pilze keine Photosynthese betreiben, müssen sie sich wie Tiere von anderen Organismen ernähren. Die meisten Pilze bestehen aus einem unterirdischen wurzelähnlichen Fadengeflecht, dem sogenannten Myzel. Das, was wir als „Pilz“ bezeichnen, wenn wir einen Champignon oder Steinpilz pflücken, ist nur ein Fruchtkörper des Myzels, der als oberirdischer Teil des Pilzes auftaucht, um Sporen zu verteilen. Diese winzigen Fortpflanzungszellen werden vom Wind verbreitet, fallen zu Boden und bilden neue Pilze.

Pilze finden sich nahezu überall. Sie können im Boden, in Lebensmitteln, auf Bäumen, auf Pflanzen und Tieren, in Süß- wie auch in Meerwasser und sogar zwischen deinen Zehen wachsen!

Pilze sind für das Leben auf der Erde von entscheidender Bedeutung, weil sie totes organisches Material verwerten und zersetzen. Ohne sie würde die Welt an den sich stapelnden Unmengen abgestorbener Pflanzen und Tierleichen regelrecht ersticken – kein schöner Gedanke. Zudem bilden sie aus organischem Abfall nährstoffreichen Humus, der die Pflanzen düngt und ihnen beim Wachsen hilft.

Manchmal hat die Natur eine echte Vorliebe für Teamarbeit. Die Pilze geben über ihr großes unterirdisches Geflecht Nährstoffe und Wasser an die Wurzeln der Bäume ab und werden im Gegenzug von den Bäumen mit Nahrung versorgt, die sie in ihren Blättern produzieren. Es ist also den Pilzen zu verdanken, dass sich die ursprünglich ans Wasser gebundene Pflanzenwelt immer weiter ins Landesinnere ausbreiten und zeitgleich den Boden beim Wachsen bereichern konnte.

Obwohl der Boden unter unseren Füßen nur aus Sand, Mineralien und den zerfallenen Überbleibseln einst lebender Organismen besteht, sorgen Pflanzen, winzige Tierchen wie Würmer und Pilze dafür, dass er für das Leben so kostbar ist. Sie verwandeln das abgefallene Laub und faulige Holz in nährstoffreiches Material, das Pflanzen düngt und ihr Wachstum fördert. Seit 400 Millionen Jahren graben sie den Boden um. Und dieses ständige Graben vermischt den Boden, erneuert und regeneriert ihn. Ein ewiger Kreislauf, damit der Boden fruchtbar bleibt.

Ohne Lebewesen gäbe es tatsächlich keinen Boden. Die Erde wäre genau wie der Mond, der Mars oder die Venus nur von Staub und Gestein bedeckt.

> ” DIE WELT IST AUF PILZE ANGEWIESEN, DENN SIE SIND MITUNTER DIE HAUPTAKTEURE IM GLOBALEN STOFF- UND ENERGIEKREISLAUF. “
>
> Edward O. Wilson,
> Biologe

Pilze und Pflanzen waren nicht die einzigen Lebewesen, die an Land gingen. Vor etwa 440 bis 420 Millionen Jahren tauchten auch ein paar kleine Krabbeltiere auf.

Das erste Landtier überhaupt war wahrscheinlich ein Gliederfüßer. Zu dieser Gruppe gehören Tausendfüßler, Insekten, Spinnen, Krabben, Hummer und viele andere Tiere, die in Segmente gegliederte Körper und Gliedmaßen sowie ein Außenskelett aus verhärteter Haut besitzen, das sie umhüllt und wie ein Panzer schützt.

Es dauerte ungefähr 50 Millionen Jahre, bis ein anderes Tier an Land ging. Wärst du ein Fisch, der in den damaligen Meeren schwimmt, könnte dein Leben recht schnell vorbei sein. Stechende Quallen, Seeskorpione mit tödlichen Schwanzstacheln und riesige Panzerfische waren nur einige der Gefahren, die dort lauerten. Also hättest du, wenn du das Wasser verlassen und an Land kommen könntest, möglicherweise eine bessere Überlebenschance. Immerhin waren die Ufer jetzt voller Pflanzen und saftiger Würmer zum Fressen.

Fische sind jedoch nicht für ein Leben an Land geschaffen. Ein Problem ist, dass die Kiemenatmung nur im Wasser funktioniert und das Einatmen von Sauerstoff aus der Luft eine Lunge voraussetzt. Das nächste ist die Frage der Fortbewegung. Stell dir vor, du läufst auf Flossen anstatt auf Beinen – es wäre ein lustiger Anblick, aber kein einfacher Spaziergang.

In einem als Mykorrhiza bezeichneten Prozess versorgen Pilze eine Pflanze mit Wasser und Mineralien, und die Pflanze versorgt die Pilze mit Zucker, den sie mithilfe der Photosynthese herstellt.

Tiktaalik hat einen Weg gefunden, dies zu umgehen. Er benutzte seine Brustflossen, um durch flache Sümpfe zu waten und seinen Körper aus dem Wasser aufs Land zu hieven. Was bedeutet, dass *Tiktaalik* das erste Lebewesen ist, von dem man weiß, dass es einen Liegestütz machen konnte!

Tiktaalik hatte Handgelenke zum Anheben seines Körpers vom Meeresboden, Lungen zum Atmen, einen starken Brustkorb und einen beweglichen Hals.

Tiktaalik lebte vor etwa 375 Millionen Jahren, als auch die ersten Landpflanzen in Ufernähe wuchsen. Seine Fossilien zeigen, dass nun zum ersten Mal fischähnliche Flossen wie echte Arme mit Schultern, Ellenbogen und Handgelenken ausgestattet waren.

Es ist ein verrückter Gedanke, dass der Grund, warum du und ich Handgelenke und Knöchel haben, auf urzeitliche Fische wie *Tiktaalik* zurückgeht. Das liegt daran, dass sie Scharniergelenke brauchten, um ihre Körper vom Boden abzuheben. Mach einfach selbst ein paar Liegestützen und du wirst sehen, wie wichtig diese Gelenke sind!

Tiktaalik ist einer der ersten Vertreter der als Amphibien bekannten Tiergruppe. *Amphi* bedeutet im Altgriechischen „auf beiden Seiten" und Bios „Leben". Sie leben sowohl im Wasser als auch auf dem Land. Die ersten Amphibien beherrschten nicht nur das Laufen an Land, sondern auch eine primitive Lungenatmung anstatt der bei Fischen üblichen Kiemenatmung. Ausgestattet mit diesen neuen Fähigkeiten wurden Amphibien wie der zwei Meter lange Eryops die führenden Tiere an Land. Sie hatten ein großes Durchhaltevermögen. Zu ihren Nachkommen zählen die heutigen Frösche, Molche und Kröten.

Die Amphibien wuchsen zu Riesen heran und das traf auch auf die Pflanzen zu. Wie wir bereits wissen, hatten einige Pflanzen holzige Stämme entwickelt, durch die sie höher wachsen und aufrecht stehen konnten. Und dank der Pilze konnten sie Nahrung in ihren Wurzeln sammeln, auch wenn sie nicht am Wasserrand lebten. Nun aber mussten sie das Wasser und die Nahrung gegen die Schwerkraft nach oben zu den Blättern bringen, was ohne Pumpe kaum zu schaffen ist.

Doch Pflanzen haben eine andere Lösung, um kräftig und hoch zu wachsen, denn in den Oberflächen ihrer Blätter befinden sich Millionen von winzigen Löchern, die man Spaltöffnungen oder Stomata nennt. Diese kann die Pflanze je nach Witterung öffnen oder schließen. Wenn es heiß ist, verdunstet das Wasser in den Blättern durch die Spaltöffnungen, wodurch sich der Pflanzensaft im Stamm oder Stängel etwas eindickt. Es entsteht ein

Erkennst du dieses lippenähnliche Gebilde fast in der Mitte der Lupe? Das ist ein sogenanntes Stoma, eine Spaltöffnung auf der Oberfläche eines Blattes, durch die Linse eines Rasterelektronenmikroskops betrachtet.

Sog, durch den Wasser von den Wurzeln bis in die Blätter gezogen wird. Diesen Vorgang der Verdunstung bezeichnet man als Transpiration.

> **DER SAMEN IST EIN WUNDERWERK, DAS EINE GANZE REIHE VON FORTSCHRITTEN MIT SICH BRINGT.**
>
> Colin Tudge, Biologe

Die ersten Landpflanzen und Bäume bildeten genau wie die Pilze Sporen aus, um sich zu vermehren. Diese gaben sie an die Luft ab und ließen sie vom Wind verbreiten. Aber Sporen brauchen zum Keimen warme und feuchte Bedingungen. Im Sumpfland oder auf Feuchtwiesen ist das kein Problem, in trockenen Gebieten jedoch hoffnungslos. Vor etwa 360 Millionen Jahren fanden etliche Pflanzen und Bäume eine viel bessere Lösung: Sie produzierten Samen.

Samen sind robuster als Sporen. Sie haben eine harte, wasserabweisende Samenschale, Testa genannt, die verhindert, dass sie in der Luft, auf dem Wasser oder sogar im Darm eines Tieres beschädigt werden. Im Inneren der Schale befindet sich ein Embryo, der Teil des Samens, der zu einer neuen Pflanze heranwächst. Und da dieser sogar seinen eigenen Vorrat an Nährstoffen in Form von Zucker, Proteinen und Fetten mit sich führt, kann er selbst in einer widrigen Umgebung wachsen und gedeihen.

Ein Vertreter der Palmfarne und einer seiner Samen. Von den heute noch lebenden Arten der Palmfarne finden sich viele in den warmen Klimazonen Mittelamerikas, Australiens und Afrikas.

Eine der ersten Samenpflanzen mit baumförmigen Stämmen waren Palmfarne wie *Cycas*. Sie sehen wie kleine Palmen aus (sind aber nicht verwandt) und lassen sich bis in die Zeit vor etwa 320 Millionen Jahren zurückverfolgen. Rund 300 Arten von Palmfarnen leben heute noch. Wie das Sehvermögen der Trilobiten haben Samen die Welt völlig verändert. Durch sie sind die Pflanzen seit Millionen von Jahren die vorherrschende Lebensform an Land.

Riesenlibellen hatten eine Flügelspannweite von etwa 75 cm. Sie sind inzwischen ausgestorben, was sicherlich das Beste ist!

Kannst du dir einen Tausendfüßler in Menschengröße vorstellen? Oder einen Seeskorpion, der so groß ist, dass du ihn mit deinen ausgebreiteten Armen nicht abmessen kannst? Falls es dir wie mir geht und du nicht ganz so sicher bist, ob dies deine Welt ist, kannst du froh und dankbar sein, dass du vor 300 Millionen Jahren noch nicht gelebt hast. Willkommen im Karbon.

Wie Insekten das Fliegen gelernt haben, ist immer noch ein Rätsel. Forscher nehmen an, dass es mit dem Auftreten der hohen Landpflanzen und Bäume im Zusammenhang steht. Für Insekten, die an den Bäumen hochkletterten, war es natürlich sinnvoll, kleine Flügel zu entwickeln, um wie mit einem Fallschirm oder im Gleitflug von einem Baum zum anderen zu springen, anstatt den ganzen Baum nach unten und am nächsten wieder nach oben klettern zu müssen. Nach und nach wurden die Flügel immer größer und so tauglich, dass die Insekten schließlich im Schwebe-, Segel- und Schnellflug durch die Lüfte schwirren konnten.

Zu den gigantischsten Insekten, die je gelebt haben, zählen die möwengroßen Vorfahren unserer heutigen Libellen. *Meganeura*, die Riesenlibellen, waren die Herrscher der Lüfte und hatten den Himmel nur für sich. Sie konnten sich wann und wo sie wollten ihre Beute schnappen, die aus kleineren Tieren bestand. Es gab weder Vögel noch andere, die ihnen irgendetwas streitig machen konnten. Vielleicht hatten sie sogar eine Rundumsicht wie ihre heutigen Nachfahren mit ihren Komplexaugen.

Niemand weiß genau, warum diese Lebewesen so groß werden konnten. Wissenschaftler vermuten, dass ihr Riesenwuchs durch den hohen Sauerstoffgehalt in der Luft (etwa eineinhalb mal höher als heute) begünstigt wurde. Aber es gibt auch Fossilfunde von Rieseninsekten aus einer sauerstoffärmeren Zeit, wie auch Belege dafür, dass in Jahren mit steigendem Sauerstoffgehalt die Größe der Tiere sogar schrumpfte. Manche Forscher gehen nun der Frage nach, ob Sauerstoff überhaupt die Ursache war.

> **DIE LIBELLE IST EIN AUSSERGEWÖHNLICH SCHÖNES INSEKT UND EIN GNADENLOSER FLEISCHFRESSER … SIE KANN SELBST BEI HOHER FLUGGESCHWINDIGKEIT NOCH BESCHLEUNIGEN, AUF EINEM CENT LANDEN, SCHWEBEN, RÜCKWÄRTS FLIEGEN UND BLITZSCHNELL DIE RICHTUNG WECHSELN.**
>
> Richard Preston,
> Wissenschaftsautor

Marienkäfer können, ähnlich wie Fliegen, dank des leicht ein- und ausklappbaren Faltmechanismus in ihren Flügeln sehr schnell von einer krabbelnden Fortbewegung zum Fliegen wechseln.

1

2

1. Vor etwa 250 Millionen Jahren waren die Landmassen der Erde zusammengestoßen, wodurch ein riesiger Superkontinent, Pangäa, entstand.

2. Vor etwa 152 Millionen Jahren zerfiel Pangäa in zwei riesige, durch Ozeane getrennte Landmassen, in Gondwana im Süden und Laurasia im Norden.

3. Vor etwa 95 Millionen Jahren hatten die Landmassen der Erde begonnen, der heutigen Aufteilung und Form der Kontinente zu ähneln.

3

So ist das in der Wissenschaft. Um vorhandene Nachweise zu erklären, gehen wir einer Vermutung nach, auch Hypothese genannt. Wenn wir neue Nachweise erhalten, müssen wir manchmal neue Hypothesen aufstellen.

In einer Welt voller gnadenloser Riesen mussten sich die anderen Lebewesen einfach anpassen oder sterben. Und sie haben sich angepasst. Kleinere Insekten entwickelten nach hinten umklappbare und faltbare Flügel, genau wie wir sie heute bei Stubenfliegen sehen. Mit diesen neuartigen Faltflügeln konnten sie sich in enge Hohlräume verkriechen, wo sie für größere Raubinsekten mit ihren starren Flügeln unerreichbar waren. Fluginsekten mit diesen klapp- und faltbaren Flügeln stellen die mit Abstand größte Gruppe der heute lebenden Insekten dar. Es zeigt, dass die Faltflügel wohl eine der erfolgreichsten Erfindungen der Natur überhaupt waren.

Die Eier der Amphibien sind, wie dieses Froschei, wasserdurchlässig. Das klappt gut, solange sie im Wasser abgelegt werden, aber für eine Eiablage auf trockenem Boden eignen sie sich nicht.

Etwa zu der Zeit, als Riesenlibellen den Himmel beherrschten, hatten sich alle Landmassen der Erde vereinigt und bildeten einen einzigen riesigen Kontinent, Pangäa („ganze Erde") genannt. Während dieser Superkontinent entstand, änderte sich das Klima, es wurde wärmer und trockener. Nach und nach begannen die Teiche und Tümpel, in denen Amphibien ihre Eier legten, auszutrocknen und zu verschwinden. Mehr Tiere mussten um weniger Wasser kämpfen. Und wie immer, wenn sich die Umgebung stark verändert, machen die Tiere einen Entwicklungssprung und passen sich an.

Amphibieneier, auch Laich genannt, sind matschig und haben eine gallertige Hülle, die im Wasser, das in sie ein- und ausdringen kann, aufquillt. Die Eier müssen also in einem Gewässer abgelegt werden. Aber als das Land austrocknete, entwickelten einige Tiere die Fähigkeit, ihre Eier, ähnlich wie bei Pflanzensamen, mit einer widerstandfähigen, wasserdichten Schale zu umgeben, in deren Innerem eine dünne Haut den Embryo schützt und ihm alle nötigen Nährstoffe liefert. Nachdem sie nun Eier mit wasserfesten Schalen hatten, konnten diese Tiere, Reptilien genannt,

nun so weit sie nur wollten ins Landesinnere vorstoßen, ihre Eier direkt auf trockenem Land ablegen und nach ein paar Wochen – Simsalabim – schlüpfte ein Junges.

Ein wasserdichtes Ei ist also eigentlich ein tragbarer Tümpel – und ein kleines Wunder der Natur, das die Geschichte der Tiere verändert hat, denn es verschaffte ihnen den Vorteil, sich außerhalb des Wassers fortzupflanzen. Vielleicht findest du Eier auch als Thema für eine Unterhaltung beim Frühstück recht interessant.

> DIE MEMBRANEN VON SCHALE UND EI ERMÖGLICHEN DEN GASAUSTAUSCH ZUM UND VOM SICH ENTWICKELNDEN EMBRYO, WOBEI SAUERSTOFF EIN- UND KOHLENDIOXID AUSTRITT, ABER WASSER ZURÜCKGEHALTEN WIRD.
>
> P. Martin Sander, Paläontologe

Das älteste bekannte Reptil lebte im Karbon vor etwa 312 Millionen Jahren. *Hylonomus* war eidechsenartig, etwa 20 Zentimeter lang und ernährte sich von Tausendfüßlern und kleinen Insekten. Und es war selbst eine beliebte Mahlzeit für große Amphibien und Riesenlibellen.

Einige Millionen Jahre später übernahmen Reptilien die Herrschaft an Land. Ein sehr gutes Beispiel ist *Dimetrodon*. Dieser über drei Meter lange, schwerfällige Riese ging auf vier Beinen und hatte einen langen, schwingenden Schwanz. Er war der größte Fleischfresser seiner Zeit. Besonders auffällig war sein eigenartiges Rückensegel, das ihm einer Wissenschaftsvermutung nach zur Wärmeregulation diente, um bei Tagesanbruch seinen Körper und sein Blut in der Sonne schneller erwärmen zu können, sodass er

Dimetrodon lebte vor etwa 280 Millionen Jahren. Sein Rückensegel diente ihm möglicherweise zum Regulieren seiner Körpertemperatur.

früher als andere Reptilien auf Beutejagd gehen und sich in der Hitze des Tages wieder abkühlen konnte.

Ungefähr 60 Millionen Jahre lang durchstreiften Lebewesen wie *Dimetrodon* das Land. Aber ihre Zeit ging jäh zu Ende, als fast das gesamte Leben auf der Erde durch die schlimmste Katastrophe, die es je gegeben hat, ausgelöscht wurde – dem Massenaussterben am Ende des Perms.

Pangäa, der Superkontinent, war nun vollständig geformt. Wenn Kontinente zusammenstoßen, ist eines sicher: Es kommt zu ganzen Serien von mächtigen Vulkanausbrüchen. Welcher Vulkan ist der größte, den du dir vorstellen kannst? Wie wäre es mit einem, der ein Gebiet von der Größe Westeuropas mit Lava überflutet und dann noch eine Million Jahre lang immer wieder ausbricht? Forscher glauben, dass dies vor 252 Millionen Jahren passierte und auf diese Weise der Sibirische Trapp entstand, eine riesige Landschaft aus Vulkangestein im heutigen Norden Russlands.

Vulkanismus war vielleicht nicht der einzige Grund für das Massenaussterben an der Perm-Trias-Grenze. Es kann auch sein, dass der Einschlag eines Meteoriten in der Antarktis das Drama noch verschlimmert hat.

Aber das ist noch nicht alles. Vulkane schleudern auch große Mengen Kohlendioxid in die Luft. Kohlendioxid ist eines der Gase, die für die globale Erwärmung verantwortlich sind. Experten gehen davon aus, dass das Erdklima am Ende der Perm-Periode für die meisten Lebewesen zu heiß geworden war, um überleben zu können. Neun von zehn Pflanzen- und Tierarten starben aus.

Es war, als wäre das Leben auf der Erde von einem Todesfieber heimgesucht worden. Aber es war keine gewöhnliche Krankheit, denn sie dauerte 80 000 Jahre!

Vom Erscheinungsbild her könnte die vulkanische Aktivität, durch die der Sibirische Trapp entstand, in etwa dieser isländischen Landschaft mit dem ausbrechenden Vulkan Bardarbunga entsprochen haben.

Kapitel 3

Dinosaurier

Vor 252 Millionen–5 Millionen Jahren

Schreckliche Echsen und was danach kam

Zeitleiste

Vor 245 Millionen Jahren
Das Zeitalter der Dinosaurier beginnt.

Vor 220 Millionen Jahren
Termiten leben als erste Insekten in riesigen Nestern.

Vor 150 Millionen Jahren
Gefiederte Dinosaurier erheben sich in die Lüfte und werden Vögel.

Vor 140 Millionen Jahren
Pflanzen vermehren sich durch Blüten und Früchte.

Vor 65 Millionen Jahren
Ein riesiger Meteorit vernichtet alle Dinosaurier, nur die Vögel nicht.

Vor 56 Millionen Jahren
Säugetiere und Vögel sind die Herrscher des Landes und der Lüfte.

Vor 30 Millionen Jahren
Die Schwanzaffen treten in Erscheinung.

Vor 14 Millionen Jahren
Die Menschenaffen treten in Erscheinung.

Nur sehr wenige Reptilien überlebten das schreckliche Massenaussterben am Ende des Perms. Allerdings ist einer dieser Überlebenden für uns sehr wichtig: Lystrosaurus, ein säugetierähnliches Reptil. Wäre seine Art ebenfalls ausgelöscht worden, hätten sich die Säugetiere, so glauben zumindest einige Forscher, vielleicht niemals entwickelt. Da Menschen zu den Säugetieren zählen, müssen wir also dankbar sein, dass es unser möglicherweise entfernter Vorfahr geschafft hat, auch wenn er wie eine Kreuzung zwischen einer Echse und einem Schwein aussah. Dann kam, wie aus dem Nichts dieser Katastrophe, eine völlig neue Generation von Reptilien hervor. Es waren die furchterregendsten Kreaturen, die jemals die Erde betreten haben. Willkommen im Zeitalter der Dinosaurier!

Bisher wurden Fossilien von etwa 800 Dinosaurierarten gefunden, obwohl man davon ausgeht, dass es fast 2000 dieser Arten gab. Manche gingen auf zwei Beinen, andere auf vier. Einige von ihnen waren reine Pflanzen-, andere reine Fleisch- und wieder andere waren Allesfresser.

Zu den ersten bekannten Dinosauriern gehörten die Prosauropoden. Diese Pflanzenfresser konnten bis zu zehn Meter lang werden, hatten recht kleine Köpfe und unglaublich lange Hälse. Sie gingen normalerweise auf allen Vieren, stellten sich aber oft auf beide Hinterbeine, um an den Blättern der Baumkronen zu knabbern.

Lystrosaurus war in der artenarmen Periode der frühen Trias das häufigste Tier an Land. Doch mitten in der Trias tauchten die ersten Dinosaurier auf. Dieses Bild zeigt *Lystrosaurus* und einige Trias-Dinosaurier mit ihren Lebensdaten und dem Fundort ihrer Fossilien. Weil sie zu verschiedenen Zeiten und an verschiedenen Orten lebten, wären sie niemals so zusammen auf einer Bildfläche erschienen.

Gideon und Mary Ann Mantell waren Amateur-Fossiliensammler, die in Lewes, England, lebten. Im Jahr 1822 fanden die Mantells in einem Wald in der Nähe ihres Hauses mehrere sehr große versteinerte Zähne. Nach ihren Berechnungen musste das Tier, von dem sie stammten, etwa 18 Meter lang gewesen sein. Also fast so lang wie zwei Omnibusse!

Nach jahrelangen Diskussionen kamen die Wissenschaftler zu dem Schluss, dass die Zähne der Mantells (naja, nicht ihre, sondern die, die sie gefunden hatten) zu einem neuen, bislang unbekannten Tier gehören. Sie nannten es *Iguanodon*, weil sie vermuteten, es müsste so wie eine viel größere Version des heutigen Leguans ausgesehen haben. Später gefundene Fossilien zeigten jedoch, dass es nicht ganz so aussah und kaum halb so groß war, wie sie dachten.

Die Entdeckung der Mantells ließ die Menschen zum ersten Mal erkennen, dass die Erde einst von riesigen, inzwischen ausgestorbenen Ungeheuern bevölkert war.
Man nannte sie Dinosaurier, was soviel wie „schreckliche Echsen“ bedeutet.

Dinosaurier lebten von vor etwa 245 Millionen Jahren bis vor etwa 65 Millionen Jahren. Ihre Zeit umfasst drei große geologische Perioden, die als Trias, Jura und Kreide bezeichnet werden. Auf unserer 24-Stunden-Uhr der gesamten Erdgeschichte lebten sie zwischen 22:43 und 23:39 Uhr.

Zu den größten Dinosauriern gehörten die *Sauropoden*, darunter die Gattung *Argentinosaurus* als wiederum einer ihrer größten Vertreter. Diese monströsen Tiere gingen auf allen vier Beinen und waren mit einer Länge von bis zu 30 Metern und einem Gewicht von etwa 70 Tonnen wahrscheinlich die schwersten Landtiere aller Zeiten. Ihre Überlebensstrategie war einfach: Sie wurden so riesig, dass sie kaum Konkurrenten, geschweige denn Angreifer hatten,

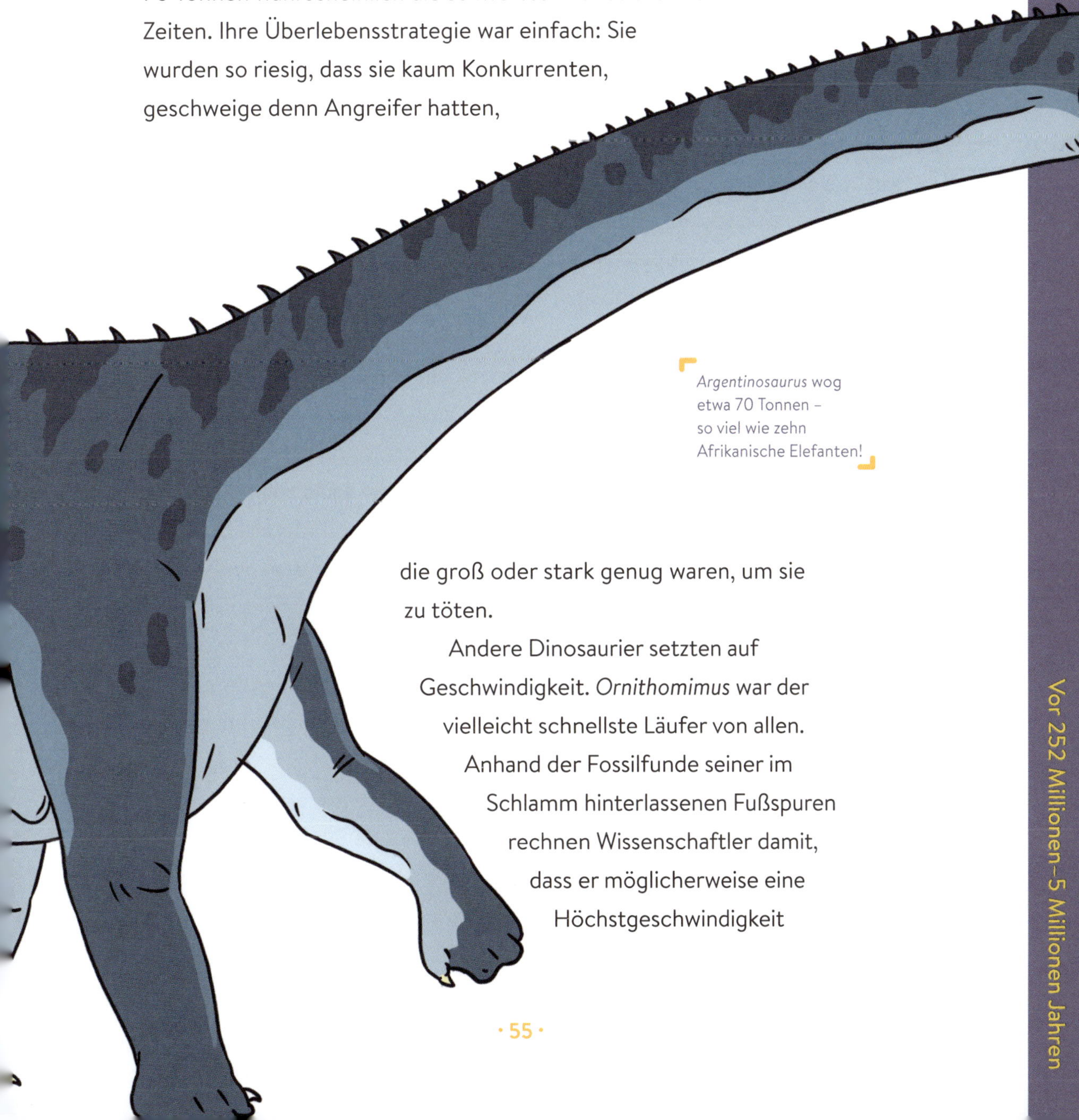

Argentinosaurus wog etwa 70 Tonnen – so viel wie zehn Afrikanische Elefanten!

die groß oder stark genug waren, um sie zu töten.

Andere Dinosaurier setzten auf Geschwindigkeit. *Ornithomimus* war der vielleicht schnellste Läufer von allen. Anhand der Fossilfunde seiner im Schlamm hinterlassenen Fußspuren rechnen Wissenschaftler damit, dass er möglicherweise eine Höchstgeschwindigkeit von bis zu 60 km/h erreichen konnte. Seinen Namen *Ornithomimus* („Vogelnachahmer") verdankt er dem Paläontologen Othniel Charles Marsh, dem im Jahr 1890 auffiel, dass seine Krallen wie die eines Vogels aussahen. Er hatte keine Ahnung, dass über 100 Jahre später andere Paläontologen Fossilien finden würden, die zeigen, dass *Ornithomimus* auch Federn hatte.

Und es gab wieder andere Dinosaurier, die zwar nicht schnell, aber mit waffenähnlichen Körperteilen gerüstet waren. So zum Beispiel *Iguanodon*, der sich auf seine Hinterbeine stellen und mithilfe seiner spitzen, wie furchterregende Dolche geformten Daumen jeden Angreifer abwehren konnte. Allerdings gibt es in Fachkreisen auch die Vermutung, *Iguanodon* hätte vor Räubern nur die Flucht ergriffen und seine spitzen Daumen zum Aufspießen von Nahrung benutzt.

Natürlich ist der Dinosaurier mit dem bei weitem kräftigsten Biss auch der berühmteste überhaupt, der *Tyrannosaurus Rex*, kurz *T. Rex*. Er lebte im Westen des heutigen Nordamerikas, ging auf zwei Beinen und hatte einen gewaltigen Schädel, der von einem langen, schweren Schwanz ausbalanciert wurde. Im Verhältnis zur Länge der kräftigen Hinterbeine und des Schwanzes waren seine Arme ziemlich kurz und seine Hände hatten nur je zwei Finger. Mit rund zwölf Metern Länge und einem Gewicht, das weit über dem eines heutigen Elefanten lag, war er einer der größten landlebenden Fleischfresser überhaupt. Er könnte sich als Spitzenräuber von lebenden Beutetieren oder als Aasfresser von Kadavern ernährt haben – oder eben von beidem.

> **„DINOSAURIER ERSETZEN IHRE ZÄHNE EIN LEBEN LANG. UND T. REX TAUSCHTE JEDES JAHR ALLE SEINE ZÄHNE AUS."**
>
> Jack Horner, Paläontologe

Das bisher vollständigste Skelett von einem *T. Rex* wurde im August 1990 von der Fossilienjägerin Sue Hendrickson gefunden. Dieses berühmte Fossil wurde nach seiner Entdeckerin Sue benannt. Sue ist von der Nasen- bis zur Schwanzspitze 12,3 Meter lang.

Paläontologen haben im versteinerten Kot von *T. Rex* Knochensplitter gefunden. Da in Knochen nahrhaftes Mark steckt, wissen wir also, dass dieses riesige Raubtier seine mächtigen Kiefer und Zähne eingesetzt hat, um jedes einzelne Stück von den selbsterlegten Tieren oder dem Aas, das von Beutetieren anderer Räuber stammte, als Nahrung zu nutzen.

Nicht alle Dinosaurier waren groß, schnell oder stark. Einer der kleinsten war *Microraptor*, ein vierflügeliger Dinosaurier von der Größe einer Krähe. Er konnte nicht fliegen, sondern begab sich wohl im Gleitflug von Baum zu Baum auf Nahrungssuche.

Im Jahr 1861 gab der Paläontologe Christian Erich Hermann von Meyer nach dem Fund eines Fossils bekannt, den ersten Vogel überhaupt entdeckt zu haben, und beschrieb ihn unter dem Namen *Archaeopteryx*. Er war etwa so groß wie eine heutige Elster und sah definitiv vogelartig aus. Seine Federn waren ähnlich angeordnet wie die eines neuzeitlichen Vogels. Er hatte sogar typische Vogelbeine und -füße mit Krallen sowie ein Gabelbein. Von Meyers Fossil war rund 150 Millionen Jahre alt und das bedeutet, *Archaeopteryx* lebte etwa zur gleichen Zeit, als langhalsige

Quetzalcoatlus

Prosauropoden die Baumkronen abweideten. Jahrelang war es für Experten noch immer ein Rätsel, von welchen Lebewesen die Vögel abstammen. Wie hatten sie das Fliegen gelernt? Woher kamen ihre Federn? Nur ein prähistorischer Vogel gab nicht genug Aufschluss über ihre Herkunft, um Fragen wie diese zu klären.

Doch dann, 1996, gaben chinesische Wissenschaftler bekannt, dass der Fund eines Fossilienjägers namens Li Yumin nun zeige, dass einige Dinosaurier Federn hatten. *Sinosauropteryx* war eine Sensation. Er hatte eine Körperlänge von 1,5 Metern, lief auf zwei Beinen und besaß die Kiefer und abgeflachten Zähne der fleischfressenden Dinosaurier. Seine Arme hatten je drei Zehen mit kräftigen Krallen und seine Beine zeigten, dass er wohl ein schneller Läufer war.

Das Rätsel um die Herkunft der Vögel war endlich gelöst. Federn tauchten zuerst bei einigen Dinosauriern auf und dienten ihnen wahrscheinlich zum Warmhalten ihrer Körper. Erst später entwickelten sie sich so, dass sie für den Flug der Vögel nützlich wurden. Heute herrscht die Fachmeinung vor, dass alle Theropoden (intelligente, schnelle Dinosaurier wie *Velociraptor* und *T. Rex*) Federn hatten, besonders als Jungtiere. Was ist also der Unterschied zwischen Vögeln und Dinosauriern? Nun, kein sehr großer.

Tatsächlich leben Dinosaurier immer noch unter uns und es geht ihnen gut in der heutigen Welt. Aber keine Panik. Lediglich die Art, die fliegen konnte, ist noch am Leben. Wir nennen sie nur Vögel!

Ein anderer vogelähnlicher Dinosaurier mit Federn auf dem Hinterkopf, dem Körper und den Armen war *Sinornithosaurus millenii*. Dieses in China gefundene Fossil stammt aus der Zeit vor etwa 125 Millionen Jahren.

Theropoden und Vögel

Zeit	Name	Merkmale
Vor 228 Millionen Jahren	*Eoraptor* 	*Eoraptor* hatte fünf Finger an jeder Hand und fünf Zehen an jedem Fuß. Vögel haben heute drei Finger in jedem ihrer Flügel.
Vor 220 Millionen Jahren	*Coelophysis* 	*Coelophysis* hatte ein Gabelbein. Auch heutige Vögel haben dieses Gabelbein, eine Art Knochenspange, zu der ihre beiden Schlüsselbeine verwachsen sind.
Vor 120 Millionen Jahren	*Oviraptor* 	*Oviraptor* wurde als Skelettfund neben einigen fossilen Eiern entdeckt, und er hatte Federn. Forscher vermuten nun, er könnte seine eigenen Eier wie ein Huhn bebrütet haben.
Heute	Hühner 	Hühner können fliegen! Sie haben auch Federn, Krallen, einen Schnabel und ein Gabelbein. Heute werden sie weltweit als Fleisch- und Eierlieferanten gezüchtet.

Niemand weiß genau, wie sich die Vögel aus Dinosauriern entwickelt haben. Aber hier sind einige Beispiele von Arten und ihren Merkmalen, die einen Hinweis auf den Entstehungsweg der heutigen Vögel geben.

Während die Dinosaurier an Land die unangefochtenen Herrscher waren, dominierten zwei andere Tiergruppen die Ozeane und die Lüfte. Riesige Haie, gigantische Meeresechsen und grauenhafte langhalsige Meeresreptilien verschlangen alles, was in den Meeren schwamm, ob Riesenkalmar oder Fisch. Und die Herrscher der Lüfte waren am Himmel schwebende Flugsaurier, auch Pterosaurier genannt, wie der Riese *Quetzalcoatlus* mit einer Flügelspannweite von zwölf Metern! So viel misst auch die Spannweite eines Kleinflugzeugs.

Die Zeit der Dinosaurier war ziemlich aufregend, aber lange fehlte eine Sache, die wir heute für selbstverständlich halten. Eine Welt ohne Blumen ist kaum vorstellbar, denn die sogenannten Blütenpflanzen sind mit Abstand die erfolgreichsten lebenden Pflanzen. Aber etwa 330 Millionen Jahre lang hatte keine Pflanze der Welt Blüten entwickelt.

Die ältesten Fossilien von Blüten stammen aus der Zeit von vor etwa 140 Millionen Jahren. Das war also in der Kreidezeit, als die Dinosaurier auf dem Höhepunkt ihrer Macht standen. Seitdem haben die Blütenpflanzen das Leben auf der Erde gravierend beeinflusst. Tatsächlich stammen mehr als 75 Prozent unserer Nahrung von Blütenpflanzen und den Tieren, die sie fressen.

Blüten sind für Pflanzen eine hervorragende Hilfe, sich leichter zu vermehren. Um über das Wie zu diskutieren, müssen wir auf 1 bis 2 Milliarden Jahre zurückgreifen. Zu dieser Zeit entwickelte sich in den Ozeanen eine neue Form der Fortpflanzung, die als geschlechtliche oder sexuelle Fortpflanzung bezeichnet wird. Sie besteht darin, dass die genetische Information (DNA genannt) aus den Zellen zweier Elternteile vermischt an die Nachkommen weitergegeben wird, sodass der Abkömmling oder das Kind eine Kombination der Gene beider Eltern hat und sich somit auch von beiden unterscheidet. So wird auch sichergestellt, dass die Angehörigen

Eine Biene kann sich bei einem Ausflug bis zu 6 km weit von ihrem Stock entfernen. Nach ihrer Rückkehr führt sie einen Tanz auf, um den anderen Bienen mitzuteilen, wo sie die besten Blüten finden können.

einer Art nicht alle gleich, sondern individuell verschieden sind. Tatsächlich funktioniert das Ganze so gut, dass sich fast alle Lebensformen, die du um dich herum siehst, auf diese Weise fortpflanzen. Aber wie sollen zwei ortsgebundene Pflanzen ihre Zellen tauschen, um DNA zu mischen, wenn sie sich nicht fortbewegen und zueinander kommen können?

Blüten sind eine geniale Lösung für das Problem. Sie verbreiten die Fortpflanzungszellen, Pollen genannt, auf die unterschiedlichste Art und Weise von einer Pflanze zur anderen. Einige setzen sie frei und lassen sie vom Wind übertragen. Andere locken tierische Besucher wie Käfer, Bienen und Falter an, damit sie ihre Pollen mitnehmen, wenn sie von Blüte zu Blüte fliegen. Und manche Pflanzen passen sich sogar so extrem an einen Bestäuber an, dass sie nur von dieser einen Spezies besucht werden.

Eine solche Partnerschaft ist ein beidseitiges Abkommen. Die Käfer, Bienen und Falter brauchen die Blüten-Partner ebenso sehr wie die Blüten sie als Bestäuber brauchen. Für die Insekten ist die Blüte eine Futterquelle, von der sie einen Teil ihrer Pollen und eine zuckerhaltige Flüssigkeit namens Nektar erhalten. Und im Gegenzug hat die Blüte einen perfekten Bestäuber, denn die Insekten fliegen nach jedem Besuch nicht nur gesättigt, sondern auch mit ihren Pollen beladen weiter, die sie dann von Blüte zu Blüte tragen. Also ist jeder ein Gewinner! Und um die fleißigen Bestäuber anzulocken, sind viele Blüten so farbenfroh. Für die Insekten ist

es wie eine Art bunte Fernsehwerbung, die ihnen verführerisch sagt: „Hey, schau mich an, hier drüben! Ich habe ein zuckerhaltiges Getränk und, weißt du was, es ist KOSTENLOS!“

Aber auch nach dem erfolgreichen Austausch ihrer DNA haben Pflanzen immer noch ein Problem. Ihre Samen müssen nun verbreitet werden, damit junge Pflanzen nicht mit ihren Eltern um lebenswichtige Nährstoffe und Wasser konkurrieren. Manche Samen werden vom Wind weitergetragen (wie die hubschrauberartig fliegenden Samen eines Bergahorns), andere vom Wasser (eine Kokosnuss) und wieder andere von Tieren, an deren Fell sie haften (eine Klette).

Aber für die tollste Beförderungsmethode von allen werden die Samen in eine verlockende, fertige Mahlzeit verpackt. Das ist der eigentliche Zweck aller Früchte, von Erdbeeren und Äpfeln über Pfirsiche bis hin zu Tomaten! Früchte sind die Fertiggerichte der Natur, die von den Blütenpflanzen entworfen wurden, damit sie ein Tier als Leckerbissen futtert, dann verdaut und ihre unverdaulichen Samen zusammen mit seinen Exkrementen, die es zufällig am Boden verstreut, wieder verteilt.

Übrigens, nichts ist besser für das Wachstum von Samen als eine gute Portion Dünger in Form von Tierkot.

Helikopterartige Flugsamen, die von Feldahorn, Spitzahorn, Bergahorn und Eschenahorn erzeugt werden, trudeln spiralförmig durch die Luft, wodurch sie langsam absinken und sich weit genug verbreiten, um nicht im Schatten des Elternbaums zu landen.

Wir sind jetzt noch rund 100 Millionen Jahre von der Gegenwart entfernt und auf unserer 24-Stunden-Uhr der Erdgeschichte ist es bereits etwa 23:29 Uhr. Somit bleiben nur noch 31 Minuten. Deutet schon etwas auf Menschen hin?

Man kann tatsächlich schon erste Anzeichen einer Zivilisation erkennen, obwohl es noch Millionen von Jahren dauert, bis unsere Vorfahren über die Grasebenen Afrikas wandern.

Heute leben Menschen in riesigen Städten mit zum Teil mehr als 30 Millionen Einwohnern wie etwa Tokio in Japan. Doch die Idee, dass Millionen derselben Tierarten eng beieinander leben, tauchte lange vor dem ersten Menschen auf. Gemeint sind die „Stadtstaaten" der Insekten, in denen sich Bienen, Ameisen und Termiten zu riesigen Kolonien zusammenschließen.

Es gibt heute etwa 20 000 verschiedene Bienenarten. Einige von diesen – insbesondere Honigbienen – bilden sehr soziale Gruppen. Sieht man genauer hin, ist die Ähnlichkeit zwischen Bienenstöcken und menschlichen Städten wirklich verblüffend. Honigbienen geben ihre Kenntnisse von einer Generation zur anderen weiter, versorgen ihren Nachwuchs und manchmal opfern sie sogar ihr eigenes Leben für das Wohl der Gruppe. Außerdem sind die kleinen Insekten sehr fleißig und teilen die notwendigen Arbeiten unter sich auf.

Bei uns Menschen gibt es unterschiedliche Berufe, wie Lkw-Fahrer, Programmierer und Paläontologen, um nur einige zu nennen. Lange Zeit hielten Biologen uns für die einzigen Erdenbewohner, die eine solche Arbeitsaufteilung machen. Aber wie jeder Imker bestätigen wird, stimmt das nicht. Honigbienen tun es auch. Es ist ein gutes Beispiel dafür, dass manche Verhaltensmuster, die wir für rein menschlich erachten, auch bei anderen Lebewesen zu finden sind.

Honigbienen sprechen auch miteinander, allerdings in ihrer eigenen Bienensprache, auch Tanzsprache genannt. Wenn eine erfolgreiche Sammelbiene in den Bienenstock zurückkehrt, führt

Die Bienenkönigin lebt in der Mitte eines Bienenstocks. Die weiblichen Arbeiterinnen sammeln Pollen und Nektar, um Honig zu gewinnen. Drohnen sind männlich und ihre Aufgabe ist es, sich mit der Königin zu paaren.

> DIE NACHFOLGEBIENEN HABEN INTENSIVEN ANTENNENKONTAKT MIT DER TÄNZERIN, UM AUF DIESE WEISE INFORMATIONEN ÜBER DEN STANDORT DER FUTTERQUELLE ZU ERHALTEN, DIE DURCH DEN TANZ BEWORBEN WIRD.
>
> Kristin Rohrseitz und Jürgen Tautz, Entomologen

sie einen bestimmten Tanz auf, um den anderen mitzuteilen, wo sie nach mehr Nahrung suchen sollen. Der „Rundtanz" bedeutet, dass sich die Futterquelle in einem Umkreis von bis zu 50 Metern zum Bienenstock findet. Für weiter entfernt liegende Quellen und Richtungsangaben wird der „Schwänzeltanz" verwendet. Und dann gibt es noch den „Zittertanz", mit dem die Bienen ihre Sammlertätigkeit regulieren und darüber entscheiden, ob sie je nach Bedarf des Bienenstocks eine größere oder geringere Futtermenge einbringen müssen.

Ameisen und Honigbienen gehören derselben Insektengruppe an. Die ältesten Fossilien von Ameisennestern stammen aus der Zeit vor etwa 100 Millionen Jahren. Es gibt zahlreiche Ähnlichkeiten zwischen einem Ameisennest und einem Bienenstock, aber Ameisen tanzen nicht. Sie verständigen sich stattdessen durch Geräusche, Berührungen und Duftstoffe. Wenn eine Ameise eine Futterstelle findet, hinterlässt sie auf ihrem gesamten Rückweg eine Duftspur,

Blattschneiderameisen sind Gärtner. Sie schneiden Pflanzenblätter in kleine Stücke und tragen sie zurück in ihr Nest, um einen speziellen Pilz zu füttern, den sie dort in selbst angelegten „Pilzgärten" anbauen. Die Ameisen sorgen für das Wachstum des Pilzgeflechts und „ernten" es immer wieder als Nahrung ab!

die andere Ameisen zu ihrer Nahrungsquelle führt. Den Heimweg findet sie, weil sie sich an bestimmte Landschaftskennzeichen erinnert und sich häufig auch am Sonnenstand orientiert.

Aber der Preis für die ersten Insekten, die herausgefunden haben, wie sie in riesigen Gruppen zusammenleben können, geht an die Termiten. Ihre fossilen Nester sind bis zu 220 Millionen Jahre alt. Diese winzigen Tiere erschaffen die größten Insektenstädte überhaupt und leben oft in Kolonien, die mehrere Millionen Individuen umfassen. Eine Königin kann täglich Tausende von Eiern legen und wird dabei so groß (manchmal bis zu zehn Zentimeter), dass sie sich oft nicht mehr bewegen kann. Wenn sie mehr Platz braucht, wird sie von einer ganzen Truppe Arbeiterinnen hochgehoben und in eine neu gebaute Kammer geschleppt.

Dinosaurier waren vielleicht die erfolgreichsten Landtiere ihrer Zeit und Insekten die geselligsten, aber es gab auch immer eine Vielzahl anderer Tiere um sie herum. Nachdem die Dinosaurier aufgetaucht waren und solange sie die Herrschaft führten, standen die Säugetiere völlig in ihrem Schatten. Doch die Nachkommen von *Dimetrodon*, der ein Rückensegel trug, und *Lystrosaurus*, der das Massenaussterben im Perm überlebt hat, waren gut gerüstet, um nun in Führung zu gehen.

Säugetiere waren beim Regulieren ihrer Körpertemperatur *Dimetrodon* weit überlegen, denn sie waren warmblütig. Das sind wir Menschen auch und das bedeutet: Egal, wie warm oder kalt die Umwelt ist, unser Stoffwechsel sorgt für eine gleichbleibende Körpertemperatur. Aufgrund dieser Tatsache konnten sie nachts, wenn es kalt war, jagen und untertags schlafen, um den schlimmsten Räubern aus dem Weg zu gehen. Außerdem waren die meisten Säugetiere damals klein und somit fiel es ihnen leicht, sich tagsüber unter einem Stein oder in einem Baum zu verstecken.

Und um sich beim nächtlichen Jagen vor der Kälte zu schützen, entwickelten die Säugetiere ein wärmendes Ganzkörperfell. An sich reicht der Grund, warum wir Haare haben, bis zu unseren nachtaktiven rattenähnlichen Säugetier-Vorfahren zurück. Aber wie konnten sie im Dunkeln jagen? Bei nahezu allen nachtaktiven Tieren sind die Augen mit besonders vielen lichtempfindlichen Zellen, den sogenannten Stäbchen, ausgestattet, die dafür sorgen, dass Tiere wie Katzen auch bei sehr wenig Licht gut sehen können. Die Augen mancher Säugetiere verfügen über spezielle Linsen, die ihnen zusammen mit der guten Nachtsicht auch das Erkennen von Bewegungen ermöglichen. Ihrem scharfen Auge entkommt in der Nacht keine noch so winzige Beute, die gerade davonhüpfen will.

Auch die Entwicklung eines ausgezeichneten Gehörs war für die nachtaktiven Säugetiere überlebenswichtig. Nur so waren sie in der Lage, bereits beim leisesten Rascheln der Blätter und Gräser einen möglichen Leckerbissen zu entdecken. Viel später verbesserten dann einige Säuger wie Fledermäuse sogar noch ihren ohnehin schon sensiblen Gehörsinn. Sie orientieren sich mithilfe der sogenannten Echoortung, das heißt, sie geben einen Ton von sich, der,

Das Säbelzahn-Eichhörnchen war ein spitzmausartiges Säugetier mit Reißzähnen.

wenn er auf einen Gegenstand trifft, als Echo zurückgeworfen wird und ihnen so verrät, wo sie den Gegenstand selbst finden.

Doch um in der Nacht wirklich überlegen zu sein, mussten sie auch ihren Geruchssinn verbessern und haben unglaubliche Riechfähigkeiten entwickelt, um selbst in der größten Dunkelheit den Leckerbissen zu finden, auf den sie gerade Appetit hatten. Wenn du eine Katze oder einen Hund hast, weißt du genau, was ich meine.

Dann kam es wiederum zu einer Katastrophe. Etwa 180 Millionen Jahre lang hatten Dinosaurier das Leben an Land beherrscht, aber danach waren sie plötzlich verschwunden. Sie wurden nicht alleine völlig ausgelöscht. Nur die Vögel überlebten. Auch die Flugsaurier oder Pterosaurier verschwanden, ebenso alle Meeresreptilien mit Ausnahme der Schildkröten, die aus irgendeinem Grund überlebten. Es war auch das Ende für die Ammoniten, diese spiralförmigen Tiere, die mit den heutigen Tintenfischen verwandt sind.

Was war passiert?

Tylosaurus war ein riesiges 12 m langes Meeresreptil – ein gefürchteter Räuber mit messerscharfen Zähnen.

Vor etwa 65 Millionen Jahren raste ein riesiger Asteroid auf die Erde zu. Als dieser dunkle Brocken aus tödlichem Gestein und Eis schließlich der Erde entgegenstürzte, sah der Planet vor dem leeren schwarzen Hintergrund des Weltraums wie ein hell leuchtender blaugrüner Edelstein aus. Der Asteroid schlug ein und zerplatzte möglicherweise in mehrere Stücke, bevor er einen riesigen Krater in der Erdkruste hinterließ.

Asteroiden, Meteore und Kometen stürzen auch heute noch in regelmäßigen Abständen vom Himmel. Aber normalerweise verglühen oder zerplatzen sie, während sie die dicke, schwere Erdatmosphäre durchdringen. In einer klaren Nacht kannst du manchmal selbst verglühende Meteore sehen, wir nennen es das Aufleuchten einer Sternschnuppe. Aber das war keine gewöhnliche Sternschnuppe. Dieser mindestens zehn Kilometer große Brocken hatte die Ausmaße einer Großstadt!

Wissenschaftler gehen davon aus, dass es sich beim Chicxulub-Krater im Golf von Mexiko um den Einschlagskrater des Asteroiden handelt, der vor 65 Millionen Jahren die Erde traf.

Er traf die Erde mit der Kraft von Tausenden Atombomben und sprengte einen mehr als 160 Kilometer großen Krater. Alles in einem Umkreis von 1000 Kilometern verdampfte in Sekundenschnelle und hinterließ eine riesige Wolke aus tödlich heißem, giftigem Gas.

Durch den Lärm und das gleißende Feuer des Aufpralls wurden unzählige Lebewesen taub und blind. Viele von denen, die nicht durch die eigentliche Explosion getötet wurden, ertranken in den Flutwellen der ausgelösten Tsunamis. Bis zu einem Jahr lang war die Erde durch dichte, schwarze Stein- und Staubwolken in Dunkelheit gehüllt. Aufgrund des fehlenden Sonnenlichts und der damit verbundenen Kälte gingen auf der ganzen Welt die Pflanzen ein. Das war auch der Grund, dass selbst auf der anderen Seite der Erde, weitab von der direkten Einschlagsstelle, so viele Tiere verhungerten.

Die Zeit der Dinosaurier war vorbei, einfach so.

Nach dem Verschwinden der Dinosaurier konnten sich die Säugetiere, die nun auch tagsüber aus ihren Verstecken kamen, schnell verbreiten und zu großer Vielfalt entwickeln. Innerhalb von drei Millionen Jahren nach der Meteoritenkatastrophe hatten sich die mausgroßen Säugetiere zu Geschöpfen entwickelt, die so groß waren wie Hunde. Nach weiteren fünf Millionen Jahren durchstreiften Säugetiere aller Formen und Größen das Land. Diese Phase, die Zeit vor 56 bis 34 Millionen Jahren, wird als Eozän bezeichnet (aus dem Griechischen nach Eos, Göttin der Morgenröte: „kleine Morgenröte“). Nach unserer 24-Stunden-Uhr der Erdgeschichte ist es zwischen 23:42 und 23:49 Uhr.

Und jetzt kamen die Vorfahren unserer heutigen Säugetiere zum Vorschein. Es gab fleischfressende Raubtiere wie *Andrewsarchus*, der wie ein Wolf aussah, aber 22-mal größer war als sein uns bekannter Vetter. Noch erstaunlicher war *Megacerops*, ein Vertreter der sogenannten „Donnerhuftiere". Der riesige Pflanzenfresser sah aus wie ein Nashorn und hatte die Größe eines heutigen Elefanten. Aber nicht alle Säugetiere des Eozäns waren Giganten – ganz im Gegenteil. Zum Beispiel war *Hyracotherium* damals nicht größer als ein Hund oder Fuchs, allerdings wuchs dieser Zwerg allmählich heran, denn er gilt als einer der frühesten Vorfahren unserer jetzigen Pferde.

> „DIE GRÖSSTEN SÄUGETIERE ENTWICKELTEN SICH, ALS DIE ERDE KÜHLER UND DIE LANDFLÄCHE GRÖSSER WAR."
>
> Felisa A. Smith, Biologin

Eine Säugetier-Gruppe aus dem Eozän interessiert uns besonders, denn um die Primaten dreht sich der nächste Teil unserer Geschichte. Zu den heutigen Primaten gehören Menschenaffen und Klein- oder Schwanzaffen wie Lemuren und Fingertiere. Aber die ersten Primaten sahen eher aus wie Eichhörnchen. Frühe Primatenfossilien wurden auf der ganzen Welt gefunden.

Affen haben sich vor rund 30 Millionen Jahren in Afrika oder Asien entwickelt und bald darauf hat wohl mindestens eine Gruppe dieser Affen irgendwie den Atlantik überquert. Aber wie das den kleinen Primaten gelingen konnte, ist bis heute ein Rätsel. Forscher vermuten, dass sie auf Treibholz wie auf einem Floß von der Meeresströmung über

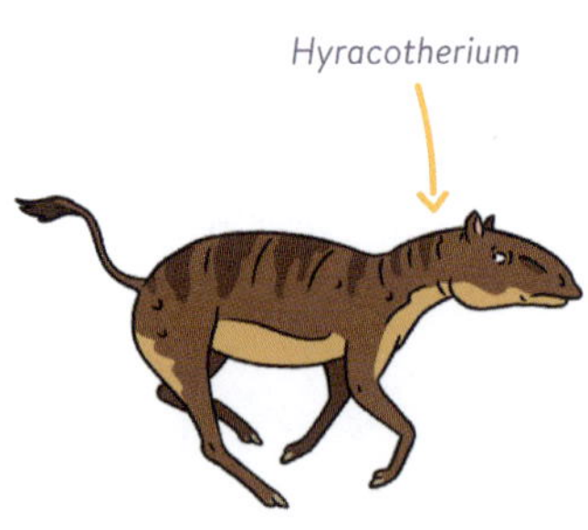

Klammeraffe

den Ozean getrieben und schließlich an der Küste des heutigen Brasiliens an Land gespült wurden. Wir nennen die Nachkommen der Affen, die diese Reise gemacht haben, Neuweltaffen und die in Afrika und Asien zurückgebliebenen Altweltaffen. Diese beiden Hauptgruppen von Affen gibt es heute noch.

Die Neuweltaffen haben eine flache Nase und benutzen ihren Schwanz, um sich schwingend und hangelnd in den Bäumen fortzubewegen und die Balance zu halten. Einige Arten können sogar mit ihrem Wickel- oder Greifschwanz frei an einem Ast hängen, als hätten sie eine zusatzliche Hand.

Aus diesen Schwanzaffen entwickelten sich auch die Menschenaffen. Paläontologen haben Fossilien von frühen Menschenaffen gefunden, die vor etwa 14 Millionen Jahren in Europa, Asien und Afrika gelebt haben. Es ist also schwer herauszufinden, wo sie zuerst aufgetaucht sind. Aus ihnen entwickelten sich im Laufe der Zeit die heutigen Menschenaffen – Orang-Utans, Gorillas, Schimpansen, Bonobos und Menschen.

Ja, Menschen sind Affen. Biologen haben entdeckt, dass meine und deine DNA zu 98 Prozent mit der DNA anderer Menschenaffen übereinstimmt. Und sie haben herausgefunden, dass Menschen und Schimpansen einen gemeinsamen Vorfahren haben, der wahrscheinlich vor 4 bis 7 Millionen Jahren gelebt hat. Das ist noch nicht lange her, wenn du auf unsere Uhr schaust. Schließlich ist es erst zwei Minuten vor Mitternacht.

Makak

Neuweltaffen, einschließlich des Klammeraffen (oben), haben breite Nasen und können mit ihrem Schwanz in den Bäumen schwinghangeln. Altweltaffen wie der Makak (unten) haben schmale Nasen und als einzige Primatengruppe einen Greifschwanz entwickelt.

Kapitel 4

HAND UND FUSS

Vor 5 Millionen–65 000 Jahren

Einige Affen laufen auf zwei Beinen

Zeitleiste

Vor 5 Millionen Jahren
Süd- und Nordamerika verbinden sich und deshalb verändert sich das Weltklima.

Vor 4 Millionen Jahren
Die ersten Vorfahren der Menschen in Afrika gehen auf zwei Beinen.

Vor 2,4 Millionen Jahren
Der *Homo habilis* erscheint in Afrika und benutzt selbst hergestellte Steinwerkzeuge.

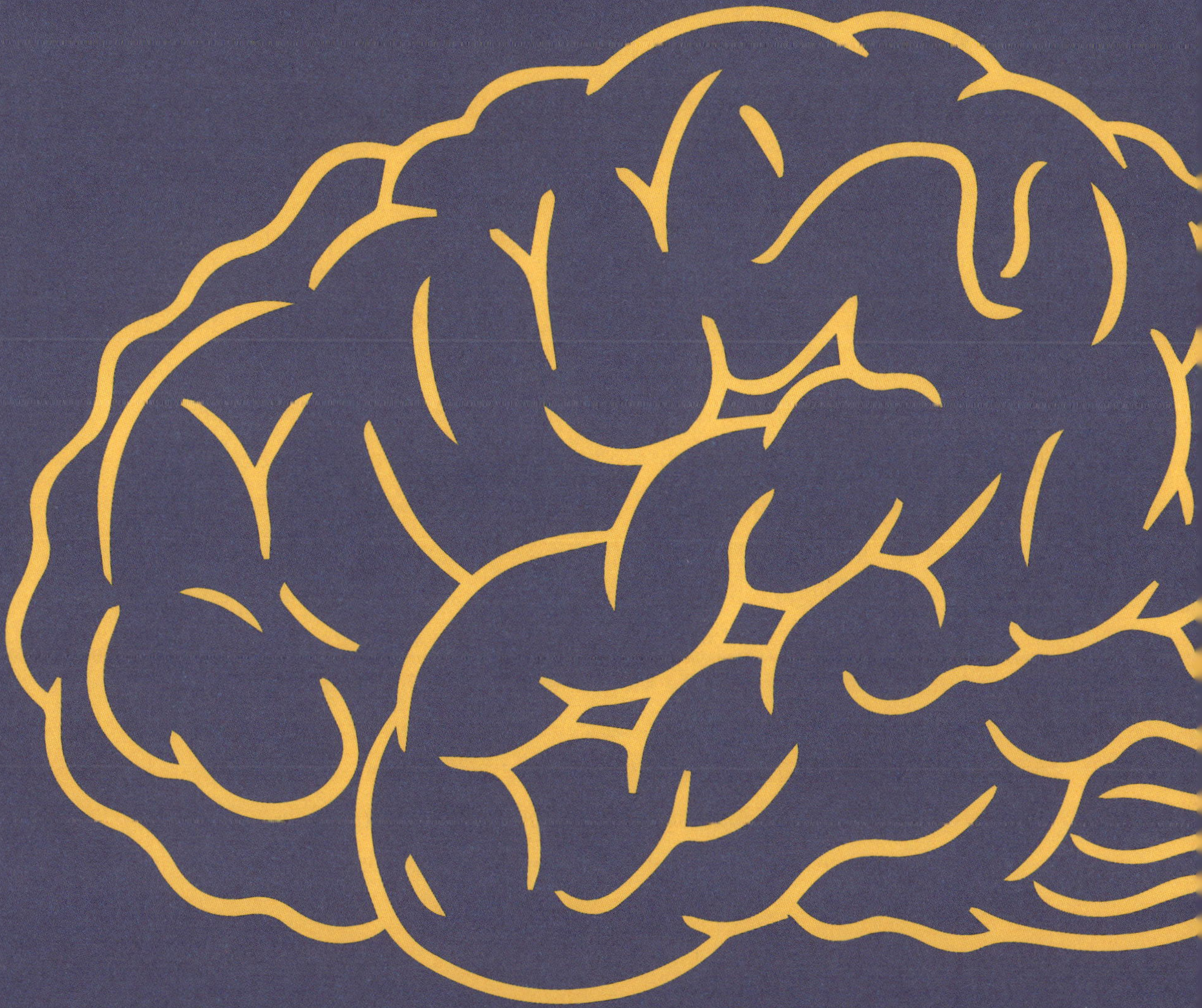

Vor 1,9 Millionen Jahren
Der *Homo erectus* erscheint mit einem Gehirn, das doppelt so groß ist wie das der ersten aufrecht gehenden Affen.

Vor 1,5 Millionen Jahren
Frühmenschen lernen, wie man Feuer macht und es beherrscht. Sie beginnen, gekochte Nahrung zu essen.

Vor 400 000 Jahren
Neandertaler gehören zu einer Menschenart mit einem Gehirn, das von der Größe her dem des modernen Menschen entspricht.

Heute spricht fast jeder über den Klimawandel. Was da passiert, geht uns alle an, denn die Erde erwärmt sich und die Eiskappen schmelzen. Für Eisbären oder Korallenriffe sind das ganz besonders schlechte Nachrichten.

Allerdings sind es auch für den Menschen keine berauschenden Neuigkeiten. Je weniger Eis an den Polen, desto mehr Wasser in den Meeren. Und der steigende Meeresspiegel wirkt sich auch auf dem Festland aus. Eines Tages könnte es überhaupt kein Eis mehr geben, und wenn es dazu kommt, wären die Weltmeere 66 Meter höher als heute. Dann würde ein heutiger Strand, an dem 42 Fußballspieler Schulter auf Schulter aufeinander stehen, so weit unter Wasser liegen, dass sogar der oberste Spieler eine Tauchausrüstung tragen müsste. Die auf eine solche Höhe angestiegenen Meere würden die meisten Küstenregionen der Welt überfluten. Millionen von Menschen müssten ihre Häuser verlassen. Kein Wunder, dass sich die Menschheit deswegen Sorgen macht.

Aber für die Erde ist eine eisfreie Zeit nichts Besonderes. Während eines Großteils ihrer Geschichte gab es überhaupt keine Eiskappen und der Meeresspiegel lag bei eben diesen 66 Metern. Hin und wieder änderten sich die Gegebenheiten, die Welt wurde kälter und der Meeresspiegel sank (denk an Schneeball-Erde!).
Dann wurde es wieder wärmer.

Ein solcher Wandel begann vor etwa 5 Millionen Jahren. Damals hatte die Erde nur eine große Eiskappe – auf der Antarktis. Dann passierte etwas Bedeutendes. Die südamerikanische Platte traf auf die nordamerikanische Platte. Beide Kontinente wurden durch eine schmale Landbrücke verbunden, das heutige Panama.

Höhere Temperaturen führen dazu, dass das Eis im Frühjahr viel eher schmilzt und erst später im Herbst wieder gefriert. Für Eisbären bedeutet das, sie finden nur schwer eine ausreichend feste Eisdecke, auf der sie sich ausruhen, ihre Jungen aufziehen und jagen können.

Durch diese neue Landverbindung waren die atlantischen Meeresströmungen gezwungen, nach Norden zu fließen. Als Folge entstand ein ganz neues Klimasystem. Warme Luft wurde nach Norden gepumpt und erwärmte die Winter in Nordwesteuropa um mindestens zehn Grad Celsius. Das wärmere Wasser im Nordatlantik begann schneller zu verdunsten. Der nach Norden ziehende Wasserdampf prallte auf kalte Luft in der Arktis, die wahrscheinlich schon von etwas Eis bedeckt war. Der Dampf verwandelte sich in Schnee, der auf das Eis und das kalte Meer fiel. Im Laufe der Zeit setzte sich der Schnee in Schichten ab und wuchs zu einer dicken Eisschicht heran. Und so hatte sich vor etwa 2,5 Millionen Jahren auf der Erde eine zweite große Eiskappe gebildet, diesmal in der Arktis.

Mit riesigen Eiskappen auf beiden Polen, ging die Temperatur zurück und die Erde verfiel in einen tiefgefrorenen Zustand. Kolossale Eismassen, Gletscher genannt, breiteten sich vom Nordpol nach Süden

Der Perito-Moreno-Gletscher in Argentinien gibt selbst den Experten Rätsel auf. Er wächst trotz Erderwärmung, während die meisten anderen Gletscher auf der Welt deswegen zurückgehen.

aus. Da so viel Wasser als Eis gebunden war, sank der Meeresspiegel. Auf der Erde herrschte eine heftige Eiszeit. Und hier ist das Erstaunliche: das ist noch immer so. Seit sich die Gletscher vor fast 3 Millionen Jahren gebildet haben, befindet sich die Erde in einer kalten Periode. Natürlich hat sich die Temperatur verändert. Es wurde wärmer und kälter und wieder wärmer. Auf den Kontinenten bildeten sich Gletscher, die wieder verschwanden und dann wieder entstanden. Aber die ganze Zeit über hatte die Erde zwei große Eiskappen. Falls du dich wunderst, wir befinden uns gerade in der Warmzeit des Eiszeitalters, der so genannten Zwischeneiszeit. Und es wird schnell wärmer.

Und noch etwas ist in dieser Zeit passiert. Die Entwicklung des Menschen begann. Erste Vorfahren der Menschen gab es bereits rund eine Million Jahre vor Beginn der Vereisungsphase. Aber wir modernen Menschen haben uns während einer Eiszeit entwickelt, und das hat unsere Geschichte entscheidend verändert.

Lucy war ein Affe, der vor etwa 3,2 Millionen Jahren im heutigen Äthiopien in Afrika lebte. Entdeckt wurde sie 1974 von einem Team aus Wissenschaftlern unter der Leitung des Amerikaners Donald Johanson. Aufgrund der geringen Größe des Skeletts vermuteten sie, dass es sich um ein weibliches Wesen handelte, und nannten sie Lucy.

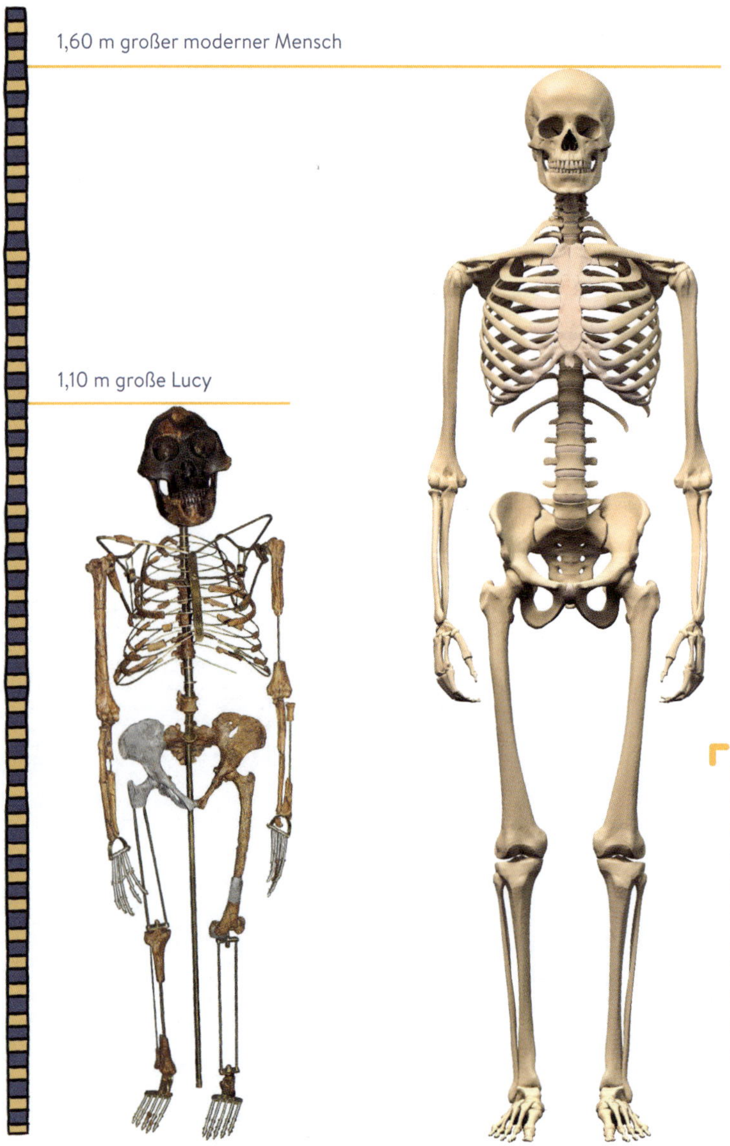

Lucys Knochen deuten darauf hin, dass sie für ihre Größe viel stärkere Arme hatte als der heutige Mensch, vielleicht weil sie viel auf Bäume kletterte. Vermutlich ist sie sogar durch einen Sturz vom Baum ums Leben gekommen.

Ihren Namen verdankt sie dem Beatles-Song „Lucy in the Sky with Diamonds", den die Entdecker zur Feier ihres Fundes hörten. Ihr Artname ist *Australopithecus afarensis*.

Lucy war ungefähr 1,10 Meter groß und wog rund 29 Kilo. Als ihre Entdeckung bekannt wurde, sorgte Lucy weltweit für Aufsehen. Warum? Weil Experten an der Form ihrer Knochen erkannten, dass sie eindeutig auf zwei Beinen ging, und der Mensch der einzige „moderne Affe" ist, der sich immer so fortbewegt.

Niemand weiß genau aus welchem Grund Affen wie Lucy aufrecht gingen, aber es stellte sich als großer Vorteil heraus. Mit den freien Händen konnten sie Nahrung leichter transportieren und so auch in schwierigen Zeiten überleben. Und nicht nur das, denn auf zwei Beinen zu laufen und die Hände frei zu haben, bedeutete auch, dass sie Werkzeuge benutzen, mit einem Speer jagen oder Nüsse in einer Tierhaut sammeln und tragen konnten.

Nach Lucys Entdeckung wurden die Knochen und Zähne vieler weiterer, ähnlicher Lebewesen gefunden. Aber war Lucy ein Mensch? Wenn Menschsein bedeutet, dass man zu einer Affenart gehört, die auf zwei Beinen geht, dann ist Lucy eine von uns. Geht es aber um die Frage, ob das Gehirn größer ist, dann müssen wir noch einmal ungefähr eine Million Jahre auf unsere Gattung *Homo* warten.

Homo habilis war die erste Spezies, die Experten mit Sicherheit als Mensch bezeichnen konnten. Mit einem Volumen von 500-800 Kubikzentimeter war sein Gehirn fast doppelt so groß wie das von Lucy (aber immer noch nur halb so groß wie unser Gehirn). Diese Art war sehr geschickt in der Herstellung von

„WENN WIR UNS LUCY BEIM DURCHSTREIFEN DER OSTAFRIKANISCHEN LANDSCHAFT AUF DER SUCHE NACH NAHRUNG VORSTELLEN, SEHEN WIR SIE ERSTMALS MIT EINEM STEINWERKZEUG IN DER HAND AUF FLEISCHSUCHE."

Shannon McPherron, Archäologe

Werkzeugen. Mit dem *Homo habilis* begann die Epoche, die wir heute als Altsteinzeit bezeichnen. Dies ist etwa 2,4 Millionen Jahre her, und es ist gerade einmal 45 Sekunden vor Mitternacht auf unserer 24-Stunden-Uhr der Erdgeschichte. Das Zeitalter der Menschen hat endlich begonnen.

Lass uns jetzt einen Sprung von 600 000 Jahren nach vorne machen. Die Zeit des *Homo erectus* bricht an. Die Schädel dieser Menschen weisen eine zweite drastische Zunahme des Gehirnvolumens auf etwa 750 – 1300 Kubikzentimetern auf. Fast so groß wie das Gehirn der heutigen Menschen. Was um alles in der Welt war hier los?

Dieses Steinwerkzeug wurde vor etwa 2,5 Millionen Jahren vom *Homo habilis* hergestellt. Das rechte stammt vom *Homo erectus* und ist über 1,7 Millionen Jahren alt.

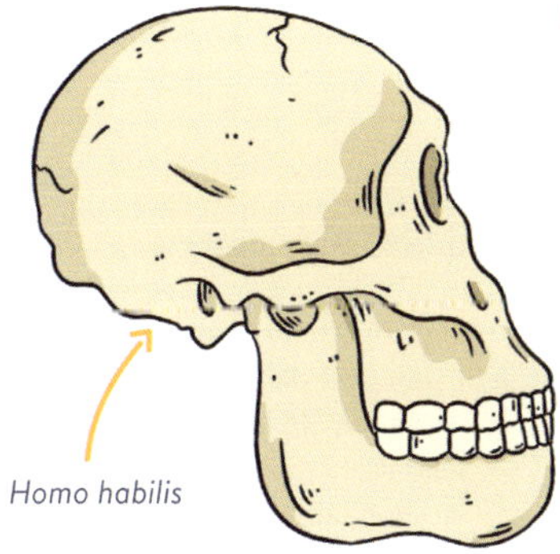

Der *Homo habilis* hatte große Wangenknochen und einen kleinen Schädel. Der *Homo erectus* ein flacheres Gesicht und einen wesentlich größeren Schädel.

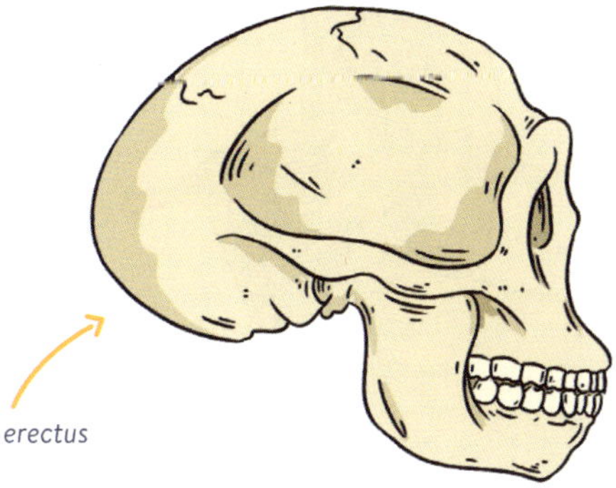

Ein Mythos aus dem alten Griechenland erzählt die Geschichte des Titanen Prometheus, der den Göttern das Feuer stahl und es in einem Pflanzenstängel auf die Erde schmuggelte.

Prometheus wurde für sein Verbrechen hart bestraft. Als der Göttervater Zeus den Raub bemerkte, ließ er Prometheus an einen Felsen ketten. Jeden Tag kam ein Adler und fraß von seiner Leber, die aber in der Nacht wieder nachwuchs, sodass der Adler am nächsten Tag wieder Stücke aushacken konnte.

Die Geschichte des Prometheus ist ein Mythos. Tatsache ist jedoch, dass kein Geschöpf der Erde, außer dem Menschen, je selbst Feuer machen und kontrollieren konnte. Wann genau und welche unserer Vorfahren begannen, das Feuer zu nutzen, ist nicht bekannt. Die frühesten Belege sind etwa eine Million Jahre alt, aber Wissenschaftler glauben, dass der Mensch schon viel eher in der Lage war, das Feuer zu beherrschen, vielleicht schon vor 1,5 Millionen Jahren oder sogar noch früher.

Feuer schreckt gefährliche Wildtiere ab und sorgt in kälteren Klimazonen für Wärme. Vielleicht wollte der Mensch aus diesem Grund zuerst das Feuer entfachen und beherrschen können. Alle Beweise deuten jedoch darauf hin, dass die Frühmenschen ziemlich schnell anfingen, Feuer für noch wichtigere Dinge zu nutzen. Und was sie damit machten, veränderte den weiteren Verlauf der gesamten Erdgeschichte.

Im Jahr 2012 entdeckten Forscher in der Wonderwerk-Höhle in Südafrika die ersten Beweise für die Nutzung von Feuer. Sie fanden eine Million Jahre alte verkohlte Tierknochen und Asche von Pflanzenresten.

Die Neurowissenschaftlerin Suzana Herculano-Houzel untersucht das menschliche Gehirn. Sie hat einen Weg gefunden, die Anzahl der Gehirnzellen in unserem Kopf zu ermitteln. Es stellte sich heraus, dass ein erwachsener Mensch von heute im Durchschnitt 86 Milliarden Neuronen besitzt, die wichtigsten und häufigsten Gehirnzellen. Ein Schimpanse hat nur etwa 28 Milliarden.

Die Frage ist also, wie die Menschen dazu gekommen sind, so viel Gehirn zu entwickeln. Dr. Herculano-Houzel glaubt, dass es mit dem Garen der Nahrung zusammenhängt. Das liegt daran, dass Gehirne viel Energie benötigen. Unser Denkapparat verbraucht 20 Prozent der gesamten Energie, die wir aufnehmen. Gekochte Lebensmittel setzen viel mehr Energie frei als rohe. Außerdem lassen sie sich besser kauen und werden schneller verdaut. Und weil du aus jedem Stück Gemüse oder Fleisch, das du isst, mehr Energie bekommst, musst du nicht so viel essen und brauchst weniger Zeit für die Nahrungssuche. Die Erfindung des Kochens war also ein gigantischer Durchbruch, der es den Menschen ermöglichte, riesige Gehirne zu entwickeln.

„WÜRDEN WIR UNS NOCH GENAUSO ERNÄHREN WIE ANDERE PRIMATEN – SO, WIE WOHL UNSERE VORFAHREN IHREN KALORIENBEDARF DECKTEN –, MÜSSTEN WIR JEDEN TAG 9,5 STUNDEN LANG ESSEN."

Suzana Herculano-Houzel, Neurowissenschaftlerin

Etwa zu der Zeit, als die Frühmenschen das Kochen mit Feuer entdeckten, unternahmen sie enorme Wanderungen und breiteten sich aus. Die ältesten Fossilien von *Homo erectus* stammen aus Java im heutigen Indonesien. Sie sind 1,9 Millionen Jahre alt. Entweder entwickelte sich der *Homo erectus* in Asien aus einem Affen, der früher dorthin ausgewandert und wieder nach Afrika zurückgekommen war, oder er entwickelte sich in Afrika und hatte es bereits nach Asien geschafft. Konnten diese Frühmenschen (oder Vormenschen) tatsächlich den ganzen Weg ohne Straßen und Schienen, geschweige denn ohne Auto, Boot oder Flugzeug zurücklegen? Wir können uns schwer vorstellen, solch große Strecken zu Fuß zurückzulegen. Allerdings hatten sie uns gegenüber einen gewaltigen Vorteil – sie hatten es nicht eilig.

Das menschliche Gehirn ist ein erstaunliches Organ. Dieses Diagramm zeigt, wofür jeder Teil des Gehirns verantwortlich ist.

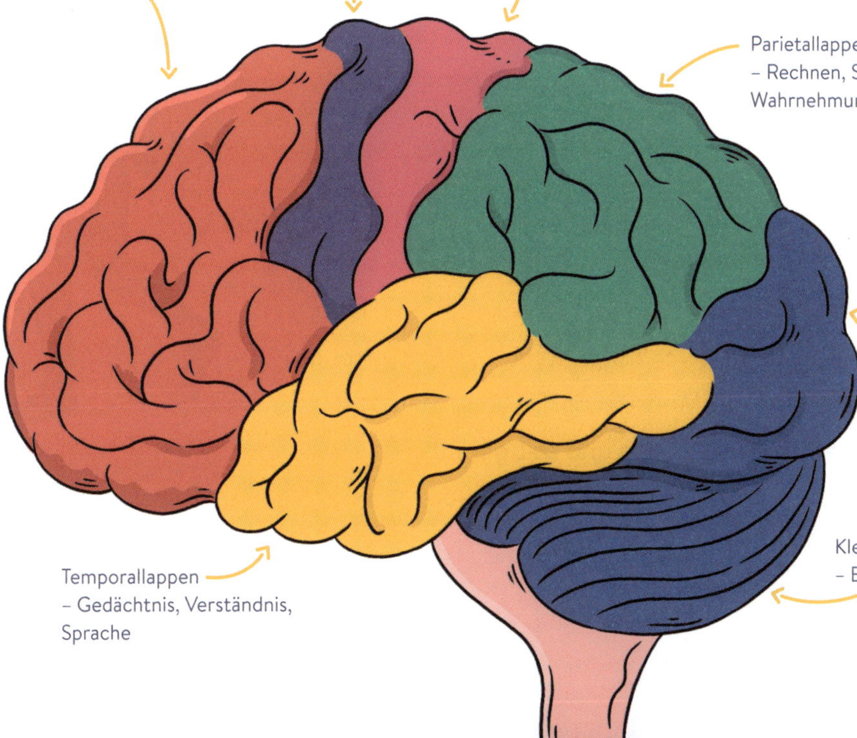

Im Laufe der Zeit kamen diese Frühmenschen bis in die entferntesten Regionen Afrikas, Asiens und Europas. Fossile Fußabdrücke, die in der Nähe der ostenglischen Küste von Norfolk gefunden wurden, reichen etwa 800 000 Jahre zurück. Und England ist fast 15 000 Kilometer vom südlichen Afrika entfernt.

Im Neandertal, in der Nähe von Düsseldorf, entdeckten Steinbrucharbeiter 1856 Gegenstände, die wie Menschenknochen aussahen. Aber sie unterschieden sich von unseren Knochen. Sie gehörten zu einer anderen menschlichen Spezies, dem Neandertaler, der im Fossilbericht erstmals vor etwa 400 000 Jahren auftaucht. Seitdem gab es auch in vielen anderen Gegenden Knochenfunde von Neandertalern.

Fachleute gehen davon aus, dass vor 400 000 bis 70 000 Jahren mindestens fünf verschiedene Menschenarten auf unserem Planeten lebten. Dies waren der *Homo erectus*, der *Homo neanderthalensis*, der *Homo heidelbergensis*, der kleinwüchsige auch „Hobbit“ genannte *Homo floresiensis*, und der *Homo sapiens* (das ist unsere Spezies!). Bekämpften sie sich gegenseitig? Lebten sie zusammen oder in getrennten Gesellschaften? Konnten sie sprechen? Du siehst, es gibt noch viele offene Fragen.

Homo erectus
Vor 1,9 Millionen–140 000 Jahren, Afrika und Asien

Die Neandertaler kamen in unseren Schilderungen immer schlecht weg. Sie galten als schwerfällig, rückständig oder brutal. Auf Bildern sahen diese Frühmenschen bis vor Kurzem nicht wie Menschen, sondern eher wie Menschenaffen aus. Man zeichnete sie in gebückter Haltung und mit gebeugten Knien. Aber das ist falsch! Neandertaler hatten ein mindestens ebenso großes Gehirn wie die heutigen Menschen. Möglicherweise war es sogar größer. Sie gingen ebenso aufrecht wie wir, obwohl sie in der Regel kleiner waren. Neandertaler waren kräftiger als wir, hatten eine große Nase und über den vorspringenden Augenbrauenwülsten eine stark fliehende Stirn.

Sie waren auch sehr geschickt im Umgang mit Werkzeugen. Jüngste Untersuchungen zeigen, dass sie mindestens die gleiche Fingerfertigkeit hatten wie wir. 2013 wurden von Neandertalern hergestellte Knochenwerkzeuge im Südwesten Frankreichs gefunden.

Neandertaler bauten Häuser aus Tierknochen. Und sie bestatteten ihre Toten. Oft legten sie wertvolle Gegenstände in die Gräber ihrer Lieben, die diesen wohl im Jenseits helfen sollten. 2018 entdeckten

Homo neanderthalensis
Vor ca. 400 000–40 000 Jahren,
Europa und Asien

Homo floresiensis
Vor 100 000–50 000 Jahren,
Asien

Homo heidelbergensis
Vor ca. 700 000–200 000 Jahren,
Europa, Asien und Afrika

Homo sapiens
Vor 200 000 Jahren bis heute

Diese Höhlenmalereien, die 2018 in Spanien entdeckt wurden, stammen wahrscheinlich von Neandertalern. Die Detailansicht dieser Höhlenkunst zeigt um eine Leiter angeordnete Tiere und Symbole. Die Tiere sind sehr verblasst, aber dennoch gut zu erkennen.

Archäologen in Spanien 65 000 Jahre alte Höhlenmalereien, also aus einer Zeit, bevor der *Homo sapiens* in diese Gegend kam. Bei den Künstlern handelte es sich wahrscheinlich um Neandertaler.

Und noch etwas. 1989 fand man in einer Höhle in Israel einen Neandertalerknochen, der fast genau dem Zungenbein eines heutigen Menschen gleicht. Das Zungenbein verbindet unsere Zunge mit dem Kehlkopf und ermöglicht uns somit das Sprechen und Singen. Das heißt also, dass die Neandertaler wohl ebenfalls sprechen und singen konnten.

Waffen und Werkzeuge herzustellen, Gespräche zu führen, Tote zu bestatten und Kunst zu schaffen sind alles Dinge, die Denkvermögen, Kreativität und Geschicklichkeit erfordern. Funde deuten darauf hin, dass sich diese Frühmenschen mit einigen wichtigen und sehr menschlichen Fragen beschäftigten. Gibt es ein Leben nach dem Tod? Wirkt sich das, was ich tue, auf das nächste Leben aus? Was bringt mir Glück? Das sind die Fragen wissbegieriger Köpfe, die unseren sehr ähneln.

Kapitel 5

DU UND ICH

Vor 200 000 Jahren–5000 v. Chr.

Wie eine Menschenart namens *Homo sapiens* als einzige überlebte

Zeitleiste

Vor 200 000 Jahren
Homo sapiens tritt in Afrika als neue Menschenart auf.

Vor 120 000 Jahren
Moderne Menschen verlassen Afrika, während sich die Gletscher zurückziehen.

Vor 65 000 Jahren
Moderne Menschen kommen über seichtere Meeresstellen auf Flößen nach Australien.

Vor 40 000 Jahren
Der Neandertaler stirbt aus.

Vor 21 000 Jahren
Die letzte Eiszeit erreicht ihren Höhepunkt.

Vor 11 000 Jahren
Entstehung der Landwirtschaft im „Fruchtbaren Halbmond".

Vor 11 000 Jahren
Jericho entsteht als eine der ersten Städte der Welt.

Vor 10 000 Jahren
Massensterben der größten Tierarten während der quartären Aussterbewelle.

Bleib einfach nur vier Sekunden lang ruhig sitzen, ohne irgendetwas zu tun. Nur zu, mach es ... gleich jetzt.

Nun bleib still sitzen und tue 24 Stunden lang gar nichts. Also gut, ich erwarte nicht wirklich, dass du das befolgst. Aber versuche es dir trotzdem vorzustellen.

Die vier Sekunden sind kaum länger als die noch verbleibende Zeit bis Mitternacht auf unserer 24-Stunden-Uhr. Und in diesen 24 Stunden hatte sich fast die gesamte Geschichte der Erde abgespielt, bevor über den heißen, staubigen Steppen Afrikas die ersten Rufe des *Homo sapiens* ertönten. Im Vergleich zur Erde sind wir Menschen also tatsächlich sehr jung. Wir werden *sapiens* genannt, weil dieses lateinische Wort „weise" oder „klug" bedeutet. Entscheide einfach selbst, nachdem du dieses Buch gelesen hast, ob du den Namen gut findest.

Moderne Menschen und Neandertaler lebten viele Jahrtausende lang nebeneinander. Dabei haben sie sich so weit vermischt, dass die meisten modernen Menschen etwa ein bis vier Prozent Neandertaler-DNA haben. Dieses Erbgut wirkt sich auf viele Merkmale aus, zum Beispiel darauf, wie unser Körper aussieht, wie wir schlafen und welche Krankheiten wir bekommen.

Um die anderen 96 bis 99 Prozent unserer genetischen Wurzeln zu finden, müssen wir auf andere Quellen zurückgreifen. Aber auf welche, ist immer noch umstritten. Einige Wissenschaftler sind der Ansicht, dass wir hauptsächlich vom *Homo erectus* abstammen. Andere glauben, dass der *Homo heidelbergensis* beteiligt war. Wie auch immer, die Evolution der ersten modernen Menschen begann vor etwa 200 000 Jahren.

Wir Menschen sind ein unruhiger Haufen. Ist dir schon einmal aufgefallen, dass die meisten Menschen heute zwar in Häusern leben, aber nicht sehr lange darin bleiben? Jedes Mal, wenn ich in einem Stau stehe oder zum Flughafen fahre, werde ich daran erinnert. Warum um alles in der Welt wenden so viele Leute so viel Zeit auf, um von einem Ort zum anderen zu

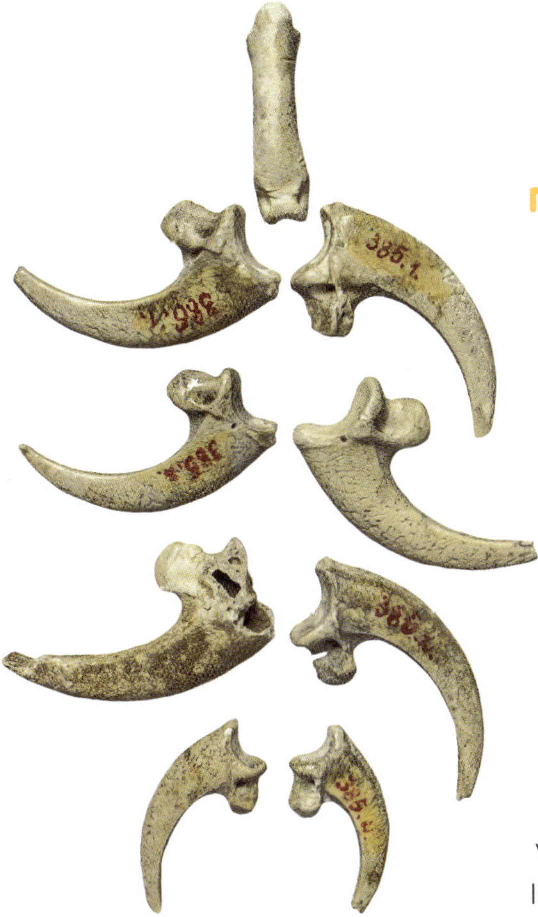

Diese polierten Adlerkrallen könnten von einer vor 130 000 Jahren von Neandertalern hergestellten Halskette stammen. Sie wurden im heutigen Kroatien entdeckt. Etwa zur gleichen Zeit fertigte auch *Homo sapiens* Schmuck an.

gelangen? Jetzt wird es mir klar. Ständig in Bewegung zu sein, ist tief in uns verwurzelt, es liegt uns einfach im Blut.

Wie wir wissen, haben menschliche Vorfahren bereits vor fast zwei Millionen Jahren Tausende von Kilometern zurückgelegt. Vor etwa 120 000 Jahren begann auch *Homo sapiens* sich auszubreiten, wobei verschiedene Gruppen zu unterschiedlichen Zeiten aus Afrika abwanderten.

DNA-Analysen zeigen, dass die Artgenossen von *Homo sapiens* bereits sehr verschieden waren, bevor sie Afrika verließen. Vielleicht hatten sie etwas unterschiedliche Gesichtsformen, Haarstrukturen und Hautfarben. Zudem gab es Abweichungen, die nichts mit dem Äußeren zu tun hatten, wie etwa eine gewisse Anfälligkeit für bestimmte Krankheiten. Im Laufe der Zeit und der Evolution entstand aus diesen Unterschieden die große Typen-Vielfalt der heutigen Menschen.

Homo sapiens verbreitete sich auf der ganzen Welt. Er wanderte in den Nahen Osten, wo er sich mit den Neandertalern vermischte, und besiedelte auch weite Teile Asiens.

Vor etwa 65 000 Jahren gingen die Menschen an den Küsten von Australien erstmals an Land. Der Meeresspiegel war damals viel niedriger als sonst, da das Wasser in den Eiskappen gebunden war. Somit war die Strecke, die sie mit ihren Flößen auf dem offenen Meer zurücklegen mussten, um einiges kürzer. Auf ihrer Wanderschaft zogen sie auch nach Westen und kamen vor etwa 50 000 Jahren in Europa an. Als sich *Homo sapiens* überall auf der Welt niederließ, verschwanden andere Spezies der Gattung Mensch. Die letzten Neandertaler starben irgendwann vor 40 000–28 000 Jahren aus. Niemand weiß, warum bis auf *Homo sapiens*, also unsere Art, alle anderen Menschenarten, die zur gleichen Zeit lebten, ausgestorben sind. Haben wir sie getötet? Haben wir ihnen keine Nahrung übrig gelassen? Kam eine tödliche Krankheit auf, die nur sie und nicht uns betraf? Oder haben wir uns einfach mit ihnen vermischt, bis sie ein Teil von uns wurden? Wir wissen es nicht. Was wir wissen, ist, dass es nach dem Aussterben der Neandertaler nur noch eine Menschenart gab. Uns.

Bis vor etwa 12 000 Jahren waren die Menschen ständig auf Wanderschaft. Vermutlich machten sie Jagd auf Tiere und sammelten wilde Früchte und Nüsse. Als Nomaden, die ihr Leben lang von Ort zu Ort zogen, hatten sie nur ganz wenige Habseligkeiten. Je mehr sie besaßen, desto mehr mussten sie mit sich herumtragen. Um sich ihr Nomadenleben zu erleichtern, waren sie es gewohnt, alles untereinander zu teilen.

Das Wichtigste, was man auf einer langen Wanderung immer dabei haben sollte, ist Wasser. Man weiß nie, wann man einen Bach findet, aber man weiß genau, dass man durstig wird. Doch dafür braucht man ein geeignetes Gefäß. Unsere Vorfahren verwendeten Kalebassen, die sie aus ausgehöhlten und getrockneten Flaschenkürbissen herstellten. Beim Trocknen verhärtet sich die Außenhülle der Kürbisse, die Samen und Fasern im Inneren werden entfernt, und so entstehen perfekte Wasserbehälter. Prähistorische Nomaden hatten viele von diesen in Gebrauch.

Sie trugen auch Jagdwaffen wie Speere oder Pfeil und Bogen mit sich und hatten Werkzeug aus Feuerstein, auch Flint genannt, mit dem sie ihre erlegten Tiere häuteten und Feuer entfachten.

Das wohl am besten erhaltenen Exemplar eines Nomaden ist Ötzi, der Mann aus dem Eis. Zwei deutsche Urlauber fanden ihn im Sommer

Ein Steinzeitmensch greift einen *Bison antiquus* an, eines der wenigen großen nordamerikanischen Säugetiere, das die quartäre Aussterbewelle überlebte. Nach Meinung der Forscher handelt es sich bei dieser Bisonart um die Vorfahren des heutigen Amerikanischen Bisons.

1991 rein zufällig beim Wandern in den italienischen Alpen. Der Fund einer Leiche im Eis war ein ziemlicher Schock. Es stellte sich jedoch heraus, dass es keine gewöhnliche Leiche war, sondern eine Mumie, die seit mehr als 5000 Jahren im Boden, am Rande eines Gletschers, eingefroren war. Ötzi lebte vor etwa 5000 Jahren in der Jungsteinzeit, die *viel* kürzer zurückliegt als die Mittelsteinzeit vor etwa 12 000 Jahren. Trotzdem liefert Ötzi neue Erkenntnisse über das Leben der damaligen Nomaden.

Ötzis Körper gefror kurz nach seinem Tod und wurde auf diese Weise konserviert. Niemand weiß, warum er in die Berge ging oder welches Ziel er hatte, aber in der Nähe seines Körpers fand man einen prähistorischen Rucksack, der neben seiner Wanderausrüstung auch ein Kupferbeil, Pfeile zum Jagen und einen Retuscheur, auch Druckstab genannt, zum Schärfen seiner Waffen und Steinwerkzeuge enthielt. Er trug sogar ein Gefäß aus Birkenrinde mit sich, in dem er die Glut des letzten Feuers transportieren konnte. Ötzi war zweifellos ein erfahrener Bergsteiger.

Pfeil und Bogen, Steinwerkzeuge und ein Kupferbeil

Von einem Gürtel gehaltener Mantel aus Ziegen- und Schaffell

Rucksack

Während die Nomaden umherzogen, veränderte sich die Welt im Laufe der Zeit. In den letzten 2,6 Millionen Jahren entstanden und verschwanden Gletscher, die manchmal über Jahrtausende die nördlichen Teile der Welt bedeckten. Bei jeder Klimaveränderung haben sich einzelne Arten, einschließlich des Menschen, an unterschiedliche klimatische Bedingungen, ob heiß oder kalt, angepasst. Wenn eine Spezies ausstarb, entwickelten sich andere, die deren Platz einnahmen.

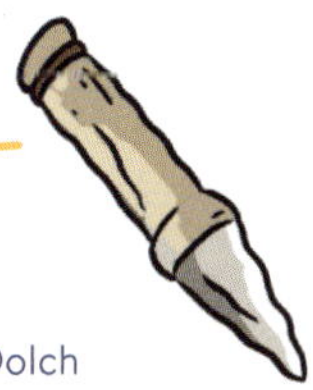

Dolch

Als sich die Erde nach einer Eiszeit, dem sogenannten letzten Glazial, wieder erwärmte, hätte eigentlich genau das Gleiche passieren müssen. Dem war aber nicht so. Zu Beginn der Erwärmung war die Welt von vielen großen Säugetieren bevölkert. Manche existierten schon seit Zehnmillionen von Jahren. Doch vor etwa 13 000–8000 Jahren starben die meisten der Großtierarten des Pleistozäns aus. Diese Katastrophe ist bekannt als die quartäre Aussterbewelle. Auf rätselhafte Weise verschwanden in Nord- und Südamerika Pferde, Großkatzen, Elefanten, Mammuts und Mastodonten, Kamele, Großbären, Riesenbiber, Pekaris (schweineähnliche Säugetiere), Riesenfaultiere und die Glyptodonten – Gürteltiere von der Größe

Unter seiner warmen Kleidung hatte der Mann aus dem Eis mehrere Tattoos. Aufgrund ihrer Position auf Körperstellen mit Verletzungen wie Knochenbrüche, gehen Fachleute davon aus, dass sie nicht als Schmuck, sondern Teil eines Heilungsrituals seines Volkes tätowiert wurden.

Schuhe aus Hirschleder und Bärenfell

eines Lieferwagens. Insgesamt sind etwa drei Viertel der großen Säugetierarten ausgestorben. Nach der quartären Aussterbewelle gab es in Amerika fast nur noch Tiere, die nicht größer waren als ein Truthahn. Selbst die überlebenden Biber und Bären waren Zwerge im Vergleich zu ihren Vorfahren.

Ähnliches passierte in Australien, obwohl die Aussterbewelle dort früher begann. Zu den Opfern zählten das Riesenkänguru, die nashorngroßen Wombats und ihre Verwandten sowie der wilde Beutellöwe. Auch Reptilien wie die Riesenhornschildkröte und einige Riesenkrokodile waren darunter.

Auch in anderen Teilen der Welt starben Großtierarten aus. Die südliche Hälfte Afrikas verlor weniger als der Rest des Kontinents. Aber auch dort verschwand etwa jede sechste große Säugetierart. Experten stellt dieses weltweite Massenaussterben vor ein Rätsel, da keine neuen Tiere nachrückten, um die Plätze der ausgestorbenen einzunehmen.

Was um alles in der Welt ging hier vor sich? Manche Fachleute machen die globale Erwärmung verantwortlich, die eine weltweite Veränderung der Umwelt mit sich bringt, auch dort, wo es noch nie kalt war. Dadurch verloren große Tiere ihren Lebensraum. Aber das Klima allein kann nicht die Ursache dieses Phänomens sein.

In vielen Regionen begann das Aussterben kurz nach Ankunft der ersten Menschen. Vielleicht tragen sie die Schuld daran. Könnten Menschen all diese Riesen durch Überjagung ausgerottet haben? Oder haben Menschen, die Feuer mit sich brachten, in so kurzer Zeit so viele Lebensräume durch Brandrodung vernichtet, dass die Tiere nicht überleben konnten?

Stell dir vor, du triffst ein 3 Meter großes *Glyptodon*! Durch seinen starken Panzer war es besser geschützt als alle übrigen Tiere der Eiszeit. Wie so viele andere Großtierarten auf der ganzen Welt starben auch diese Giganten vor 10 000 Jahren aus.

Diese Hypothese könnte auch erklären, warum Elefanten, Nashörner und Großkatzen in Afrika überlebten, während ganz ähnliche Tiere anderswo ausstarben. In Afrika hatten sich Tiere und Menschen über Millionen von Jahren hinweg gemeinsam entwickelt. Könnten sie ein Gleichgewicht gefunden haben, das beide überleben ließ? Der Sinn einer Hypothese ist es, sie anhand anderer Belege zu überprüfen und Fragen zu stellen, die sie

> DIE GROSSE TRAGÖDIE DER WISSENSCHAFT – DIE ERLEDIGUNG EINER WUNDERSCHÖNEN HYPOTHESE DURCH EINE HÄSSLICHE TATSACHE.

Thomas Henry Huxley, Biologe

beweisen oder widerlegen. Wenn zum Beispiel der Mensch das Aussterben verursachte, warum sind dann in Afrika überhaupt Tierarten verschwunden? Wie so oft in der Wissenschaft, kennen wir nicht alle Antworten. Wir müssen also weiter Hypothesen aufstellen und diese hinterfragen. Es könnte mehr als eine Ursache geben. Vielleicht sind sowohl der Mensch als auch der Klimawandel für die quartäre Aussterbewelle verantwortlich.

Mit unserem Verhalten bei Anbruch der letzten Sekunde vor Mitternacht auf der 24-Stunden-Uhr der Erdgeschichte haben wir wohl auch erstmals großen Einfluss auf die Umwelt ausgeübt. Es sollte nicht das letzte Mal sein.

Prozentsatz der Großsäugetiere, die im Zuge der quartären Aussterbewelle verschwanden

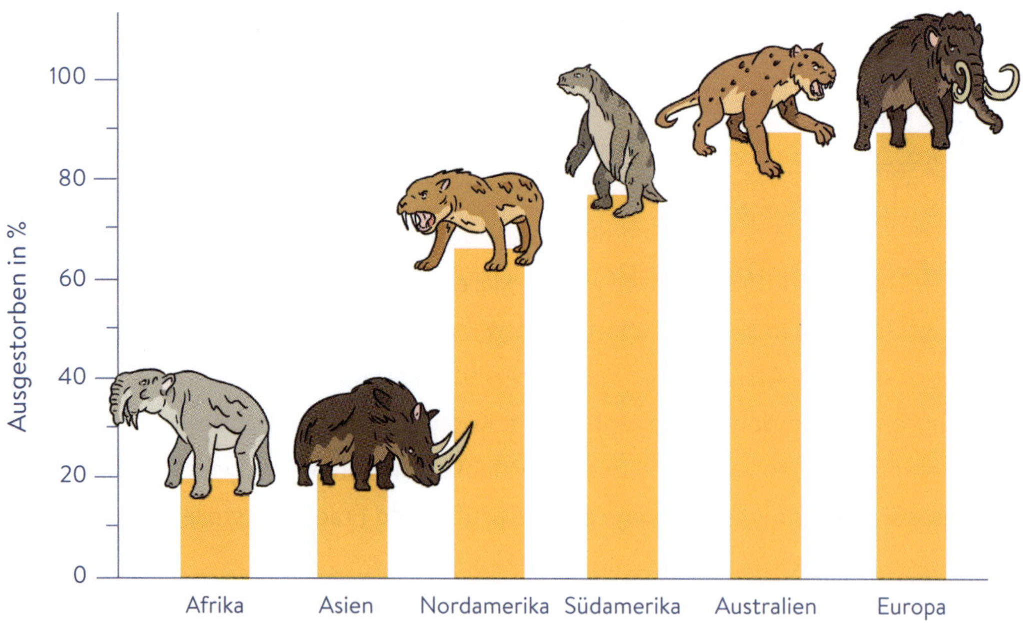

Im Jahr 2018 gaben Paläontologen die Entdeckung eines 11 000 Jahre alten fossilen menschlichen Fußabdrucks bekannt, der sich innerhalb der Fußspuren eines Riesenfaultiers befand. Die überlagernden Abdrücke sind ein Beweis dafür, dass dieses elefantengroße Faultier von Menschen gejagt wurde.

Stell dir vor, du lebst in einer Welt, in der es keine Geschäfte gibt, die Lebensmittel verkaufen. In dieser Welt gibt es keine Felder oder Bauernhöfe, keine Milch, kein Brot, keinen Kuchen, keinen Blumenkohl. Du lebst mit deiner Familie von wildwachsenden Früchten und Nüssen. Du gehst auf die Suche nach den Überresten der Beutetiere, die von Räubern getötet wurden. Und du röstest das Fleisch über dem Feuer nach einer erfolgreichen Jagd. So lebten die Menschen während des größten Teils der Menschheitsgeschichte.

Einige der ersten Menschen, die eine andere Lebensweise ausprobieren wollten, hatten sich vor etwa 11 000 Jahren in einem Gebiet des Nahen Ostens niedergelassen, das „Fruchtbarer Halbmond“ genannt wird. Es war ein Land mit ergiebigem Boden, genau der richtigen Menge an Niederschlägen für den Anbau und üppigen Eichen- und Pistazienwäldern. Die meisten Menschen der sogenannten Natufien-Kultur siedelten sich an den Küsten im heutigen Syrien, Libanon und Israel an, da ihnen das Meer dort ausreichend Fische als Nahrung bot. Andere gingen in die nahe gelegenen Berge, wo wilde Gräser wuchsen. Hier war der Tisch immer und überall reich gedeckt, sodass sie nicht ständig umherziehen mussten. Sie lebten in kleinen Dörfern, wohnten in runden Hütten aus Schlamm und Lehm, sammelten Nahrung im umliegenden Land und jagten, je nach Jahreszeit, Gazellen und andere Wildtiere.

Die Mitglieder der Natufien-Kultur liebten Hunde. Alle heutigen Haushunde – vom Mops bis zum Pudel – gehören zur selben Art wie der Wolf. Der Übergang vom Wolf zum Hund begann bei einigen Tieren bereits vor 40 000 Jahren. Später züchteten die Menschen Hunde als Arbeitstiere, die ihre Schlitten ziehen, ihre Schafe hüten oder sie beschützen sollten. Und sie wurden auch zum besten Freund des Menschen. Wir wissen nicht, welche Arbeiten die Hunde in der Natufien-Kultur verrichteten und ob sie überhaupt arbeiteten. Wir wissen nur, dass Gräber gefunden wurden, in denen sie Seite an Seite mit ihren Menschen bestattet waren. Dadurch fühle ich mich als Hundefreund zu diesen Menschen aus grauer Vorzeit hingezogen.

Die Nachfahren dieser Siedler gehörten zu den ersten Bauern der Welt. Aber das Saatgut, das sie zum Anbau verwendeten, unterschied sich stark von dem unserer heutigen Bauern.

In der Natur müssen die Samen von Gräsern wie Weizen so leicht wie möglich sein und dürfen nur locker an der Ähre hängen. So haben sie die beste Chance, möglichst weit vom Wind getragen und verbreitet zu werden. Aber kleine Samen, die leicht auf den Boden fallen, sind der Albtraum eines jeden Bauern. Er bevorzugt große, fest mit der Ähre verbundene Samen. Wird ein Weizenkorn vom Wind weggeweht, ist es verloren und kann nicht mehr als Nahrung oder zur Aussaat verwendet werden.

Wie also kamen die frühen Bauern zu besserem Saatgut? Ganz einfach. Über Jahrtausende hinweg behielten sie einen Teil der größten und

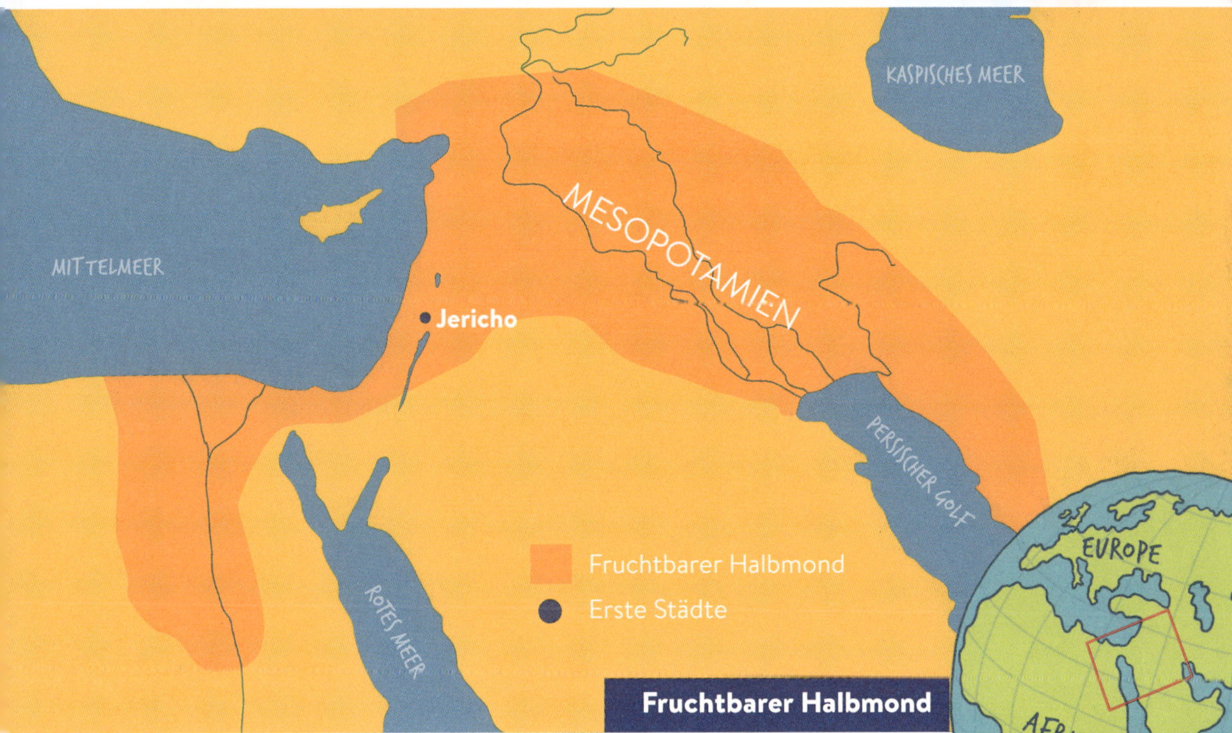

Fruchtbarer Halbmond

Die Karte zeigt das Gebiet im Mittleren Osten, das als fruchtbarer Halbmond bekannt ist. Unten ist eine Frau der Natufien-Kultur beim Ernten von Wildweizen abgebildet.

besthaftenden Samen für die Aussaat im folgenden Jahr zurück. Durch diese sorgfältige Auslese veränderte sich der Weizen im Laufe der Zeit. Man nennt dieses gezielte Vorgehen, nur Samen von Pflanzen mit besonders günstigen Merkmalen zu verwenden, Selektion oder Züchtung. Fast alle Nahrungsmittel, die wir heute im Laden kaufen, entstammen nicht mehr ihrer Urform. Sie wurden *domestiziert*, was bedeutet, dass der Mensch ihren Wildtyp durch Züchtung ersetzt hat. In den meisten Fällen wurden unsere Lebensmittel dahingehend verändert, dass sie besser aussehen, leckerer schmecken oder eben einfacher anzubauen und zu lagern sind.

Das Leben eines Bauern unterscheidet sich deutlich von dem eines Nomaden. Die Bauern müssen in der Nähe ihrer Wohnstätte bleiben, damit sie Pflanzen anbauen, ernten und sich um ihre Tiere kümmern können. Sie brauchen Gebäude für die Lagerung von Nahrungsmitteln, damit diese nicht nass werden und verderben. Ebenso werden Stallungen und Scheunen benötigt, um das Vieh vor winterlicher Kälte und wilden Tieren zu schützen.

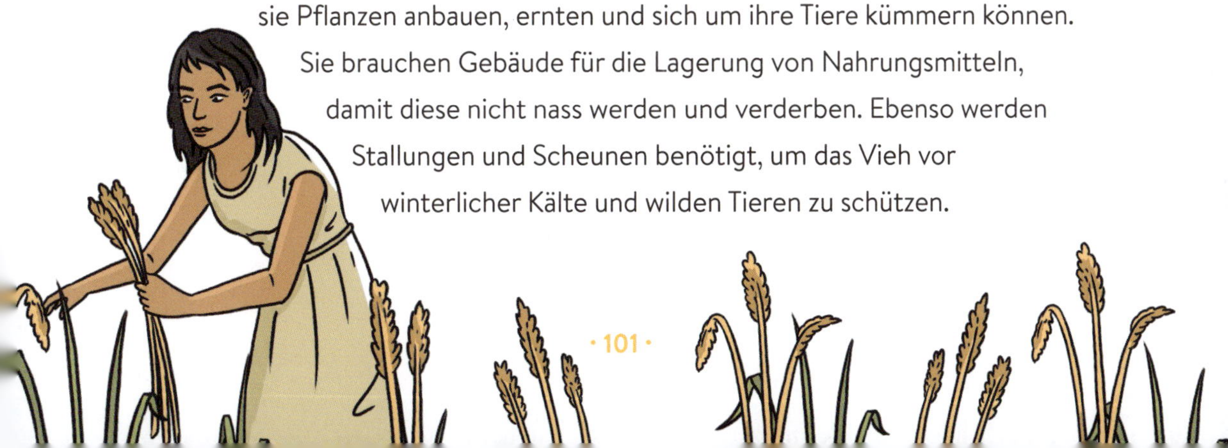

Die Landwirtschaft vor 10 500 Jahren war wesentlich anstrengender als heute. Damals gab es noch keine Pflüge, Traktoren oder Mähdrescher. Säen, Unkraut jäten, Umgraben, Ernten und das Mahlen von Getreide zwischen schweren Steinplatten, um Mehl herzustellen, waren nur einige der Aufgaben, die von Hand erledigt werden mussten. Skelettfunde von frühen Bauern erzählen ihre traurige Geschichte. Sie hatten oft verkrümmte Zehen, Buckel und Arthritis in den Knien.

Jericho zählt zu den ältesten Städten der Welt. Es wurde von den Menschen der Natufien-Kultur gegründet und war etwa 11 000 Jahre lang durchgehend besiedelt. Die Rundhäuser aus der Zeit vor 9000 Jahren hatten mehr als einen Raum und offene Stellen zum Kochen und Waschen. Sie gelten als die älteste Form des Hauses, wurden auf Steinfundamenten errichtet und waren mit Steinböden und Wänden aus Lehmziegeln ausgestattet. Jedes Haus hatte einen speziellen Platz für die Lagerung von Getreide und anderen Nahrungsmitteln. Für diese Menschen waren die Zeiten, in denen sie umherzogen, längst vorüber.

Da die Bauern bessere Ernten einbrachten, konnten sie mehr Nahrung erzeugen, als ihre Familien benötigten. Folglich tauschen sie überschüssige Nahrungsmittel gegen nützliche oder schöne Dinge ein, die andere Siedler hergestellt hatten. Das bedeutete, dass manche Menschen überhaupt keine Landwirtschaft mehr betreiben mussten, sondern andere Bedarfssachen anfertigen konnten. Einige stellten dann Töpfe, Pfannen, Schmuck und Kleidung her, um sie den Bauern zum Tausch gegen Lebensmittel anzubieten. Andere entwickelten Werkzeuge und Technologien, um Räder, Streitwagen und Rüstungen zu produzieren. Sie gewannen Metalle aus dem Boden und fanden heraus, wie sich diese zu Gegenständen aus Kupfer, Bronze, Zinn und Eisen verarbeiten ließen.

Obsidian, eine Art natürliches Gesteinsglas, bildet sich beim schnellen Abkühlen vulkanischer Lava. Es war ein sehr wertvolles Material, da es sich sehr gut zum Bearbeiten von Tierhäuten und damit zur Herstellung von Kleidung eignete. Obsidian kommt in den felsigen Bergen der Zentraltürkei vor, aber auch im alten Jericho, Hunderte von Kilometern entfernt, haben Forscher sorgfältig bearbeitete Stücke gefunden. Wie kamen sie dorthin?

Was wäre, wenn du damals gelebt hättest? Vielleicht hättest du einige deiner kostbaren Samen gegen dieses natürlich vorkommende Glas getauscht, das nur in einem fernen Land zu finden ist?

Kaufleute sind Menschen, die Waren kaufen und wieder verkaufen. Man nennt das Handel. Für den Handel über große Entfernungen benötigten die Kaufleute Wagen und Schiffe für den Transport der Waren. Und natürlich viele Waren, mit denen sie handeln konnten. Schließlich entwickelte sich der Handel zu einer Art von Tauschgeschäft, die uns heute sehr vertraut ist. Wir nennen das Tauschmittel Geld.

Wenn viele Menschen eng zusammenleben, verschiedene Tätigkeiten verrichten und miteinander handeln, spricht man von einer Zivilisation. Das heißt, dass es langsam Zeit wird, uns mit den ersten Königen und Königinnen zu befassen.

Diese 5000 Jahre alten, extrem scharfen Werkzeuge sind aus einem natürlich vorkommenden Gesteinsglas, dem Obsidian, gefertigt.

Kapitel 6

Erste Zivilisationen

5000–1500 v. Chr.
Die Entwicklung der Schrift leitet ein neues Zeitalter ein

Zeitleiste

5000 v. Chr.
In der Nubischen Wüste entsteht der Steinkreis-Kalender vom Nabta-Playa.

5000 v. Chr.
Megalithbauten – riesige Tempel und Steinkreise – werden an verschiedenen Orten in Europa errichtet.

3500 v. Chr.
Die Sumerer entwickeln als erstes Volk die Schrift und das Wagenrad.

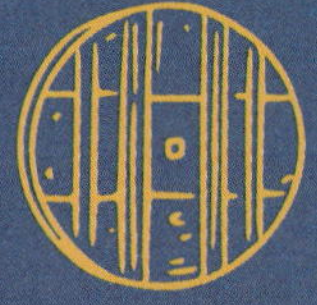

3300 v. Chr.
Siedler im Industal errichten Handelsstationen, aus denen dann die ersten Städte entstehen.

3000 v. Chr.
Menschen der Norte-Chico-Kultur bauen ihre ersten Pyramiden.

2550 v. Chr.
In Ägypten wird die größte der Pyramiden von Gizeh als Grab des Pharaos Cheops gebaut.

1700 v. Chr.
Die minoische Hochkultur erreicht auf der Insel Kreta ihre Blütezeit.

30 v. Chr.
Die Herrschaft der Pharaonen in Ägypten endet für immer, als das Römische Reich Kleopatras Armeen besiegt.

S
I
I
L
O
P
M
T
= PTOLMIIS
Der Name des ägyptischen Königs Ptolemaios V. ist in den Stein von Rosette eingemeißelt. Hier sein Name in Hieroglyphen.

Stell dir vor, jemand verkündet, er hätte eine bahnbrechend neue Gedankenlese-Technologie erfunden. Er behauptet, sein System könne die Gedanken aus deinem Gehirn in das eines anderen Menschen übertragen und es funktioniere mit beliebig vielen Menschen selbst aus einer Entfernung von zigtausend Kilometern. Und du könntest dieses System sogar noch lange nach dem Tod dieser Menschen benutzen, um herauszufinden, was sie einmal gedacht haben. Würdest du ihm glauben?

Ob du es glaubst oder nicht, aber diese Technologie gibt es tatsächlich und sie wurde bereits vor mehr als 5000 Jahren erfunden. Das Ganze funktioniert so:

Du nimmst einen Gedanken in deinem Gehirn, wandelst ihn in einen Code um und setzt den Code auf ein Objekt. Jetzt gibst du das Objekt an jemand anderen weiter, der den Code bereits kennt. Er liest den Code und wie von Zauberhand ist dein Gedanke plötzlich in seinem Gehirn!

Die Technologie des Gedankenlesens wird als Schreiben und der Code als Schrift bezeichnet.

Vielleicht bist du jetzt ein wenig enttäuscht, weil du dir so eine Art mit antennenähnlichen Drähten gespickten Helm vorgestellt hast. Tut mir leid. Aber viele Dinge, die wir heute als selbstverständlich betrachten, sind ganz besondere Errungenschaften, die in der Vergangenheit entwickelt wurden. Die Schreibkunst ist genau so etwas. Kein anderes Lebewesen auf diesem Planeten beherrscht sie. Nur wir Menschen.

Technisch gesehen beginnt mit der Schrift die „historische" Geschichte, denn erst durch sie gab es die Möglichkeit, dass wir anhand von

Auf dem 1799 in Ägypten gefundenen Stein von Rosette wurde der sinngemäß gleiche Text in drei Schriften eingemeißelt, darunter ägyptische Hieroglyphen und Altgriechisch. Da die Historiker das Altgriechische kannten, trug die dreisprachige Inschrift maßgeblich zur Entschlüsselung der ägyptischen Hieroglyphen bei.

schriftlichen Aufzeichnungen, die wir lesen, etwas über die Vergangenheit erfahren. Alles, was davor war, ist Vorgeschichte, also „prähistorisch“.

Wer die Schrift erfand, weiß niemand. Höchst unwahrscheinlich ist jedoch, dass es ein einzelner Mensch war. Aber ab etwa 3400 v. Chr. sehen wir die erste eindeutige Belege, dass Schriftzeichen für Aufzeichnungen verwendet wurden. Das ist eine Zehntelsekunde vor Mitternacht auf unserer 24-Stunden-Uhr.

Falls du dich fragst, was die Abkürzung v. Chr. bedeutet, sie steht für „vor Christus“ und meint „vor unserer Zeitrechnung“. Letztere beginnt im Jahr 1 und dieses wird dem Bezugspunkt in unserer Zeitrechnung, der Geburt Christi, gleichgesetzt. Alles, was davor geschah, ist „v. Chr.“. Alles, was danach kommt, ist „n. Chr.“. Mein Vater wurde zum Beispiel 1936 n. Chr. geboren. Königin Kleopatra, auf die wir in diesem Kapitel noch stoßen werden, starb 30 v. Chr. als letzter weiblicher Pharao. Die Kennzeichnung „n. Chr.“ wird bei vierstelligen Jahreszahlen, wie z. B. 2018, meist weggelassen.

Sumerische Sprache

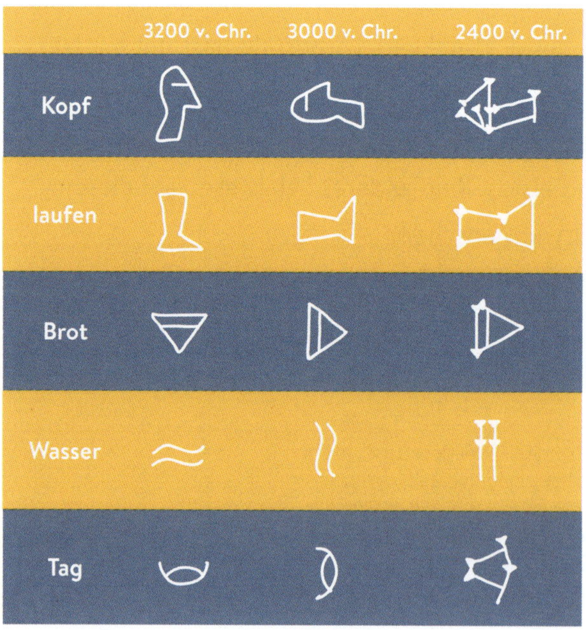

Die sumerische Schrift entwickelte sich im Laufe der Zeit. Auch die Schreibrichtung, die zuerst von oben nach unten ging, änderte sich von senkrecht zu waagrecht und wurde später von links nach rechts gelesen.

Die Inschrift dieser Tontafel wurde von einem assyrischen Kaufmann in Keilschrift gemeißelt. Sie besagt, dass ihm zwei Männer etwa 3 kg Silber schulden, und erklärt, wie er sich die Bezahlung wünscht.

Das schriftliche Aufzeichnen begann damit, dass die Kaufleute des Nahen Ostens einfache Bilder auf Tontafeln zeichneten, um ihre verkauften und gekauften Waren darzustellen, und neben jedem Bild zu vermerken, wie viele davon den Besitzer gewechselt haben. Die Tafeln wurden dann in einem Ofen gebrannt, damit die eingravierten Zeichen dauerhaft erhalten blieben. So konnten sich die Kaufleute beim Handeln stets einen Überblick über ihre Ein- und Verkäufe verschaffen.

Im Laufe der Zeit ersetzten keilförmige Buchstaben die Bilder und die sogenannte Keilschrift entstand. Sie bildet die Grundlage für drei der ältesten Schriftsprachen der Welt – Sumerisch, Assyrisch und Babylonisch.

Sumer bezeichnet eine Kulturlandschaft im Süden von Mesopotamien, die heute mitten im Irak liegt. Mit den dort lebenden Sumerern bildete sich die erste Hochkultur heraus und hier entstand nach Ansicht der Fachleute die erste Schrift.

Da Sumer im Schwemmgebiet der beiden Flüsse Euphrat und Tigris lag, ging die Besiedlung rasch voran. Dank dieser Flüsse konnten die

Menschen ihre Felder bewässern und so genau die richtigen Bedingungen schaffen, die das Gedeihen ihrer angebauten Pflanzen garanierte. Außerdem bot das Flusstal auch zwei lange, fließende Verkehrswege, die sie mit Holzbooten befahren konnten, um mit oder ohne ihre Waren von einer Uferstadt zur nächsten zu gelangen.

Dass wir so viel über diese alte Zivilisation wissen, verdanken wir nicht zuletzt auch einer außergewöhnlichen Entdeckung.

> „AUF ALLEN SEITEN, SO WEIT DAS AUGE REICHT, RAGTEN DIE MIT GRAS BEWACHSENEN HÜGEL EMPOR, DIE DEN ORT ALS EHEMALIGE WOHNSTÄTTE KENNZEICHNEN."
>
> Austen Layard, Archäologe

Es waren die 1840er-Jahre in England und Austen Layard hatte keinen Spaß daran, Anwalt zu sein. Also beschloss er, sich auf ein Abenteuer einzulassen. Er machte sich auf den Weg zur fernen Insel Ceylon, dem heutigen Sri Lanka, die vor der Südspitze Indiens liegt. Aber er kam nie dort an. Er blieb stattdessen im Nahen Osten hängen, wo er sich sehr für Archäologie interessierte und die Überreste antiker Zivilisationen studierte. Er arbeitete an mehreren wichtigen Ausgrabungen und schrieb sogar ein Buch. Ungefähr zehn Jahre nachdem er

London das erste Mal verlassen hatte, beschloss er, einen am Ufer des Tigris gegenüber der Stadt Mosul gelegenen Erdhügel zu untersuchen.

Bald stellte sich heraus, dass es sich bei diesem Hügel um die Überreste der antiken assyrischen Hauptstadt Ninive handelte, die 612 v. Chr. zerstört worden war, denn Layard und sein Team stießen auf einen prächtigen Palast. Noch wichtiger war, dass sie nach weiteren Grabungen auch eine riesige königliche Bibliothek fanden. Ihr Bauherr war vermutlich König Assurbanipal und sie enthielt eine unglaubliche Sammlung von 30 000 Tontafeln mit Keilschrifttexten, die unser Bild vom Leben im alten Mesopotamien völlig verändert hat.

Relief mit Gilgamesch, der einen Löwen zähmt. Die Darstellung soll die Macht und Stärke des Herrschers demonstrieren.

Die berühmtesten Tafeln aus der antiken Bibliothek erzählen von den Heldentaten und Abenteuern des Gilgamesch, eines frühen sumerischen Königs. Im wirklichen Leben regierte König Gilgamesch eine der ersten sumerischen Städte namens Uruk am Ufer des Euphrat. Uruk war zu dieser Zeit die größte Stadt der Welt, in der bis zu 80 000 Menschen lebten.

Das *Gilgamesch-Epos*, das wahrscheinlich zum ersten Mal um 2000 v. Chr. niedergeschrieben wurde, ist eine Fantasiegeschichte über den Helden Gilgamesch, der zu zwei Dritteln Gott und zu einem Drittel Mensch war, und auf seiner Suche nach der Unsterblichkeit viele Abenteuer erlebte. Es ist das allererste schriftliche Werk über Myten und Legenden, von dem wir wissen.

Nach seiner erstaunlichen Entdeckung fertigte Austen Layard mehrere Zeichnungen des Palastes von Ninive an. 1853 schuf der Architekt James Fergusson anhand der Zeichnungen dieses Gemälde, das zeigt, wie der Palast ausgesehen haben könnte.

Diesen kreativen Menschen verdanken wir nicht nur die Erfindung der Schrift. Sie waren auch begabte Mathematiker. Die Sumerer entwickelten ein mathematisches System auf der Grundlage der Zahl 60, da

Durch die Erfindung des Rades konnten die Sumerer ihre Feinde aus einem fahrenden, von Pferden gezogenen Streitwagen angreifen.

man diese durch viele andere Zahlen teilen kann (nämlich durch 2, 3, 4, 5, 6, 10, 12, 15, 20 und 30). Dank der Sumerer haben wir 60 Sekunden in einer Minute, 60 Minuten in einer Stunde und 360 Grad im Kreis.

Doch damit nicht genug, die Sumerer glänzten auch durch ihren großen Erfindungsgeist und ihnen wird sogar die revolutionärste Erfindung aller Zeiten zugeschrieben – das Rad. Soweit wir wissen, handelte es sich bei den ersten Rädern um Töpferscheiben, die man zur Herstellung von Tontöpfen verwendete. Sie wurden ungefähr um 3500 v. Chr. zur gleichen Zeit wie die Schrift erfunden. Und etwa 300 Jahre später hatten die Mesopotamier auch Wagenräder an ihren Karren.

Doch wie alle Hochkulturen, so konnte auch die der Sumerer nicht ewig bestehen. Am Ende führte eine schreckliche Dürre, die um 2200 v. Chr. in der Region begann und 200 Jahre anhielt, zum Zerfall. Das Land um die Flussmündungen herum konnte nicht mehr bewirtschaftet werden, weil der Boden durch das Meerwasser zu salzig war. Um zu überleben, kämpften die sumerischen Städte untereinander und mit ihren Nachbarn. Schließlich eroberte Babylon 1787 v. Chr. Sumer und machte es zum Teil des babylonischen Reiches.

„SIE ERFANDEN SO NÜTZLICHE WERKZEUGE, FERTIGKEITEN UND TECHNIKEN WIE DIE TÖPFERSCHEIBE, DAS WAGENRAD, DEN PFLUG, DAS SEGELBOOT, DEN BOGEN, DAS GEWÖLBE, DIE KUPPEL, DEN KUPFER- UND DEN BRONZEGUSS, DAS NIETEN, LÖTEN UND DIE BILDHAUEREI."

Samuel Noah Kramer,
Assyriologe

Stell dir vor, du bist ein mächtiger alter König und plötzlich taucht vor dir ein Geist aus einer Wunderlampe auf, der sagt:

„Du hast so viele Wünsche frei, wie du möchtest!"

Was würdest du dir wünschen? Alles Geld der Welt? Die Macht, jeden herumkommandieren zu können? Oder vielleicht einen allmächtigen Zauberring, der dir das ewige Leben schenkt?

Die Geschichte ist voll von Legenden über Menschen, die einzig und allein nach Macht und Reichtum strebten. Aber die ersten Herrscher, die glaubten, ihnen stünde alles zu, kamen aus dem alten Ägypten.

Altes Ägypten

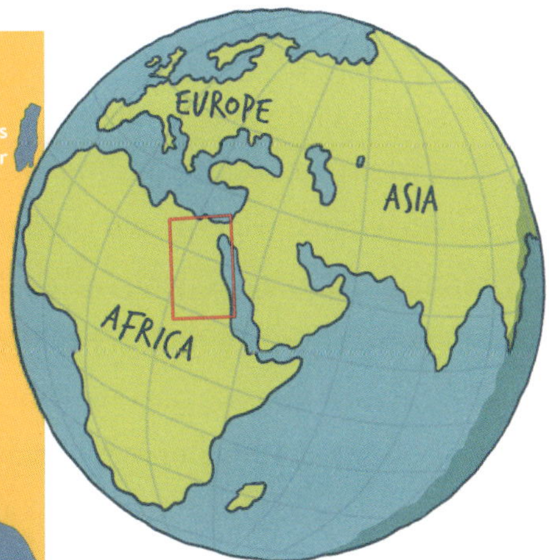

Die alten Ägypter erbauten einige der unglaublichsten Denkmäler und Städte der Antike, die meisten davon am Ufer des Nils.

Diese allmächtigen Herrscher wurden Pharaonen genannt und etwa 150 von ihnen regierten zwischen 3000 bis 30 v. Chr. über Ägypten. Das sind ungefähr 3000 Jahre!

Das ägyptische Volk glaubte, dass Pharaonen auf Erden lebende Götter waren, die sich nach ihrem Tod allen anderen Göttern im himmlischen Reich anschlossen. Und diese göttlichen Herrscher nutzten ihre Macht voll aus. Sie ließen sich von ihren Untertanen atemberaubende Paläste, Tempel und Grabstätten bauen.

Hast du schon einmal von den sieben Weltwundern der Antike gehört? Das einzige dieser berühmten Wunder, das die Zeiten bis heute überdauert hat, sind die Pyramiden von Gizeh. Die größte von ihnen wurde als Grabstätte für einen der ersten Pharaonen errichtet. Er hieß Khufu (oder griechisch Cheops) und starb 2566 v. Chr.

Ursprünglich ragte dieses gewaltige Bauwerk 147 Meter hoch in den Himmel – und hatte damit etwa die Höhe eines 15-stöckigen Hauses. Die Pyramide besteht aus mehr als zwei Millionen Steinblöcken, von denen jeder so viel wie ein kleiner Lieferwagen wiegt. Bis heute ist es den Fachkundigen ein Rätsel, wie es die alten Ägypter schaffen konnten, so viele gewaltige Steinblöcke zu behauen, zu transportieren und an ihren Platz zu bringen. Sie hatten nicht einmal Fahrzeuge auf Rädern. Und das alles nur dafür, um einem Menschengott ein Grab zu bauen.

Die Pharaonen mögen geglaubt haben, dass sie Götter waren, aber ihre Macht hing von etwas ganz Natürlichem ab – einem riesigen Fluss. Der Nil ist einer der längsten Flüsse der Welt. Er fließt von Nordafrika nach Ägypten und nimmt auf seinem Weg dorthin viel frischen, nährstoffreichen Schlamm auf, mit dem er jedes

Jahr, wenn er über seine Ufer tritt, die Felder Ägyptens überschwemmt. Nährstoffreicher Schlamm wie dieser ist genau das Richtige, um einen nahezu unbegrenzten Vorrat an Nutzpflanzen anzubauen. Und Nahrung im Überfluss machte Ägypten reich und die Pharaonen mächtig.

Auch ein weiterer natürlicher Umstand half den Pharaonen, ihre Macht zu halten. Der kleine Streifen fruchtbaren Landes neben dem Nil war von Wüste umgeben. Heute kennen wir dieses weiträumige Trockengebiet als Sahara. Diese riesige Wüste war wie eine Barriere, die Eindringlinge von Ägypten fernhielt. Folglich brauchten die Pharaonen keine ausgeklügelten Mauern, Türme oder Burgen, um ihr Land zu schützen. Es gab für fremde Störenfriede nur drei Wege, auf denen sich nähern konnten. Sie mussten entweder über Hunderte von Kilometern eine Wüste durchqueren, oder über das Meer kommen und durch das sumpfige, schilfige Schwemmland des Nildeltas waten oder vom heutigen Äthiopien und dem Sudan aus den Nil stromabwärts befahren. Die ersten beiden Wege waren von Natur aus gut geschützt. Der dritte weniger. Flussaufwärts, also im Süden, siedelten Ägyptens wichtigste Handelspartner, die Nubier, die manchmal Freunde und manchmal Feinde waren. Ägypten importierte Gold, Elfenbein, Kupfer, Weihrauch und Tiere von den Bewohnern der tropischen Gebiete Zentralafrikas. Alle diese Waren kamen

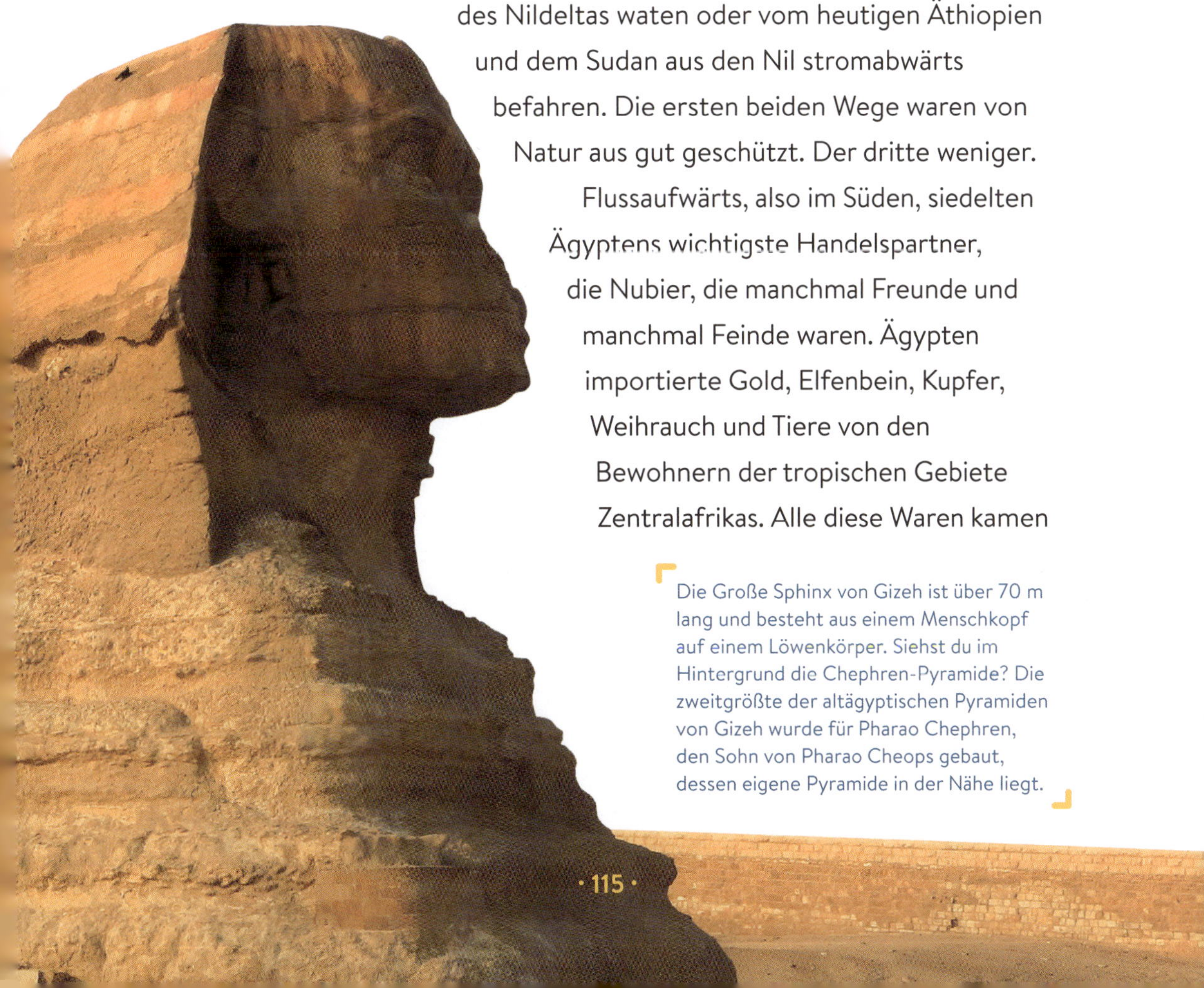

Die Große Sphinx von Gizeh ist über 70 m lang und besteht aus einem Menschkopf auf einem Löwenkörper. Siehst du im Hintergrund die Chephren-Pyramide? Die zweitgrößte der altägyptischen Pyramiden von Gizeh wurde für Pharao Chephren, den Sohn von Pharao Cheops gebaut, dessen eigene Pyramide in der Nähe liegt.

über nubische Händler. Die Nubier waren auch als mutige Krieger bekannt, die unglaublich treffsicher mit Pfeil und Bogen schießen konnten.

Es steht auch außer Frage, dass die Nubier einer Hochkultur entstammten. Bereits um 5000 v. Chr. hatten ihre Vorfahren einen Steinring errichtet, möglicherweise als erstes Bauwerk, das zur Beobachtung von Sternen und Planeten genutzt wurde. Dieses astronomische Observatorium ist rund 2000 Jahre älter als Englands berühmter alter Steinkreis Stonehenge.

Zeitweise eroberten die Ägypter Teile von Nubien. Zu anderen Zeiten heirateten Mitglieder der regierenden Familien beider Länder. Und einmal eroberte Nubien – damals Kusch genannt – Ägypten, sodass die nubischen Könige 200 Jahre lang als Pharaonen über Agypten herrschten.

Die Beziehung Ägyptens zu seinen südlichen Nachbarn wurde durch einen anderen Zufall der Natur erleichtert (und manchmal gefährlich).

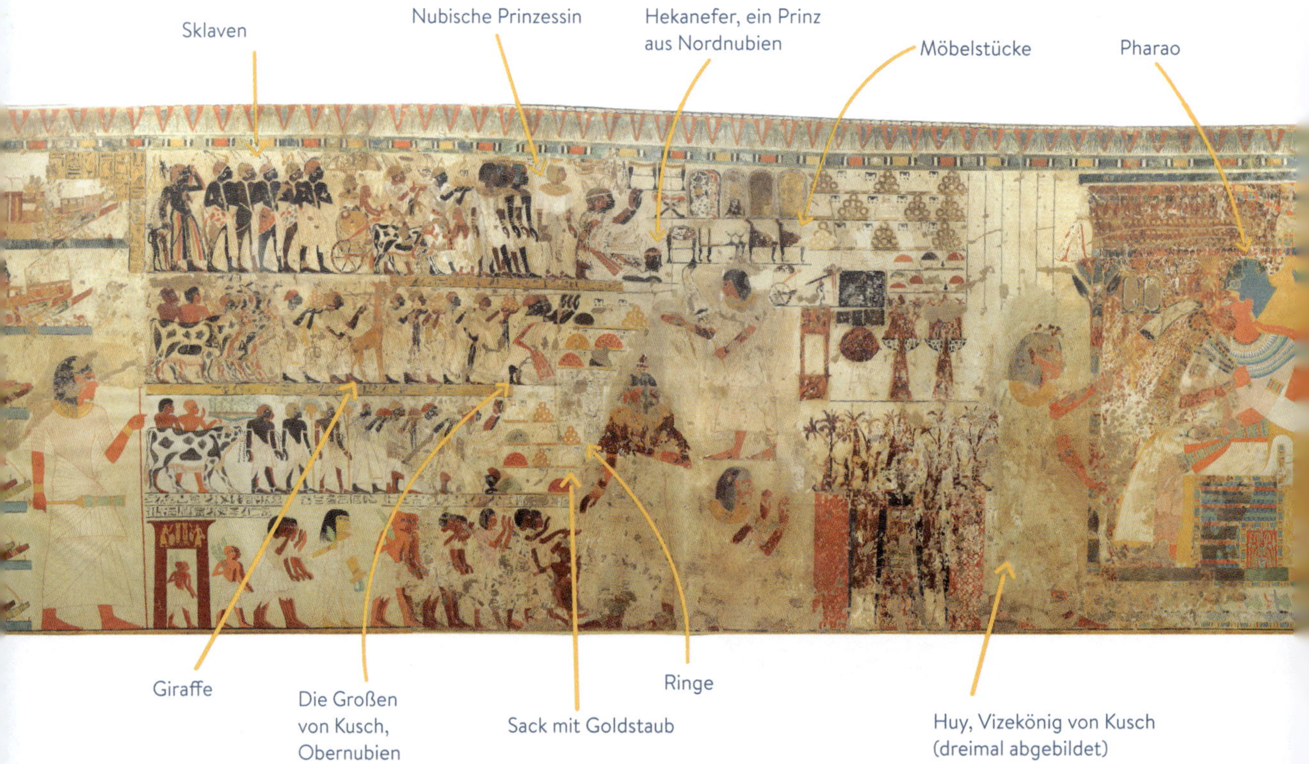

In Ägypten weht der Wind normalerweise von Norden nach Süden, also genau entgegen der Fließrichtung des Nils. Das heißt, die Menschen konnten sich in ihren Holzbooten einfach flussabwärts treiben lassen und mussten für die Rückreise nach Hause dann nur ein Segel setzen, um sich vom Wind stromaufwärts blasen zu lassen. Was könnte bequemer sein?

Glaubst du an ein Leben nach dem Tod? Was ist mit deinen Freunden und deiner Familie? Wenn du dich umhörst, findest du bestimmt einige, die es bejahen und andere, die nicht dieser Ansicht sind. Und unter denen, die daran glauben, gibt es die verschiedensten Vorstellungen, wie sich das Weiterleben nach dem Tod gestaltet. Manche Menschen glauben an Himmel und Hölle, andere an die Reinkarnation, also die Wiedergeburt. Das ist die Idee, dass dein Geist nach deinem Tod in einer anderen Person oder sogar als ein anderes Lebewesen auf die Erde zurückkehrt.

Zur Zeit der alten Ägypter glaubte nicht nur jeder an ein Leben nach dem Tod, sondern auch, dass man im Jenseits und für die Reise dorthin einige Dinge bräuchte, die man zuvor packen und dann mitnehmen müsste.

Eine Pyramide sollte zeigen, wie reich und mächtig ein Pharao war. Aber sie bot auch einen sicheren Ort, um alles aufzubewahren, was der Pharao im nächsten Leben brauchen würde. Und dazu gehörte auch sein Körper. Aber ein zerfallener Körper würde selbst im bestens ausgestatteten Grab

Mitte der 1920er-Jahre, vor der Erfindung der Farbfotografie, kopierte der Museumskünstler Charles Wilkinson die Wandmalereien des Grabes von Huy, dem Vizekönig von Kusch unter Pharao Tutenchamun (1336–1327 v. Chr.). Wir können heute froh darüber sein, da die Originale inzwischen zum Großteil schwer beschädigt oder zerstört sind. Die Szene dieses Wandbilds hier zeigt eine Gruppe nubischer Fürsten, die dem König Tutenchamun ihre Gaben (darunter Gold, exotische Tiere und Sklaven) darbringen. Wie man an der breiten Palette der hier gezeigten Hautfarben erkennen kann, war die ethnische Vielfalt in Nubien sehr groß.

nicht viel nützen. Also erfanden die Ägypter eine Methode, mit der sie die Leichen zu Mumien machten, um sie zu erhalten. Die Technik war sehr kompliziert und ihre Anwendung konnte bis zu 70 Tage in Anspruch nehmen.

Mumifizierung war aber nicht nur den Pharaonen vorbehalten. Im alten Ägypten sorgte jeder, der es sich leisten konnte, dafür, dass er nach seinem Tod mumifiziert wurde, und manche ließen sogar ihre Haustiere mumifizieren.

Mindestens ein Priester und mehrere Einbalsamierer führten die langwierigen Verfahren der Mumifizierungen durch. Zuerst wurden Magen, Darm, Lunge und Leber dem Körper entnommen und nach sorgfältigem Trocknen jeweils einzeln und separat in vier Gefäßen, den Kanopen, untergebracht.

In der Regel wurde auch das Gehirn entnommen. Nach Herodot, einem antiken griechischen Geschichtsschreiber, der den Ablauf einer Mumifizierung beschrieb, erfolgte die Entnahme durch die Nasenlöcher. Um Zugang zum Gehirn zu haben, wurde von der Nasenhöhle aus ein Knochen des

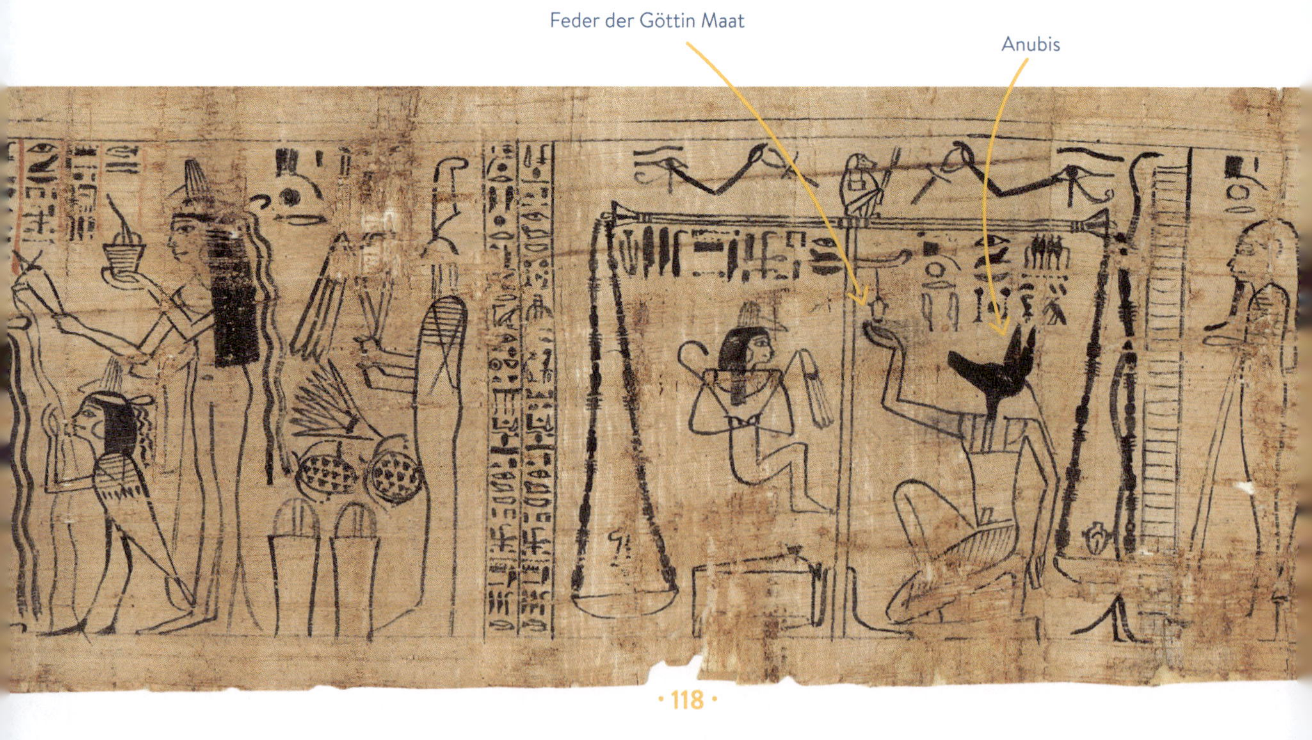

Hirnschädels durchstochen und das Gehirn mit einem Haken herausgezogen. Jahrhundertelang glaubte man seiner Beschreibung und dachte, so wären die Balsamierer einst vorgegangen. Aber jetzt kommen Zweifel auf.

Bob Brier und Ron Wade, zwei amerikanische Forscher, führten 1994 ein Experiment durch, bei dem sich herausstellte, dass das Gehirn zu weich ist, als dass man es mit einem Haken herausziehen könnte. Wahrscheinlich ging man also so vor: Der Einbalsamierer steckte von der Innenseite der Nasenlöcher aus einen Stab durch das Loch im Schädelknochen, mit dem er durch Rühren das Gehirn, das sehr weich und ähnlich wie Joghurt ist, verquirlen konnte. Auf diese Weise wurde das Gehirn flüssig und konnte schließlich durch die Nasenlöcher abfließen.

Das Herz war das einzige Organ, das im Körper verblieb, da es nach Auffassung der alten Ägypter der Sitz der Seele und aller Gefühls- und Verstandeskräfte war. Sie glaubten, dass die Götter es beim Totengericht im nächsten Leben abwiegen würden, um zu beurteilen, ob der Tote auf Erden ein gutes oder schlechtes Leben geführt hatte.

Anubis, der schakalköpfige Totengott, wiegt das Herz eines Toten gegen die Feder der Göttin Maat, um zu prüfen, ob der Seele des Toten Eintritt ins Jenseits gewährt wird.

Sobald die Organe entfernt waren, packte der Einbalsamierer den toten Körper in ein spezielles Salz namens Natron, um ihm das Wasser zu entziehen. Nach dem Austrocknen füllte er den Leichnam von innen mit Leinenpäckchen und Sägespänen auf, fügte falsche Augen hinzu und wickelte ihn in Stoffstreifen. Die zur Bestattung fertige Mumie wurde in einen Sarkophag, also Sarg, gelegt, und wenn es sich um einen Pharao handelte, brachte man diesen in die Begräbniskammer tief im Inneren der Pyramide.

Rund um ihn herum lag alles, was der tote Pharao im Jenseits möglicherweise brauchen konnte. Archäologen haben in diesen Gräbern Lebensmittel, Getränke, Kronen, Geschirr, Waffen, Kleidung, Bücher, Bilder und sogar Spiele und Spielzeug gefunden. Selbst ein Gefolge von Dienern befand sich in den Grabstätten wichtiger Personen. Zum Glück waren das keine echten Menschen, sondern Uschebti genannte Puppen aus Holz oder Stein. Sie sollten den Verstorbenen auch im Jenseits als Helfer immer zur Verfügung stehen, um für sie Arbeiten zu erledigen.

Wir wissen nur deshalb so viel über die alten Ägypter, weil Forscher ihre schriftlichen Aufzeichnungen fanden. Zum Schreiben benutzten sie eine Schrift, die aus kunstvollen Zeichen, den Hieroglyphen bestand. Ob die Idee zum Schreiben von den Sumerern stammt, kann niemand sagen. Jedenfalls haben sie ihre Bestattungsrituale

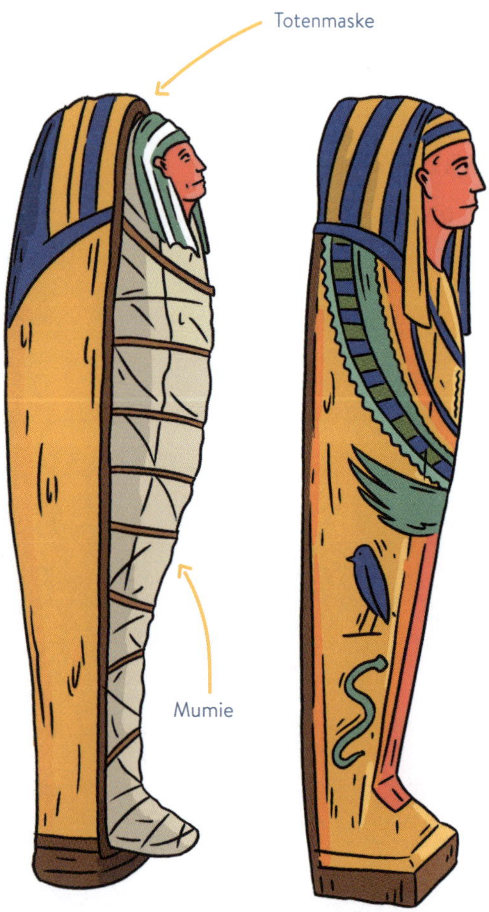

Unterteil des Sarkophags Sarkophag-Deckel

Der Sarkophag, ursprünglich ein Steinsarg, war ein Metall- oder Steinbehälter, in dem eine Mumie untergebracht war, um sie vor Grabräubern und Tieren zu schützen.

im sogenannten Totenbuch niedergeschrieben. Dabei handelt es sich um eine Sammlung von Texten und Zaubersprüchen, die man auf Schriftrollen geschrieben und illustriert hatte, um sie in die Gräber zu legen. Die Zaubersprüche sollten den Seelen der Toten helfen, unbeschadet durch die Gefahren der Unterwelt in ein Jenseits der ewigen Freude zu gelangen.

Siehst du, das Schreiben ermöglicht es uns wirklich, in die Köpfe von Menschen zu schauen, die seit Tausenden von Jahren tot sind.

Um 2040 v. Chr. hatte man die Hauptstadt Ägyptens nach Süden in eine Stadt namens Theben verlegt. Auch dort wurde die alte Kunst der Mumienbestattungen weiter gepflegt. Allerdings gab es einen wichtigen Unterschied. Zum besseren Schutz vor Grabräubern bauten die Pharaonen und ihre Familien keine großen weithin sichtbare Pyramiden mehr, sondern unterirdische, in den Fels gehauene Grabstätten, die kaum zu finden waren. Als einzig sichtbare Gedenkstätten dienten die oberirdisch errichteten Tempelanlagen.

Im Tal der Könige, Königinnen und Adligen bei Theben hat man Hunderte dieser geheimen Gräber entdeckt. Tatsächlich waren einige von ihnen nahezu vollständig erhalten geblieben.

Vielleicht hast du schon einmal einen Film gesehen oder ein Buch über jemanden gelesen, der Schätze in alten Gräbern gefunden hat? Die meisten dieser Geschichten sind erfunden. Die folgende ist jedoch wahr.

Howard Carter, ein britischer Archäologe, hatte bereits seit über 15 Jahren immer wieder Grabungsarbeiten im Tal der Könige durchgeführt. Eines Tages, am 4. November 1922, stießen die Arbeiter seines Teams auf einige Stufen, die zu dem führten, was er sich erhofft hatte zu finden: einem unbekannten Grab.

Die nächsten drei Wochen verbrachte das Team damit, sehr sorgfältig den Sand und Schutt zu entfernen, der die Türe zum Grab versperrte.

BEI SONNENUNTERGANG WAREN WIR AM FUSS DER ZWÖLFTEN STUFE ANGELANGT. HIER VOR UNS GAB ES GENÜGEND BEWEISE, DASS ES WIRKLICH DER EINGANG ZU EINEM GRAB WAR, UND DIE NACH AUSSEN HIN VERSIEGELTE TÜR ZEIGTE, DASS ES NOCH VOLLSTÄNDIG WAR.

Howard Carter,
Archäologe und
Ägyptologe

Als sie hineinkamen, sahen sie, dass Carter recht hatte. Sie standen in der Grabkammer des Kindkönigs Tutenchamun, der mit gerade mal neun Jahren Pharao wurde und bereits im Alter von etwa 19 Jahren starb.

Die Grabkammer war mit unermesslichen Schätzen gefüllt und der berühmteste darunter war die Totenmaske des jungen Königs aus massivem Gold. Sie bedeckte sein Gesicht und wurde zusammen mit der Mumie in den drei ineinander verschachtelten und vergoldeten Särgen in einem Steinsarkophag gefunden.

Am Ende reichten selbst alle natürlichen Schutz- und Abwehrbarrieren um das alte Ägypten herum nicht aus, um es zu retten.

Howard Carter (links) und einer seiner Assistenten untersuchen die Mumie von Tutenchamun. Die Entdeckung des Pharaonengrabes war eine Sensation. Aber nicht, weil der blutjunge König Tutenchamun so überaus bedeutend war, denn sicher war er das nicht, sondern weil die meisten der mit ihm vergrabenen Schätze noch vorhanden waren. Bis dahin waren alle Gräber, die Archäologen zuvor in Ägypten gefunden hatten, weitgehend leer und ihre Schätze von Grabräubern geplündert.

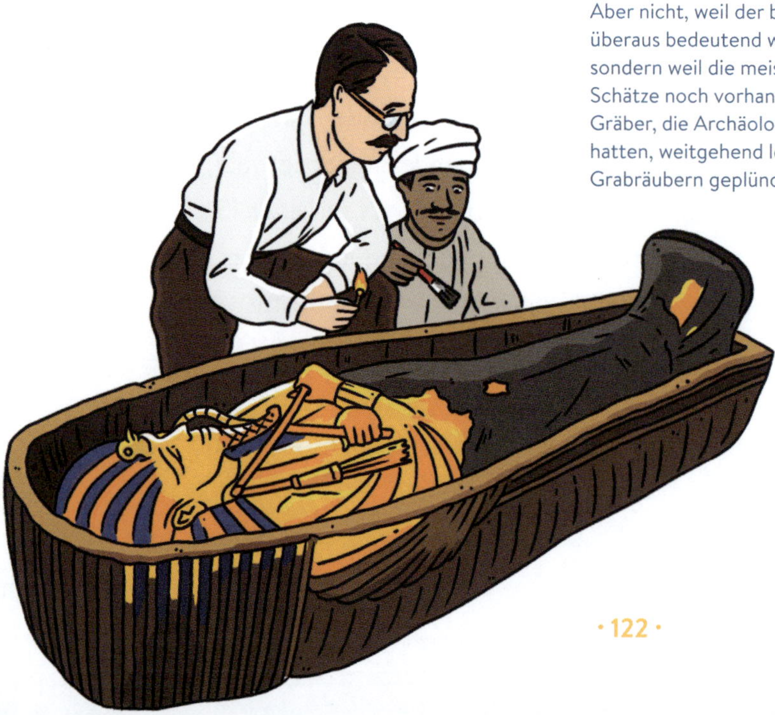

Kleopatra war eine ausgezeichnete Politikerin. Wie sie wirklich aussah, kann niemand sagen, denn die zahlreichen Porträts von ihr, die alle zu ihren Lebzeiten entstanden, darunter dieses auf einer 2000 Jahre alten Münze, sehen sehr unterschiedlich aus.

Als letzte Königin und zugleich letzter weiblicher Pharao herrschte Kleopatra VII. Philopater, meist nur Kleopatra genannt, über Ägypten. Sie regierte das Land zunächst gemeinsam mit ihrem jüngeren Bruder Ptolemäus und später allein. Als ihre Armee von den Römern besiegt wurde, beging sie lieber Selbstmord, anstatt sich zu ergeben. Es heißt, sie hätte sich von einer Giftschlange beißen lassen, um sich das Leben zu nehmen. Aber wahrscheinlich hat sie sich auf andere Weise umgebracht, obwohl es auch Vermutungen gibt, sie sei ermordet worden. Genau weiß das niemand.

Nach dem Tod Kleopatras war Ägypten kein eigenständiges Königreich mehr, sondern römische Provinz.

Etwa zur gleichen Zeit, als die allmächtigen Pharaonen in Ägypten herrschten, erblühte eine ganz andere Art von Zivilisation im heutigen Pakistan, Indien und Afghanistan.

Auch diese Zivilisation entwickelte sich entlang der Ufer eines riesigen Flusses, in diesem Fall war es der Indus. Aber sie erstreckte sich über eine riesige Landfläche und umfasste ein Gebiet, das doppelt so groß war wie Ägypten oder Sumer und erreichte in der höchsten Blüte ihrer Glanzzeit die doppelte Größe des modernen Westeuropas. Sie ist als Indus-Zivilisation oder Indus-Kultur bekannt.

Archäologen haben aus der Zeit zwischen 3300 und ca. 1900 v. Chr. etwa 1000 Städte und Siedlungen im Industal gefunden. Das ist ungefähr der gleiche Zeitraum, in dem auch die sumerischen Städte entstanden.

Eine der beiden großen Städte im Industal war Mohenjo-Daro. Sie war wie unsere modernen Metropolen in regelmäßigen Straßenblöcken angelegt und jede Straße war an eine Wasserversorgung und Kanalisation angeschlossen. Bei Ausgrabungen wurden große öffentliche Gebäude freigelegt, darunter eine Versammlungsstätte für bis zu 5000 Personen.

Die Menschen der Indus-Kultur webten Baumwolle, fertigten schöne Töpferwaren und stellten aus Kupfer und Bronze feinen Schmuck und Statuen her. Und sie scheinen meist in Frieden gelebt zu haben. Es wurden viele Spielzeuge und Spiele gefunden, aber nur sehr wenige Waffen.

Im Gegensatz zu Ägypten und Sumer gab es hier keine Königsgräber. Und es gab keine ausgefallenen Pyramiden oder große Paläste, wie sie für eine reiche Herrscherklasse üblich sind. Es fehlte auch jeglicher Hinweis auf einen allmächtigen Alleinherrscher wie etwa einen König oder eine Königin.

Aber etwas stellt uns noch immer vor ein Rätsel. Auch die Indus-Kultur hatte Schriftzeichen, die sie wahrscheinlich direkt nach den Sumerern erfand. Doch bis heute hat niemand herausgefunden, wie man sie liest.

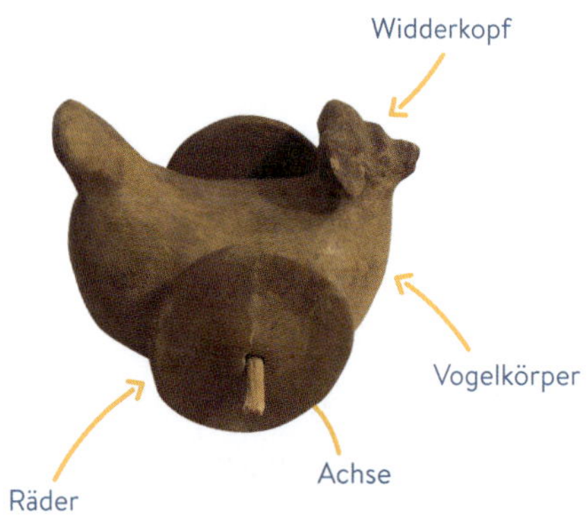

Das Spielzeug der Kinder im Industal bestand aus Ton und Holz. Dieser Vogel mit dem Kopf eines Widders (links) wurde zusammen mit seinen losen Rädern gefunden, und die Holzachse wurde dann von den Museumskonservatoren hinzugefügt, damit das Spielzeug so aussieht, wie es wahrscheinlich damals hergestellt wurde. Der Ochsenkarren (unten) zeigt, dass die Kinder der Indus-Kultur genauso wie unsere heutigen Kinder viel Spaß daran hatten, so zu tun, als würden sie fahren.

Aus diesem Grund wissen wir nur, was wir durch die Objekte erfahren, die uns die Menschen der Indus-Kultur hinterlassen haben. Ihre Geschichten warten noch immer darauf, entschlüsselt zu werden.

Während die Ägypter ihre Pyramiden bauten, die Sumerer das Rad erfanden und die Menschen im Industal ihre hocheffizienten Städte errichteten, brachte eine weitere große Zivilisation ganz ähnliche Dinge hervor. Die Menschen der Norte-Chico-Kultur im heutigen Peru lebten in Dutzenden Städten entlang von Flüssen, bauten Bewässerungskanäle, um ihre Felder zu bestellen und waren anscheinend ebenso friedliebend wie die Siedler im Industal, denn man fand weder Waffen noch Spuren von Verteidigungsanlagen oder Kriegsverletzungen bei ihren Toten.

Und sie hatten Mumien und Pyramiden wie die Ägypter. Aber die Mumifizierung ihrer Toten könnte eher auf natürliche Trocknung durch die warme Luft und den stetigen Wind in dieser Region und nicht auf das Einbalsamieren durch Priester zurückzuführen sein. Ihre ersten Pyramiden bauten sie bereits um 3000 v. Chr., also noch vor den Ägyptern. In einer der größten Pyramiden fand man zusammen mit der Mumie einer Frau auch Schmuck, Muscheln und andere Kostbarkeiten, die belegen, dass sie zu ihren Lebzeiten einen hochrangigen sozialen Status hatte.

Es gab jedoch wichtige Unterschiede zu den anderen drei Kulturen, insbesondere was die Landwirtschaft anbelangt. Die Menschen der Norte-Chico-Kultur bauten Gemüse an, darunter Kürbis, Bohnen, Avocados und Süßkartoffeln, aber ihr Haupterntegut war Baumwolle, die im Landesinneren angebaut und an küstennahe Siedler im Austausch für Fisch und andere Meeresfrüchte verkauft wurde. Die Fischer verwendeten die Baumwolle dann zur Herstellung ihrer Netze.

Weil Baumwolle so wichtig war, nehmen manche Forscher an, dass die Menschen auch damals schon schöne Textilien hergestellt haben, wie es in den späteren peruanischen Kulturen üblich war und bis heute noch ist. Sie spielten Musik auf hübsch verzierten Flöten und trafen sich auf riesigen Plätzen. Sie trugen geschnitzten Schmuck und zeichneten Figuren auf Kürbisse, die möglicherweise Götter waren. Allerdings haben sie weder ihre Gebäude gestrichen, noch große Skulpturen gebaut und sie hatten auch keine Keramikgefäße oder Töpfe, was bedeutet, dass sie ihr Essen braten mussten, anstatt es im Wasser zu kochen.

Soweit wir wissen, hatte die Norte-Chico-Kultur keine Schriftsprache. Sie benutzten fein säuberlich geknüpfte Knoten namens Quipu, um die Zahlen für den Handel im Auge zu behalten. Einige Archäologen sind jedoch überzeugt, dass Quipu auch als Knotensprache verwendet wurde. Wenn das wahr ist, ist es eine weitere Sprache, die wir nicht lesen können.

Aber diese Hochkulturen waren nicht die einzigen, die zwischen 5000 und 1500 v. Chr. ihre Spuren hinterließen. Kulturen auf der ganzen Welt gründeten Gemeinschaften, trieben Handel mit ihren Nachbarn und waren im Kunstschaffen erfolgreich. Die Europäer sind dafür bekannt, dass sie in der Nähe ihrer Gräber große

War Stonehenge in England eine Krönungsstätte für Könige, ein Tempel der Toten oder eine Art Observatorium, um Sonnenfinsternisse vorherzusagen? Bis heute weiß das niemand so genau.

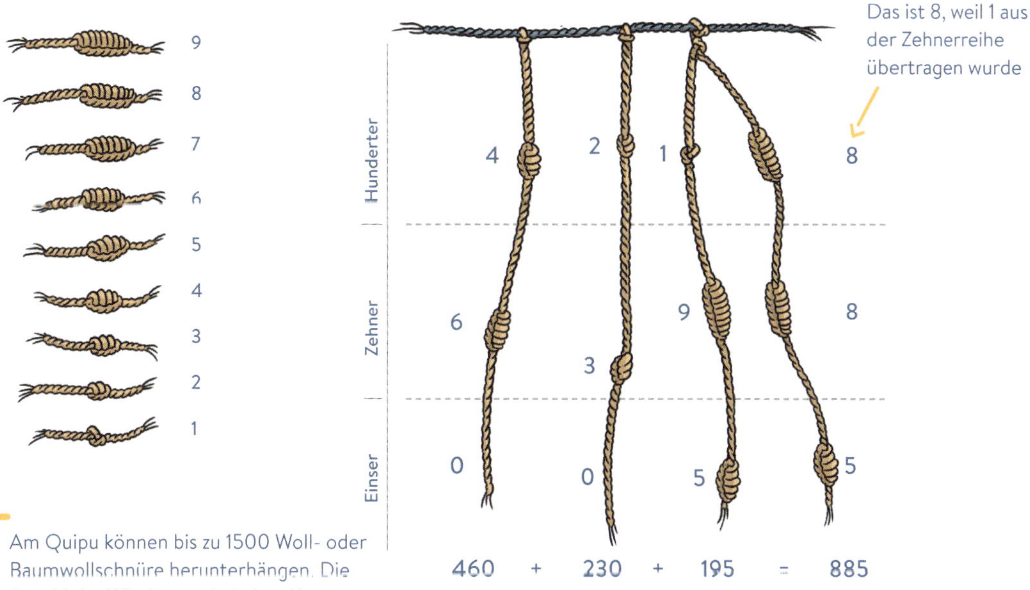

Am Quipu können bis zu 1500 Woll- oder Baumwollschnüre herunterhängen. Die Anzahl der Windungen in jedem Knoten, ihre Position und die Anzahl der Knoten auf der Schnur ergeben einen Wert.

Bauwerke errichteten, die meist aus riesigen Blöcken des in der Region vorkommenden Gesteins bestanden. Man spricht deshalb von einer „Megalithkultur" (von *mega* für „groß" und *lithos* für „Stein").

Vielfach wurden Kreise aus aufrecht stehenden Steinen errichtet wie an den bekannten Stätten von Stonehenge in England aus der Zeit von etwa 3000 v. Chr. An anderen Orten baute man sie als Tempel auf mit Altartischen am Ende oder in der Mitte. Berühmte Beispiele dafür sind Tempelkomplexe wie Hagar Qim auf der Mittelmeerinsel Malta. Die Steine

der Bauwerke waren oft auf die Position der auf- oder untergehenden Sonne ausgerichtet oder auf andere Weise so angeordnet, dass die Leute die Jahreszeiten stets im Auge behalten konnten.

Die meisten der uns bekannten Herrscher aus der Antike waren Männer. Und in den meisten Gesellschaften hatten Männer mehr Macht als Frauen. Man könnte also leicht annehmen, dass das immer, überall und zu jeder Zeit so war.

Aber das stimmt nicht ganz. Es gab auch mehrere weibliche Pharaonen in Ägypten, und viele der frühen Zivilisationen hatten mächtige weibliche Götter. Im alten Ägypten sowie in Sumer waren Frauen nach dem Gesetz Männern gleichgestellt, konnten Geschäfte führen und Eigentum besitzen. Aus der Art und Weise, wie die Frauen der Norte-Chico-Kultur begraben wurden, wissen wir, dass sie oft einen hohen Rang in der Gesellschaft innehatten. Aber nirgendwo in dieser Zeit von etwa 2000 bis 1600 v. Chr. waren Frauen und Männer so deutlich gleichgestellt wie in der minoischen Hochkultur auf der Mittelmeerinsel Kreta.

> »IM URSPRUNG JEDER GESELLSCHAFT UND KULTUR FINDE ICH EINE RELIGIONSLANDSCHAFT VOLLER RESOLUTER WEIBLICHER GOTTHEITEN, DIE SICH MIT WEISHEIT DURCHSETZEN.«
>
> Bettany Hughes, Historikerin

Berichte von altgriechischen Historikern und die Bilder auf Vasen sowie Wandmalereien beschreiben eine Gesellschaft, in der Männer wie Frauen völlig gleichgestellt an allen täglichen Aktivitäten teilnahmen. Es gab keine besondere Rollenverteilung und Priesterinnen waren mitunter die wichtigsten Mitglieder der Gesellschaft. Eines der eindrucksvollsten Beispiele für die Gleichberechtigung auf Kreta sind Sportwettkämpfe, an denen Frauen wie Männer teilnahmen.

Es kann sein, dass Frauen in der minoischen Gesellschaft tatsächlich eine wichtigere Rolle spielten als Männer. Und manche Forscher glauben, dass ihre Göttinnen bedeutender waren als ihre Götter. Sobald die minoische Schrift, die erste Schrift in Europa, entschlüsselt wird, wissen wir es vielleicht mit Sicherheit.

Ein beliebter Sport war das Stierspringen. Ein Turner (eine Frau oder ein Mann) griff nach den Hörnern eines Stiers, schwang sich mit einem Salto auf den Rücken des Tiers und dann, mit einem zweiten Salto, sprang sie oder er über den Schwanz des Stiers ab und landete auf beiden Füßen stehend wieder auf dem Boden.

Aber das alles sollte leider nicht von Dauer sein und auch diese Gesellschaft zugrunde gehen, nachdem Horden von Kriegern mit Metallwaffen auf ihren Pferden in Asien, Europa und den Nahen Osten einfielen.

Aber bevor wir zu ihnen kommen, wollen wir unser Augenmerk auf zwei Zivilisationen in Asien lenken, die alle Erwartungen übertreffen und sogar länger Bestand haben werden als die alten Ägypter.

Kapitel 7

UNTERDESSEN IN ASIEN

3000–200 v. Chr.

Mächtigere Zivilisationen sind auf dem Vormarsch

Zeitleiste

2697 v. Chr.
Legendärer Beginn der Seidenproduktion.

1600 v. Chr.
Die Shang-Dynastie beginnt.

1500–1200 v. Chr.
Die Veden des Hinduismus werden zusammengestellt.

500 v. Chr.
Die Lehren von Konfuzius und Buddha zeigen neue Wege zur Lebensführung.

500 v. Chr.
In China wird der Hochofen zur Herstellung von Gusseisen entwickelt.

300–200 v. Chr.
Erste Stahlerzeugung in Indien.

261 v. Chr.
König Ashoka konvertiert zum Buddhismus und strebt danach, ein Friedensreich aufzubauen.

221 v. Chr.
Qin Shi Huang wird der erste Kaiser von China.

Was wäre, wenn man olympische Goldmedaillen an Länder vergeben würde? In diesem Wettbewerb wären China und Indien die beiden größten Konkurrenten. Heute leben in China mehr als 1,4 Milliarden Menschen und Indien liegt mit mehr als 1,3 Milliarden knapp dahinter. Zusammengenommen ist das über ein Drittel der Weltbevölkerung. Hinzu kommt, dass in China und Indien einige der großartigsten Kulturen aller Zeiten beheimatet sind.

Auf der Liste der Erfindungen im alten China stehen Papier, Schießpulver, der Kompass, die Druckpresse und der Schirm. Die Inder erfanden die Zahl Null und das Schachspiel. Sie schrieben das längste Gedicht der Geschichte, gründeten die allererste Universität und waren die ersten, die hochwertigen Stahl in großen Mengen produzierten.

Springen wir auf etwa 2500 v. Chr. zurück. Die Zivilisationen der Sumerer und des Industals erleben den Höhepunkt ihrer Blütezeit und die ägyptischen Pharaonen sind bereits seit etwa 500 Jahren an der Macht. Zu dieser Zeit entfalten sich in China gerade zwei weitere Zivilisationen, die Longshan-Kultur am Gelben Fluss im Norden und die Liangzhu-Kultur am südlich gelegenen Jangtse.

Vermutlich haben bereits die Vorfahren der Liangzhu-Zivilisation vor etwa 10 000 Jahren an einem Ort namens Shangshan begonnen, den ersten Reis anzubauen. Reis ist eine unglaublich ertragreiche Nutzpflanze, die sowohl auf sehr nassen als auch auf ziemlich trockenen Böden wächst,

Die erste Schachpartie wurde in Indien gespielt. Das Spiel hieß Chaturanga und zu den Figuren gehörten ein König, ein Elefant, ein Pferd und ein Soldat.

was bedeutet, dass viele verschiedene Ländereien in Reisfelder umgewandelt werden konnten. Reis ermöglichte China, einem der bevölkerungsreichsten Länder der Welt, im Verhältnis zur Anbaufläche mehr Menschen ernähren zu können.

Seide ist ein außergewöhnliches Material. Sie reflektiert das Licht, sodass sie glänzend und prächtig aussieht, und sie ist sehr reißfest. Sie ist also die perfekte Naturfaser für Kleidung. Weißt du, woher diese schönen Fasern kommen?

Sie werden von der Raupe des Seidenspinners, eines Schmetterlings, hergestellt. Zuerst frisst sich die sogenannte Seidenraupe 20 bis 33 Tage lang durch die Blätter eines Maulbeerbaums. Dann sondert sie eine fast einen Kilometer lange, durchgehende Substanz ab, die an der Luft zu einem Seidenfaden wird, den sie um sich selbst herum wickelt, bis sie von einem Seidengespinst, dem Kokon, eingeschlossen ist. Nach 10 bis 14 Tagen hat sich die Raupe in einen Schmetterling verwandelt, und verlässt den Kokon.

Reis ist heute für mehr als die Hälfte der Weltbevölkerung die wichtigste Kulturpflanze.

Für Archäologen deutet alles darauf hin, dass die Menschen schon sehr früh das Seidenmaterial zu nutzen wussten und bereits um 3300 v. Chr. in China und gleich danach auch im Industal Seidenraupen züchteten. Und diese gezielte Zucht einer Raupenart mit dem wissenschaftlichen Namen *Bombyx mori*, die selbst in frühesten Schriftstücken aus China Erwähnung fand, brachte sowohl den Bauern, die sich um die Raupen kümmerten und aus ihren Kokons Seidenstoffe webten, wie auch den chinesischen Kaufleuten, die mit den Stoffen handelten, Reichtum und Wohlstand.

Tausende von Jahren nach Beginn des Seidenhandels kam in China eine Legende auf, nach der die Seidenherstellung auf Leizu, die Frau des sagenumwobenen Gelben Kaisers, der von 2697 bis 2598 v. Chr. regiert hatte, zurückgeht. Hier ist die Geschichte.

Auf einem Spaziergang durch den kaiserlichen Garten sah Leizu plötzlich, dass sich Tausende von Raupen durch die Blätter der Maulbeerbäume fraßen und dabei großen Schaden anrichteten.

Neugierig sammelte Leizu einige Kokons, um mehr über die Raupen zu erfahren, und setzte sich dann hin, um eine Tasse Tee zu trinken. Während sie einen der Kokons betrachtete, ließ sie ihn versehentlich in das dampfende Wasser fallen und ein feiner Faden begann sich zu lösen. Leizu stellte fest, dass sie den dünnen, reißfesten Faden um ihren Finger wickeln konnte, und hatte eine Idee. Sie überredete den Kaiser, mehr

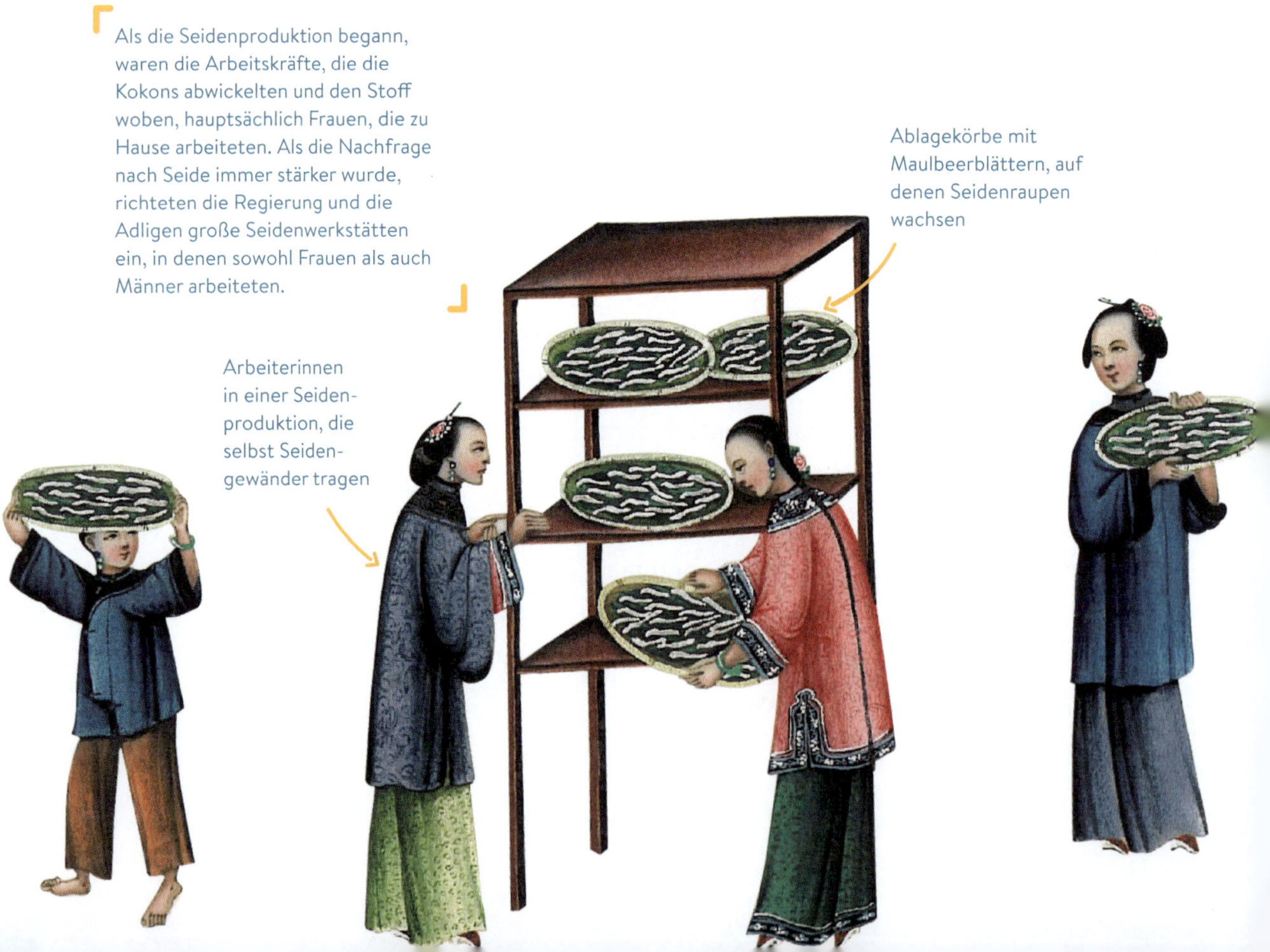

Maulbeerbäume anpflanzen zu lassen, und half dann bei der Entwicklung eines Verfahrens zur Herstellung von Seidenstoff.

Nach dem Ende der Indus-Kultur ging die Seidenproduktion in Indien zurück. Damit war China das einzige Land, in dem die Menschen wussten, wie man die kostbare Seide gewinnen kann. Und da sie es über 2000 Jahre lang schafften, dieses Geheimnis wohl zu hüten, musste jeder, der Seide wollte, diese immer in China kaufen.

Seide war so begehrt, dass die Handelsroute, die China über ein verzweigtes Netz aus Karawanenwegen mit dem Rest der Welt verband, als Seidenstraße bekannt wurde. Seine feine Beschaffenheit und sein schimmernder Glanz machten den Seidenstoff zu einem der größten Luxusgüter der Antike.

Die legendäre Kaiserin Leizu

Natürlich musste das Geheimnis eines Tages gelüftet werden. Wie eine Geschichtslegende besagt, schmuggelten Mönche um 550 n. Chr. einige Seidenraupen nach Konstantinopel (dem heutigen Istanbul in der Türkei). Von dort aus verbreitete sich das Know-how der Seidengewinnung auf der ganzen Welt, und bis nach Indien, das heute ein bedeutender Seidenproduzent ist.

Die ersten chinesischen Herrscher, von denen wir sicher wissen, dass sie tatsächlich und nicht nur der Legende nach lebten, gehörten zur Shang-Dynastie (etwa 1600 bis 1046 v. Chr.). Als Dynastie bezeichnet man eine mehrere Generationen umfassende Abfolge von Herrschern, die der gleichen Familie angehören. In dieser Zeit wurde China also von der Shang-Familie regiert.

In den 1920er-Jahren entdeckten Archäologen bei Ausgrabungsarbeiten an einer Fundstätte namens Yin elf große Königsgräber und die Fundamente eines riesigen Shang-Palastes. Der Fund umfasste auch über

10 000 wunderschöne Kunstgegenstände aus Bronze, Jade und Stein sowie beeindruckende Waffen, die den Shang geholfen hatten, das Land im weiten Umkreis zu beherrschen und zu erobern.

Wir wissen recht viel über die Shang-Dynastie, weil sie uns schriftliche Aufzeichnungen hinterlassen haben. Aber in ihrem Fall ging es beim Schreiben nicht um kaufmännische Berichte oder lange Geschichten. Es war vielmehr ein Mittel und Weg, mit den Göttern und Geistern der Toten zu kommunizieren.

Das Ganze funktionierte wie folgt. Stell dir vor, du bist ein König und hast eine Frage an die Götter, dann kannst du sie jetzt auf einen zuvor präparierten Schildkrötenpanzer oder Stierknochen schreiben. Zum Beispiel: *Wann wird es regnen? Werden wir die nächste Schlacht gewinnen? Werden wir dieses Jahr eine gute Seidenkokonernte haben?* Dann drückst du mit einem heißen Metallstab gegen den Panzer oder Knochen, bis Sprünge und Risse entstehen, die du anhand ihrer Länge und Richtung als Antwort der Götter oder deiner Ahnen interpretieren kannst. Manchmal schreibst du zum Schluss auch die auf deine Frage herausgefundene Antwort auf den Panzer oder Knochen.

Mehr als 20 000 solcher Schildkrötenpanzer und Stierknochen haben die Archäologen bislang gefunden und etwa ein Viertel von diesen

Bronze ist ein robustes Metall, das aus einer Mischung von Kupfer und Zinn hergestellt wird. Erfahrene chinesische Metallarbeiter fertigten diese Axtklinge im 11. oder 12. Jahrhundert v. Chr. an. Dazu wurde die Bronze durch Erhitzen zum Schmelzen gebracht, und dann in eine Form gegossen. Man spricht bei diesem Vorgang von Guss.

sogenannten Orakelknochen war mit den Informationen zur Befragung beschriftet. Das Entziffern der Schrift fiel den Experten nicht schwer, da sie der modernen chinesischen Schrift ziemlich nahe kommt.

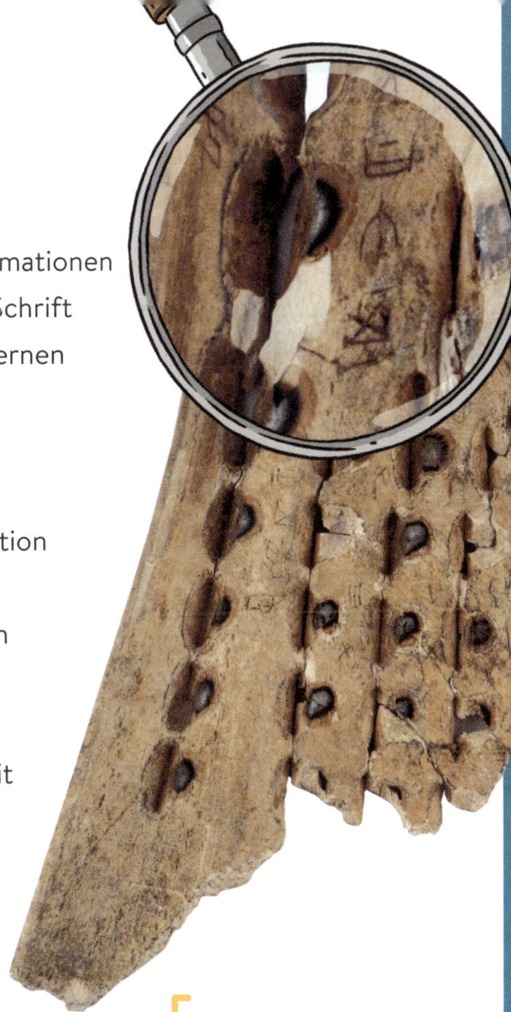

Auch auf dem Gebiet der Eisenproduktion machten die Chinesen großartige Fortschritte. Metallisches Eisen wird aus einem Gestein namens Eisenerz gewonnen und die Zeit, in der die Menschen damit anfingen, sich dieses Metall nutzbar zu machen, wird Eisenzeit genannt. Sie begann im Mittelmeerraum und in Indien um 1200 v. Chr., in Nubien um 1000 v. Chr. und in China um 700 v. Chr.

Um Eisen aus Eisenerz zu gewinnen, mischten die Arbeiter fein zerkleinertes Erz mit Holzkohle und erhitzten es in einer Art Schachtofen, den wir heute als Rennofen bezeichnen. Durch die ungenügende Verbrennung der Holzkohle entstand aus Kohlenstoff und Sauerstoff Kohlenmonoxid. Dieses giftige Gas stieg durch den Kamin nach oben, entriss dabei dem Eisenerz den Sauerstoff und oxidierte so zu Kohlendioxid. Gleichzeitig wurde das Erz zu Eisen reduziert und konnte so gewonnen werden, ohne das Eisen jemals zu schmelzen, sodass also auch kein Gusseisen entstand.

Wu Ding, einer der Shang-Könige, befragte die Orakelknochen zu allen Bereichen seines Lebens. Er wollte das Wetter wissen, ob er die kommenden Schlachten gewinnen würde, ob er bestimmte Befehle geben sollte und sogar, welche Ursache seine Zahnschmerzen haben.

Doch das breiige Metall, das aus dem Rennofen sickerte, war noch mit Schlacke verunreinigt und musste lange Zeit erhitzt und gehämmert werden, bis es verwendbar war. Man spricht dabei vom Schmieden und das so produzierte Eisen wird Schmiedeeisen genannt. Obwohl das Schmieden viel

Mühe kostet, lässt sich das Eisen nur in sehr einfache Formen bringen. Eisen ist jedoch härter als Bronze, das vorher am häufigsten verwendete Metall und mit den Eisenschwertern als effektive tödliche Waffe wendete sich weltweit das geschichtliche Blatt der Kriegsführung.

Doch irgendwann um 500 v. Chr. machten die Chinesen eine bahnbrechende Entdeckung. Sie fanden heraus, dass sie die gleiche Reaktion zwischen Holzkohle und Eisenoxid erhalten, wenn sie einen Ofen bauen, der heißer wird. Aber jetzt kam das Eisen als heißes flüssiges Metall heraus, das sie in Formen gießen konnten, um fast alles herzustellen, was man wünschte. Ihre Erfindung wird Hochofen genannt und das so gewonnene Eisen heißt Gusseisen. Wir verwenden heute noch Hochöfen, aber es hat lange gedauert, bis dieses Verfahren auch außerhalb Chinas Anwendung fand. In Europa wurden die ersten Hochöfen erst über 1000 Jahre später gebaut.

Die ersten Hochöfen waren einfach aber revolutionär. Sie wurden von oben mit Eisenerz und Holzkohle befüllt. Ein von Menschenhand betriebener Blasebalg pumpte Sauerstoff in den Ofen, um das Feuer heiß zu halten. Im Inneren des Ofens reagierte das Erz mit der Holzkohle zu Eisen, und das geschmolzene Eisen, das aus dem Ofen kam, wurde in Formen gegossen, um Werkzeuge oder Waffen herzustellen.

Einige der wichtigsten Werkzeuge aus Eisen wurden in der Landwirtschaft verwendet. Gusseiserne Pflüge waren eine ideale Hilfe, um riesige Landflächen von strauchbestandenem Ödland in fruchtbare Felder zu verwandeln. Mit ihnen konnte man harte Böden besser aufreißen als mit Holzpflügen. Und durch das Gießen war es möglich, eine Form zu entwerfen, die den Erdaushub der Eisenschare zur Seite schob, anstatt ihn vor dem Pflug anzuhäufen.

> „SEHR WAHRSCHEINLICH HABEN DIE ARBEITER IN DEN EISENGIESSEREIEN DIE URSPRÜNGLICHEN TECHNIKEN DER BRONZEPRODUKTION ÜBERNOMMEN UND ENTSPRECHEND ANGEPASST …"
>
> Wengcheong Lam, Anthroploge

Gusseisen bedeutete also mehr Anbau von Nahrungspflanzen. Und je mehr Lebensmittel zur Verfügung standen, desto mehr Menschen konnten ernährt werden. Je mehr Menschen es gab, desto stärker und größer wurde die chinesische Zivilisation.

Etwa zur gleichen Zeit, als die Chinesen den Hochofen erfanden, entwickelten die Inder etwas Besseres als Gusseisen. Sie erhitzten Eisen, Holzkohle und Glas zusammen, bis das Eisen schmolz. Es absorbierte den Kohlenstoff aus der Holzkohle und verwandelte sich in kohlenstoffreichen Stahl. Stahl ist fester und flexibler als Eisen und rostet oder reißt nicht. Du kannst dir sicher vorstellen, wie nützlich es unter anderem für Bauwerke, Töpfe, Pfannen und Waffen ist.

Während der Eisenzeit in China war die Zhou-Dynastie an der Macht. Sie folgte zeitlich auf die Shang-Dynastie und bestand über einen langen Zeitraum, von 1046 bis 256 v. Chr. Die Zhou errichteten ein System mit regionalen Adligen – Führern von Stadtstaaten außerhalb der Hauptstadt. Diese Führer waren für ihre Staaten zuständig, aber dem König gegenüber loyal. Mit der Zeit gewannen diese Adligen jedoch immer mehr an Macht und kämpften mit dem König und gegeneinander um die Herrschaft.

Als die Zentralmacht des Königs verfiel, verloren gebildete Menschen, die einst für die Regierung gearbeitet hatten, ihre Stellung. Einige von ihnen wandten sich nun verstärkt der Philosophie zu und wanderten von einem Hof zum anderen, um Könige und Adlige zu beraten, wie man klug regiert und ein rechtschaffenes Leben führt. Die von ihnen entwickelten Ideen wurden als die „Hundert Schulen des Denkens" bezeichnet.

Einer dieser Denker war Kong Fuzi, auch bekannt als Konfuzius. Wir wissen nicht viel über Konfuzius als Person, aber eine Geschichte besagt, dass er Justizminister im Staat Lu war. Eines Tages – er war bereits über 50 Jahre alt – gab er seine Tätigkeit auf und begann, durch die Königreiche Nordchinas zu ziehen, um seine Lehre von einem gut geführten Leben und der richtigen Königsherrschaft zu verbreiten. Als sich die Kämpfe zwischen den rivalisierenden Staaten verschärften, machte Konfuzius es sich zur Lebensaufgabe, den Samen des Friedens auszusäen.

Konfuzius glaubte, dass eine gute Gesellschaft nur dann bestehen kann, wenn jeder die Regeln befolgt und freundlich zu anderen ist. Ein guter König sollte seinem Volk mit gutem Beispiel vorangehen, während gute Untertanen gehörchen sollten. Dasselbe lehrte er über Eltern und Kinder, Adlige und einfache Menschen, Männer und Frauen.

Führungspersonen (Könige, Eltern, Adlige und Ehemänner) sollten den Menschen, für die sie verantwortlich waren, mit Respekt begegnen. Im Gegenzug sollten diese Menschen (Untertanen, Kinder, einfache Bürger und Ehefrauen) ihnen stets bedingungslos gehorchen, selbst wenn sie anderer Meinung waren. Bei den Kindern schloss er auch erwachsene Kinder ein. Wenn du zum Beispiel 40 Jahre alt warst und dein Vater war 70, galtest du immer noch als sein Kind und solltest ihm stets gehorchen. Konfuzius war der Auffassung, es sei vom Himmel so gewollt, dass die Menschen auf diese geordnete Weise leben. Und er war

Höchster Respekt gegenüber Eltern und Älteren ist in der Philosophie des Konfuzius ein Grundsatz von zentraler Bedeutung. In einer konfuzianischen Geschichte (oben) wandern ein Vater und sein jugendlicher Sohn in den Bergen, als plötzlich ein Tiger zum Angriff ansetzt. Der Sohn springt vor den Vater, um ihn zu beschützen. Die Tapferkeit des Sohnes beeindruckt den Tiger so sehr, dass er doch nicht angreift.

darüber hinaus davon überzeugt, dass der Himmel sich um dich kümmern würde, wenn du es richtig machst.

Als Teil seiner Regeln über Freundlichkeit wird Konfuzius zitiert mit den Worten: „Was du selbst nicht wünscht, das tu auch anderen nicht an". Erkennst du dieses Sprichwort? Diese oft als goldene Regel bezeichnete Richtschnur findet sich fast in jeder Religion der Welt. Sie fordert uns

Konfuzius lebte vermutlich von 551 bis 479 v. Chr. Seine Vorstellungen von Familie, Moral, Verhalten, Autorität und Traditionen prägen die chinesische Gesellschaft bis heute.

auf, uns immer daran zu erinnern, dass es andere Menschen gibt, die es verdienen, so behandelt zu werden, wie wir in ihrer Situation behandelt werden wollen, auch wenn der andere Mensch ganz anders ist als wir. Nun verstehst du bestimmt, warum Konfuzius als ein sehr weiser Mann betrachtet wurde und immer noch wird.

Etwa zur gleichen Zeit, als Konfuzius und die anderen Philosophen der „Hundert Schulen des Denkens" ihr Wissen in China lehrten, verbreitete ein ebenso bedeutender Denker seine Lehren auf der anderen Seite des großen Himalaya-Gebirges in Indien. Sein Name war Siddhartha Gautama. Du hast wahrscheinlich schon von ihm gehört, denn seine Anhänger nennen ihn Buddha.

Siddhartha war ein Hindu. Die hinduistische Religion ist die älteste der fünf großen, heute noch praktizierten Religionen Hinduismus,

Buddhismus, Judentum, Christentum und Islam. Ihre Ursprünge liegen wahrscheinlich in der Zeit der Indus-Kultur und sie entwickelte sich dann über Tausende von Jahren. Die Texte in den ersten heiligen Büchern des Hinduismus, den Veden, wurden von einer Zivilisation verfasst, die nach der Indus-Kultur aufkam. Wir haben bis lange nach ihrer Erstellung überhaupt keine Nachweise für schriftliche Versionen der Veden. Die vedische Kultur hat diese wichtigen Texte über Generationen hinweg weitergegeben, indem sie die Verse auswendig gelernt und anderen beigebracht hat.

Der zentrale Glaubensgedanke des Hinduismus ist, dass jeder Mensch eine ewige Seele oder ein ewiges Selbst hat, das nach dem Tod in einem anderen Wesen wiedergeboren wird. Dieses Wesen kann ein Tier oder ein Mensch sein. Im Hinduismus findet sich auch die religiöse Begründung für ein Kastensystem. Jeder Hindu wird in eine bestimmte Kaste oder Schicht der Gesellschaft hineingeboren, der er dann sein Leben lang bis zu seinem Tod angehört. Die höchste Kaste, die Brahmanen, waren zu Siddharthas Zeiten Priester, und es war ihr Recht, Nahrung und alles, was sie zum Leben sonst noch brauchten, von anderen Menschen zu fordern. Den niedrigsten Kasten gehörten Diener und Sklaven, den mittleren Kasten die Soldaten, Bauern und Händler an.

> ERHEBE DICH, WERDE DICK AUS EIGENER KRAFT, O GETREIDE! SPRENGE JEDES GEFÄSS! DER BLITZ IN DEN LÜFTEN WIRD DICH NICHT VERNICHTEN!
>
> Ein Segen für den Anbau von Getreide aus der Atharvaveda

Im Hinduismus geht man davon aus, dass jeder Handlung im Leben unweigerlich das entsprechende Resultat folgt, gut oder schlecht. Es entsteht Karma. Wenn du die Regeln befolgst, sammelst du gutes Karma. Und gutes Karma bedeutet, du kannst im nächsten Leben auf einer höheren Stufe wiedergeboren werden. Mitunter verlangen die Regeln, freundlich und mitfühlend zu anderen zu sein, die Rituale für die Götter

Der Hinduismus soll 33 Millionen Götter haben, von denen jeder seine eigene Aufgabe hat. Sie arbeiten alle zusammen unter der Führung von Krishna, dem Höchsten Wesen, um das Universum am Laufen zu halten. Hier sind zwei wichtige. Brahma ist der Schöpfer des Universums. Ardhanarishvara ist eine Doppelgestalt aus dem Gott Shiva und der Göttin Parvati und repräsentiert den hinduistischen Glauben, dass weibliche und männliche Energie eng zusammenarbeiten müssen, damit das Universum funktioniert.

durchzuführen und zu meditieren. Über viele Leben hinweg kannst du dann immer weiter vom Tier bis zum Menschen in die höchste Kaste aufsteigen. Bis du schließlich Moksha erreichst und so dem Mühsal des ewigen Kreislaufs aus Wiedergeburt und Tod entkommst. Für einige Hindus bedeutet dies, dass deine Seele wieder mit der Seele des gesamten Universums vereint ist oder mit Gott eins wird.

Siddhartha lehnte einige Teile des Hinduismus ab, die er für falsch hielt. Er schuf seine eigene Religion, die jetzt Buddhismus genannt wird. Wir wissen nicht viel über Siddharthas Leben, glauben aber, dass er in Lumbini im heutigen Nepal geboren wurde und von 560 bis 480 v. Chr. lebte.

Einer Legende nach wurde Siddhartha als Prinz geboren. Seine Mutter, Königin Maya, starb wenige Tage nach seiner Geburt. Siddharthas Vater behütete ihn sehr und ließ drei Paläste zu Ehren seines Sohnes errichten. Er wollte, dass Siddhartha sein ganzes Leben in diesen Palästen verbringt, um ihn auf diese Weise vom Wissen um das Leiden und die Armut der meisten gewöhnlichen Menschen fernzuhalten.

Aber im Alter von 29 Jahren wurde Siddharthas Neugier immer stärker, er wollte sich in der Welt umsehen und verließ die Paläste. Gleich danach traf er erstmals auf alte, kranke und sogar sterbende Menschen. Zutiefst bestürzt über das, was er sah, beschloss er, seinem Luxus zu entfliehen und sich den gewöhnlichen Menschen in ihrem Leiden anzuschließen.

In eben diesen Zeitraum fällt auch die als zweite Urbanisierung bekannte Phase in Nordindien, in der sich im gesamten Gebiet am Ganges unzählige Stadtstaaten bildeten. Die Zeit war voll von Denkern, ähnlich wie die der „Hundert Schulen des Denkens" in China. Im Hinduismus besagte eine der neuen Wegfindungen, dass man sich nur durch eine mönchische Lebensform als Asket von jeglichem Karma befreien und eins mit Gott werden kann. Asketen geben alle Besitztümer, Freuden und familiären Bindungen auf. Sie konzentrieren sich ausschließlich auf Gebete und Meditation. Siddhartha beschloss, Asket zu werden. Einmal aß er nicht mehr als ein Blatt oder eine Nuss am Tag und wäre fast verhungert.

Offensichtlich war also auch dies kein guter Weg, und Siddhartha hat das rechtzeitig herausgefunden. Er kam zu dem Schluss, dass er durch sein Verhungern der Welt mehr Leid zufügt, als er ihr wegnehmen kann.

Es heißt, Siddhartha habe sich 49 Tage lang unter einen Baum gesetzt, um zu meditieren. Nach all dieser Zeit, in der er sich beruhigte, erlangte er das, was Erleuchtung oder Nirwana genannt wird. Er konnte die Wahrheit aller Dinge sehen und fühlte dauerhaften Frieden und Freude. Von da an war er ein Buddha (wörtlich: der „Erwachte"), also ein Erleuchteter.

Der Buddha sagte, dass alle Menschen gleich sind und dass Kasten keine Rolle spielen. Er hörte auch auf, über Karma nachzudenken

Diese Buddha-Statue wurde Ende des 14. oder Anfang des 15. Jahrhunderts n. Chr. in Thailand angefertigt.

und Pluspunkte für das nächste Leben zu verdienen. Aber er erhielt sich seinen Glauben an die Reinkarnation, die von der Meditation ausgehende Kraft und die uneingeschränkte Selbstlosigkeit. Er lehrte einen Mittelweg zwischen einem Leben, in dem man immer mehr will und einem Leben, in dem man auf alles verzichtet. Nach seiner Überzeugung konnte jeder, der gütig und mitfühlend zu anderen war, der meditierte, um sich die innere Ruhe zu erhalten, und der genügsam lebte, seinen Weg ins Nirwana finden.

In den folgenden 45 Jahren wanderte der Buddha predigend entlang des Ganges vornehmlich im heutigen Nordosten Indiens und im Süden Nepals. Dabei sprach er zu allen, die zuhören wollten, von den Reichsten aus Königshäusern bis hin zu den Ärmsten und Bettlern. Er erklärte ihnen, dass jeder Mensch, unbeachtet seines Standes, der diesen Weg, den er lehrte, beschreitet, die Erleuchtung erlangen kann. Nachdem er Tausende von Anhängern angezogen hatte, starb der Buddha ungefähr im Alter von 80 Jahren.

Doch einigen Herrschern kamen der Buddhismus und andere neue Ideen, die damals auftauchten, nicht geheuer vor und sie versuchten, diese zu verbieten. Andere tolerierten sie. Aber dann geschah etwas Erstaunliches, das letztendlich den Buddhismus zu einer der wichtigsten Religionen machen sollte, die er auch heute noch ist.

Etwa 200 Jahre nach dem Tod des Buddhas vereinte das Maurya-Reich Indien, indem es all seine verschiedenen Königreiche eroberte. Ungefähr zur gleichen Zeit wurde auch der Kohlenstoffstahl erfunden. Der dritte König des Maurya-Reiches hieß Ashoka. Als er um 260 v. Chr. an die Macht kam, gab es nur noch ein unbesiegtes Königreich. Es hieß Kalinga und Ashoka griff es natürlich an.

Der Krieg endete mit der berühmten und äußerst blutigen Schlacht von Kalinga, die Berichten zufolge mehr als 100 000 Menschen das Leben kostete. Am Tag nach der gewonnenen Eroberungsschlacht soll Ashoka durch die Stadt gelaufen sein. Alles, was er sah, waren ausgebrannte Häuser, tote Pferde und die verstreut herumliegenden Leichen der Opfer. Ashoka war ein hartgesottener Kerl. Sein Name bedeutet sogar „ohne Reue“. Aber der Anblick dieses Gemetzels soll ihn zum Weinen gebracht haben, sodass er schrie: „Was habe ich getan?“

Entsetzt über den schrecklichen Verlust von Menschenleben wurde Ashoka Buddhist. In den nächsten 20 Jahren versuchte er, seinem Volk zu helfen, in Frieden zu leben. Die besten Informationen, die wir über König Ashoka haben, stammen aus den Texten, die er als Inschriften an Säulen und Felsen angebracht, in seinem ganzen Reich verbreiten ließ. In diesen sogenannten Ashoka-Edikten führte er seine Untertanen an die Grundzüge seines Glaubens, die buddhistische Vorstellung von Rechtschaffenheit, Gewaltlosigkeit und Gleichbehandlung aller Lebewesen heran.

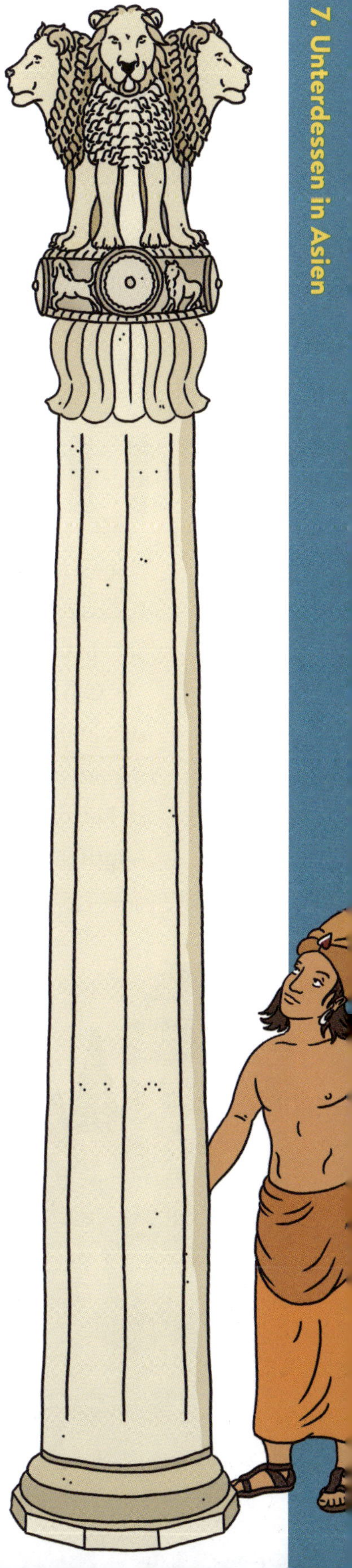

Das Löwenkapitell mit den vier Rücken an Rücken stehenden Löwen, das eine um 250 v. Chr. errichtete Ashoka-Säule krönt, ziert seit 1950 das offizielle Wappen des Staates Indien.

Nach Ashokas Regierungszeit verbreitete sich der Buddhismus in vielen anderen Ländern. Seine Kinder Mahinda und Sanghamitra brachten die buddhistische Lehre in das heutige Sri Lanka. Um 100 n. Chr. hatten buddhistische Mönche China erreicht. Von China aus verbreitete sich die Religion in Korea, Vietnam, Thailand und schließlich in Japan. Heutzutage gibt es mehr Buddhisten in anderen Ländern als in Indien selbst.

Ungefähr 40 Jahre nachdem es König Ashoka gelungen war, ganz Indien zu vereinen, führte ein Krieger namens Ying Zheng den chinesischen Staat Qin (ausgesprochen „Chin") an, um den Rest Chinas zu besiegen. Als Ying 221 v. Chr. Kaiser wurde, nahm er den Namen Qin Shi Huang an, was soviel wie „erster Kaiser von China" bedeutet.

Qin Shi Huang wollte sicherstellen, dass das Land nicht wieder auseinanderfällt. Er entzog den Adligen die Macht und baute eine starke Armee auf. Er befahl auch, die Mauern einiger chinesischer Staaten im Norden miteinander zu verbinden. Der Plan war, das Land gegen Angriffe von Nomaden abzusichern. Für diesen Bau rekrutierte er

Mit einer Länge von rund 8850 Kilometern ist die Chinesische Mauer das längste Bauwerk der Welt, das je von Menschen errichtet wurde. Sie sollte als Schutzmauer dienen, um einfallende Reitervölker aus dem Norden fernzuhalten.

Tausende von Arbeitern und erst lange nach seinem Tod wurde die Chinesische Mauer dann fertiggestellt.

Qin Shi Huang entschied, dass China gemeinsame Systeme brauche, um die Zusammenarbeit der verschiedenen Teile des Reiches zu verbessern. Zur Vereinheitlichung der Währung brachte er eine im ganzen Land geltende Münze in Umlauf. Er führte ein System von Standardgewichten und -maßen ein, um den Handel zu vereinfachen, und scheute sich auch nicht, eine Schriftsprache festzulegen, die es gebildeten Menschen ermöglichte, klar miteinander zu kommunizieren.

Der Kaiser lehnte fast alle Lehren der „Hundert Schulen des Denkens“ ab. Ausgenommen war nur eine, der sogenannte Legalismus, weil er bestätigte, dass der Kaiser das Recht hat, Menschen, die sich seinen Anordnungen widersetzen, hart zu bestrafen oder gar zu töten. Andere Lehren, einschließlich der des Konfuzius, waren strengstens verboten.

Wie du dir sicher vorstellen kannst, war Qin Shi Huang nicht sehr beliebt, und tatsächlich wurden mehrere Attentate auf ihn verübt, die er nur knapp überlebte. Gegen Ende seines Lebens war der Kaiser besessen von der Idee, ein Elixier zu finden, das ihn unsterblich macht. Erinnerst du dich an die Geschichte von König Gilgamesch aus Sumer? Er suchte das dasselbe.

Auf einer seiner Inspektionsreisen durch den Osten Chinas starb Qin Shi Huang, nachdem er vermutlich einige Pillen geschluckt hatte, von denen seine Ärzte glaubten, dass sie ihm das ewige Leben sichern würden. Leider enthielten sie Quecksilber, ein hochgiftiges Metall.

Über 2000 Jahre lang wusste niemand, wo Qin Shi Huang begraben war. Dann, eines Tages im Jahr 1974, stießen einige Bauern beim Bau eines Brunnens auf ein ungewöhnliches Objekt, das tief unter der Erde vergraben war. Aber diese Entdeckung war nur der Anfang, denn es sollte einer der unglaublichsten archäologischen Funde aller Zeiten werden.

Sie führte zu einer riesigen Nekropole oder Grabstadt mit einer Flächengröße von etwa 98 km^2. Das ist fast so groß wie die Stadt Bremerhaven. Als die Archäologen einen Teil dieser Bestattungsstätte ausgruben, fanden sie eine ganze Armee von Tonsoldaten, die ähnlich wie die Uschebti der Ägypter dem Kaiser im nächsten Leben dienen sollten. Aber das waren keine Miniaturfiguren, sondern gut 8000 lebensgroße Statuen aus Terrakotta, einer Art rotem Ton, von denen jede ein einzigartiges Kunstwerk darstellt, das Bronzewaffen trägt. Die Terrakottasoldaten sind zusammen mit 600 Tonpferden sowie mehr als 100 lebensgroßen hölzernen Kampfwagen in Kampfformation aufgestellt.

Um 100 v. Chr. herrschte sowohl in China als auch in Indien Frieden. Aber leider können die Menschen nicht so gut dafür sorgen, dass der Frieden von Dauer ist. Genau das werden wir sehen, wenn wir unseren Blick auf Europa und den Nahen Osten richten, wo einige der weltgrößten Zivilisationen der Antike gerade voll in Aktion sind.

Nach Meinung der Experten hatte Kaiser Qin Shi Huang über einen Zeitraum von 40 Jahren mehr als 700 000 Zwangsarbeiter mit dem Bau der Grabstätte und Herstellung der Terrakotta-Armee beschäftigt, die ihn im Jenseits beschützen sollte.

Kapitel 8

AUFSTIEG UND UNTERGANG

1400 v. Chr.–476 n. Chr.
Weltreiche kommen und gehen

Zeitleiste

1260–1180 v. Chr.
Der Legende nach wird der Trojanische Krieg zwischen den Griechen und den Trojanern ausgetragen.

1200 v. Chr.
Israeliten erstellen die ersten Schriftstücke der künftigen hebräischen Bibel.

776 v. Chr.
Die ersten Olympischen Spiele der Antike finden in Griechenland statt.

585 v. Chr.
Thales sagt erfolgreich eine Sonnenfinsternis voraus.

549–530 v. Chr.
Kyros der Goße gründet das Persische Reich.

336–323 v. Chr.
Alexander der Große baut das Mazedonische Reich auf.

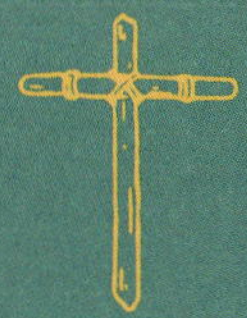

30 n. Chr.
Jesus wird hingerichtet.

120 n. Chr.
Das Römische Reich erstreckt sich von Mesopotamien bis nach England.

476 n. Chr.
Das Weströmische Reich zerfällt.

Magst du Oliven? Als ich jung war, wohnte ich in einem schönen alten englischen Haus, das meinem Großonkel und Namensvetter gehörte. Ich erinnere mich, dass er uns im Schein seines lodernden Kaminfeuers vor dem Abendessen immer Oliven angeboten hat. Ich liebe Oliven auch heute noch, vielleicht weil sie mich an Onkel Christo erinnern.

Olivenbäume wurden zuerst von den Menschen im antiken Griechenland angebaut. Sie zählen zu den ältesten und wichtigsten Kulturpflanzen der Welt Die alten Griechen hatten im Gegensatz zu den Chinesen keine Eisenpflüge und auch nicht so fruchtbare Böden. Für sie war es also schwieriger, Getreide wie Weizen, Gerste oder Reis anzubauen und davon zu leben. Olivenbäume wuchsen jedoch gut, und die Oliven waren gefragt.

Das lag daran, dass jeder Olivenöl wollte. Es war so wertvoll wie das Gold von heute. Man konnte das Öl aus den Oliven pressen und damit Lampen anzünden, um im Dunkeln zu sehen, oder Essen kochen und sogar Seife herstellen, um sich vom Schmutz zu befreien.

Du konntest deine Oliven auch tauschen, um etwas zu kaufen, das dann bedeutete, dass du nie wieder auf den Feldern arbeiten musstest. Und du musstest nie wieder dein Bett machen oder nach dem Abendessen abspülen. Kannst du erraten, was das für ein unglaubliches Etwas war?

Die Antwort ist vielleicht ziemlich erschütternd. Und das sollte sie auch sein. Denn das Unglaubliche, das dir all deine Arbeiten abnehmen konnte, war eine andere Person – ein Sklave.

Vom gesamten antiken Griechenland wissen wir am meisten über den Stadtstaat Athen. Das liegt daran, dass so viel darüber geschrieben wurde. Der Staat Athen umfasste sowohl die Stadt selbst als auch die umliegende Landschaft. In Athen (und wahrscheinlich auch an anderen Orten in Griechenland) schienen zwei gegensätzliche Ideen Hand in Hand zu gehen.

Olivenzweige

Eine davon war die Demokratie. Die andere war die Sklaverei. Es ist eine der traurigsten Wahrheiten der Menschheitsgeschichte, dass Millionen von Menschen ihr Leben versklavt verbringen mussten. Versklavt zu sein bedeutet, ohne Bezahlung arbeiten zu müssen und mit harter, oft grausamer Respektlosigkeit von Menschen behandelt zu werden, die denken, dass du viel weniger wert bist als sie.

Im alten Griechenland hatte jede freie Familie, die es sich leisten konnte, Sklaven. Keinen einzigen Sklaven zu haben, war tatsächlich ein Zeichen extremer Armut. Versklavte Menschen arbeiteten auf Bauernhöfen und in den Haushalten ihrer Besitzer. Sie bauten auch Häuser und Straßen, stellten Töpferwaren her und bauten Metalle ab. Und nicht nur Familien und Unternehmen besaßen Sklaven, auch die Regierung von Athen hatte welche. Sie vermietete ihre Sklaven an Unternehmen und bezahlte mit dem Geld, das sie verdienten, die an die Regierung gestellten Rechnungen.

Bis etwa 600 v. Chr. konnte in Athen jeder versklavt werden. Alles, was du tun musstest, war, in Schwierigkeiten zu geraten und einen Kredit aufzunehmen, den du dann nicht zurückzahlen konntest.

Bemalte Vasen können uns einiges über das Leben im alten Athen erzählen. Die links abgebildete zeigt Läufer bei den Panathenäischen Wettkämpfen, die wie andere Wettbewerbe auch, darunter die Olympischen Spiele, alle vier Jahre in Athen stattfanden. Die rechte Vase zeigt Frauen, die an einem öffentlichen Wasserbrunnen plaudern und ihre Krüge füllen.

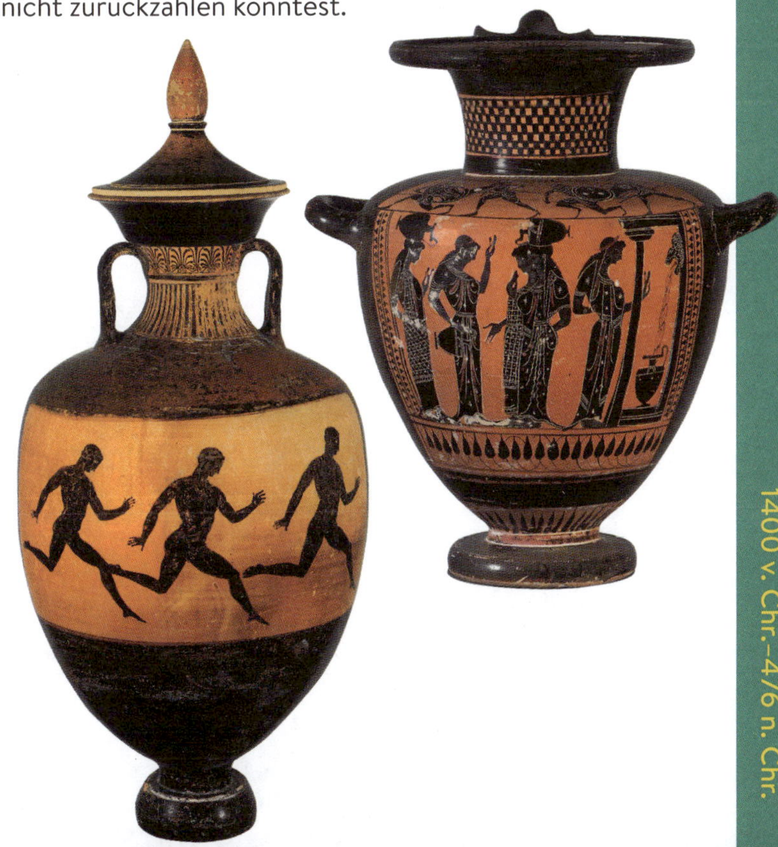

Oder du konntest dich auf eine Reise begeben, wirst entführt und als Sklave in ein anderes Land verkauft. Oder du wurdest im Krieg gefangengenommen. Dadurch wurde den freien Menschen erst so richtig bewusst, wie kostbar ihre Freiheit ist, und es machte sie auch sehr nervös, wenn sie das Gefühl hatten, dass sie ihnen genommen wird.

Um 594 v. Chr. kam in Athen ein neuer Staatsmann an die Macht. Sein Name war Solon, und den Geschichten über ihn zufolge, die viel später erzählt wurden, war er ein großer Kämpfer und Dichter. Solon ist bekannt dafür, dass er einige sehr große Änderungen vorgenommen hat.

Eine davon war, dass Solon ein System einrichtete, in dem alle Bürger wählen konnten, um genau zu entscheiden, was die Regierung tun sollte. Dies nennt man direkte Demokratie. Auch andere griechische Staaten gründeten direkte Demokratien.

Für einen Bürger von Athen war das ein aufregender Moment. Aber es gab einen Haken. Als Bürger galtst du nur, wenn du frei, männlich, athenisch

Im antiken Griechenland verwendeten Soldaten Belagerungsgeräte aus Holz, um die Burgmauern niederzureißen. Eine Belagerungsmaschine konnte so groß wie ein kleines Haus sein und war oft mit feuchten Pferdehäuten bedeckt, um sie vor brennenden Pfeilen zu schützen. Einige Experten glauben, dass diese Maschinen hinter Homers Idee für seine Geschichte vom trojanischen Pferd steckten.

und reich genug warst, um Eigentum zu besitzen. Wenn du ein Sklave, weiblich, ausländisch oder arm warst, konntest du dein Wahlrecht vergessen. Und das traf auf die meisten Menschen zu, die in Athen lebten. Aber der Grundgedanke von Wahlen, bei denen das Volk ein Mitspracherecht hatte, der Ursprung der Demokratie, kam genau hier zum ersten Mal auf.

Weil sie so viele Sklaven hatten, besaßen die Athener etwas, das noch viel wertvoller war als Olivenöl. Sie hatten unendlich viel Zeit. Und da andere Menschen die ganze harte Arbeit machten, konnten die Athener ihre Zeit nutzen, um zu lernen, zu denken, zu schreiben, zu erfinden und zu entdecken. Sie hatten sogar Zeit, in riesige Freilufttheater zu gehen, um sich Bühnenstücke anzuschauen und Geschichtenerzählern zuzuhören.

Ein trojanischer Soldat

Die sicher berühmtesten Geschichten aus dem antiken Griechenland stammen von einem Dichter namens Homer. In seinen beiden buchlangen Gedichten *Ilias* und *Odyssee* erzählt er vom legendären trojanischen Krieg, der etwa von 1260–1180 v. Chr. im heutigen Griechenland und der Türkei stattgefunden haben soll. Du kennst vielleicht eine der Geschichten.

Zum Beispiel bauten dir Griechen ein riesiges Holzpferd und stellten es vor den Toren Trojas ab. Natürlich waren die Trojaner sehr verwundert über dieses große Pferd und zogen es voller Neugier in die Stadt, um es sich genauer anzusehen. Mitten in der Nacht, als es dunkel war, krochen die griechischen Soldaten aus ihrem Versteck, öffneten die Tore von Troja und ließen ihr restliches Heer hinein, um die Stadt und ihre Einwohner zu vernichten.

Homers Gedichte und die Werke anderer antiker Schriftsteller erzählen auch von der griechischen Religion. Die Griechen glaubten an

Athena

eine als Pantheon bekannte Gesamtheit von Göttern. Es gab zwölf Hauptgötter, die Götter des Olymps oder die Olympier. Zeus war der oberste und mächtigste Gott von allen und Herrscher in ihrem Himmel, dem Olymp. Hera war die Götterkönigin sowie die Göttin der Frauen und der Familie. Poseidon war der Gott des Meeres und Demeter die Göttin der Natur, der Landwirtschaft und der Jahreszeiten. Athena war die Göttin der Weisheit, der Wissenschaft, der Strategie und des Kampfes. Griechische Mythen erzählen die Geschichten über diese Götter und ihre Interaktionen mit Menschen.

Die altgriechischen Denker folgten jedoch nicht immer nur den Erklärungen in diesen Mythen. Thales war ein griechischer Philosoph, der in einer Stadt namens Milet an der Westküste der heutigen Türkei lebte. Es wird gesagt, dass er 585 v. Chr. seine Nachbarn verblüffte, indem er richtig voraussagte, dass die Welt mitten am Tag in tiefe Dunkelheit versinken würde.

Die nächstliegende Erklärung damals war, dass die Götter wütend waren. Die nicht so naheliegende (und richtige) war, dass es eine Sonnenfinsternis geben wird. Dies geschieht, wenn der zwischen Erde und Sonne hin und her wandernde Mond den Einfall des Tageslichts für einige Minuten verhindert.

Thales wird manchmal als Vater der Wissenschaft bezeichnet. Er glaubte, dass die Natur die Dinge geschehen lässt, nicht Götter wie Zeus oder Hera. Und er lehrte, dass man besser verstehen kann, wie das Universum funktioniert, wenn man die Welt genau beobachtet, Hypothesen aufstellt und diese testet.

> **„WÄHREND DER SCHLACHT WURDE DER TAG PLÖTZLICH ZUR NACHT. DIESE UMWANDLUNG DES TAGES HAT AUCH THALES VON MILET DEN IONIERN VORAUSGESAGT, MIT VORHERBESTIMMUNG DIESES NÄMLICHEN JAHRES, IN WELCHEM DIE VERÄNDERUNG WIRKLICH ERFOLGTE.“**
>
> Herodot, *Historien*

In der Antike waren Naturwissenschaft und Philosophie eng miteinander verbunden. Beide haben einen Einfluss darauf, wie die Welt funktioniert. Ein anderer berühmter griechischer Philosoph war Sokrates. Wie Buddha, so war auch Sokrates davon überzeugt, dass sich die Seele eines Menschen mit der Zeit verbessern kann. Aber der Weg zu diesem Ziel führte für Sokrates nicht über Meditation, sondern über Problemlösung, Streitgespräche und Debatten.

Zeus

Die ersten Olympischen Spiele wurden bereits 776 v. Chr. ausgetragen. Die Spiele waren ein bedeutendes Sportereignis und bestanden aus einer Reihe von Wettkämpfen zwischen den griechischen Stadtstaaten. Die Athleten absolvierten Wettläufe, Weitspringen, Wettreiten und Wagenrennen zu Ehren ihrer Götter, der Olympier. Für die Zeit, in der die Austragung der Spiele sowie die An- und Abreise der Teilnehmer stattfand, waren alle Kriege unterbrochen. Es wurden Gedichte über die Sieger geschrieben und Statuen zu ihren Ehren angefertigt. Der ruhmvollste Preis war ein Kranz aus den Zweigen des kostbarsten Baumes von allen – des Olivenbaumes.

Nicht alle griechischen Stadtstaaten waren gleich. Während die Athener auf Demokratie und Philosophie bauten, setzte man in Sparta mehr auf militärische Macht. Dort wurden die Knaben gleich nach der Geburt auf ihre körperliche Tauglichkeit hin untersucht, ob sie stark genug waren, um Soldaten zu werden. Die Schwächsten wurden als nicht lebenstauglich

Poseidon

Spartanische Krieger trugen Helme wie diesen (oben), mit einem Kamm in der Mitte. Die kleine Bronzestatue (rechts) eines Mädchens, das an einem Lauf teilnehmen will, wurde etwa 500 v. Chr. in Sparta hergestellt.

eingeschätzt und auf einem entlegenen Hang in den nahen Bergen zum Sterben ausgesetzt.

Wenn du es als Junge geschafft hast, deine ersten sieben Lebensjahre zu vollenden, wurdest du in ein Militärübungslager geschickt, um zu lernen, wie man ein furchtloser Krieger wird. Dort bekamst du nur sehr wenig Essen, was dich zum Stehlen zusätzlicher Lebensmittel anhalten sollte. Bestraft wurdest du nur, wenn man dich beim Stehlen *erwischt* hatte, weil du zu ungeschickt warst, um unentdeckt davonzukommen.

Die Mädchen in Sparta hatten es bedeutend besser. Als Mädchen bekamst du immer genug zu essen, hattest viele Freiheiten und wurdest ermutigt, Sport zu treiben und auf Pferden zu reiten. Du wurdest zu Hause erzogen und darauf vorbereitet, eine gute Mutter für starke zukünftige Krieger zu sein. Und weil ihre Männer so sehr mit Kämpfen beschäftigt waren, hatten die Spartiatinnen auch mehr Macht als die Frauen in Athen und anderen Orten in Griechenland. Sie waren gleichberechtigte Bürger und konnten Eigentum besitzen.

Ziel der Spartaner war es, eine Elitegesellschaft starker, intelligenter Menschen heranzubilden, die jede andere Kultur der Welt übertrumpfen würde.

Erinnerst du dich an die Menschen der Natufien-Kultur? Ihre Nachkommen waren die ersten Bauern, die an der Ostküste des Mittelmeers lebten. Gut, überspringen wir ungefähr 5000 Jahre bis 1200 v. Chr. Die Region heißt jetzt Kanaan und ist die Heimat von Stadtbewohnern, Bauern, Hirten und Nomaden.

Es war ein wichtiger Ort zu einer wichtigen Zeit. Das liegt daran, dass sich dort mehrere Ereignisse gleichzeitig abspielten. Zum einen florierte dort eine bedeutende Handelszivilisation namens Phönizier. Sie hatten Stadtstaaten wie die Griechen, und mit ihrer mächtigen Handelsflotte konnten sie entlang der südlichen Mittelmeerküste bis hin zum mehr als 2400 Kilometer entfernten Atlantik zahlreiche Kolonien gründen.

Ein zweites Großereignis in Kanaan war die Entwicklung des ersten Alphabets. Anders als die Chinesen und Ägypter verwendeten die Kanaaniter zum Schreiben ihrer Sprache keine Symbolschrift, die Wörter oder Begriffe darstellt. Stattdessen entwickelten sie ein System, in dem relativ wenige Formen (Buchstaben) jeweils einen einzelnen Sprachlaut darstellten. Allerdings enthielten diese ersten Alphabete nur Konsonanten, sodass ein Leser die Vokale erraten musste.

Die Alphabetschrift verbreitete sich wie ein Lauffeuer, weil die Phönizier sie überall dort verwendeten, wo sie mit den Menschen im gesamten Mittelmeerraum ihren umfangreichen Handel betrieben. Auch die Griechen übernahmen sie und fügten Vokalsymbole hinzu.

Das phönizische Alphabet hatte nur 22 Zeichen. Das bedeutete, dass es die Leute leichter erlernen konnten als andere Alphabete, die aus Hunderten von Symbolen bestanden.

Die dritte große Sache, die sich in Kanaan abspielte, war, dass eine der dort ansässigen Zivilisationen begann, mit der neuen Alphabetschrift einige ihrer Glaubenssätze niederzuschreiben. Die Angehörigen dieser Zivilisation wurden Israeliten genannt.

Wir kennen das Volk Israel in dieser Zeit hauptsächlich aus seinen heiligen Schriften, die heute als hebräische Bibel oder das Alte Testament bezeichnet werden. Sie sind eine Kombination aus Lebensregeln und Geschichten, die von den legendären Gründern Israels erzählen.

Eine der dramatischsten Bibelgeschichten handelt von Ägypten, wo Israeliten in Sklaverei leben. Sie heißt „Exodus“ oder „Auszug aus Ägypten“ und erzählt, wie Gott Moses, dem Führer der Israeliten hilft, einen ägyptischen Pharao davon zu überzeugen, sein Volk freizulassen. Zu diesem Zweck schickt Gott dem Land Ägypten aufeinanderfolgende zehn schrecklichen Plagen: Der große Nil – die Quelle für Ägyptens Reichtum – verwandelt sich in Blut. Frösche fallen vom Himmel. Riesige

Die Merneptah-Stele, eine Steinplatte, die um 1230 v. Chr. errichtet wurde, ist für uns der älteste nichtbiblische Beleg dafür, dass es das Volk Israel wirklich und nicht nur in Legenden gab. Unter dem Bild der Schutzgötter von Theben, die ihm im Krieg halfen, prahlt der ägyptische Pharao Merneptah mit seinen Eroberungen in Libyen und Kanaan, unter anderem mit dieser Aussage: „Israel ist verwüstet, seine Saat ist nicht mehr“, womit er meint, dass sein Heer die Israeliten komplett vernichtet hat. Wie sich herausstellte, war das wohl eine ziemliche Übertreibung.

Heuschreckenschwärme fressen alle Ernten auf den Feldern. Tagsüber wird es dunkel. Alle erstgeborenen Söhne der Ägypter sterben in derselben Nacht. Und noch mehr von dieser Art.

Als der Pharao begriff, dass die Israeliten einen sehr mächtigen Gott auf ihrer Seite hatten, stimmte er der Freilassung zu, obwohl er in letzter Minute seine Armee hinterher schickte, um sie auf der Flucht zu verfolgen. Als sie am Roten Meer ankamen, teilte der Gott der Israeliten das Wasser in der Mitte, sodass die Israeliten auf dem trockenem Boden hinübergehen konnten. Das ägyptische Heer folgte ihnen. Da ließ Gott das Meer wieder zusammenfließen und ertränkte alle.

Die Geschichte vom Auszug aus Ägypten ist eine Legende. Und es gibt bisher keine archäologischen Nachweise, dass die Israeliten jemals irgendwo anders als in Kanaan gelebt haben. Dennoch macht eine Geschichte, in der es um die Flucht aus der Sklaverei geht, eine ganze Menge Sinn, wenn dein Volk zum Zeitpunkt des Schreibens versklavt ist, was diese Leute waren.

586 v. Chr. fiel das Heer des babylonischen Reichs in Kanaan ein und zerstörte Jerusalem, die Hauptstadt des Königreichs Juda, des jüdischen Südreichs. Viele aus dem Volk Juda, also viele Judäer, wurden versklavt und nach Babylon gebracht. Dort begann das Judentum Gestalt anzunehmen, als versklavte jüdische Gelehrte wahrscheinlich zum ersten Mal ihre Schriften an einem Ort sammelten und niederschrieben.

Aus diesem Prozess entstand eine bedeutende Religion, deren Glaube darauf beruht, dass es nur einen Gott gibt. Allmächtig und allwissend schuf Gott die Welt und ist aktiv am Leben seiner Schöpfung beteiligt. Diese Glaubensauffassung nennt man Monotheismus. Das Judentum war die erste Religion, von der wir wissen, dass sie diese Auffassung vertrat.

Heuschrecken – eine der Plagen in der Geschichte vom Auszug aus Ägypten – leben meist ruhig und allein. Aber sie können sich plötzlich zu einem Schwarm aus Hunderttausenden von Tieren zusammenschließen, ganze Ernten vernichten und todbringende Hungersnöte verursachen.

Die Judäer verbrachten etwa 40 Jahre in Babylon und in anderen Teilen des Reiches. Dann kam ein König, der wirklich das Wort „groß“ als Namenszusatz verdiente.

Kyros der Große gründete etwa 549 v. Chr. das erste persische Großreich im heutigen Iran. Er baute das Reich immer weiter aus, bis es eines der größten war, die die Welt je gesehen hatte. Doch vor allem wird berichtet, dass Kyros allen Völkern des Reiches mit Respekt und Toleranz begegnete, zumindest nachdem er sie besiegt hatte. Er hat die Völker nicht versklavt oder gezwungen, ihren Glauben zu ändern. Das war für die damalige Zeit, in der Kriegszüge mit Massakern und Unterdrückung verbunden waren, eine extrem revolutionäre Strategie, die jedoch den Menschen unter seiner Herrschaft zu einem besseren Leben verhalf.

Nachdem Kyros 539 v. Chr. die Stadt Babylon erobert hatte, befreite er die Juden und gestattete ihnen, nach Jerusalem zurückzukehren. Doch nicht nur das, er ließ auch einen neuen Tempel errichten als Ersatz für den zuvor vorhandenen Bau, den die Babyloniern zerstört hatten, als sie in Jerusalem einfielen.

Dareios I. regierte das Persische Reich von 522 bis 486 v. Chr., als das Reich am größten war und sich von Osteuropa bis ins Industal erstreckte. Er baute eine prächtige neue Hauptstadt namens Persepolis.

Zu Beginn seiner Herrschaft kam Persien größtenteils mit Athen gut aus. Aber als das Heer von Dareios immer mehr Teile von Griechenland übernahm, wurde Athen nervös und begann, die Revolten gegen Persien zu unterstützen. Dareios reagierte mit einem Angriff, der zu einem über zehnjährigen Krieg zwischen Griechenland und Persien führte.

Überall in der persischen Palaststadt Persepolis wurden riesige Säulen errichtet, um den Menschen zu zeigen, wie gewaltig die Macht des Persischen Reiches war. Sie ragen noch heute aus den Ruinen der von Mauern umgebenen Stadt im heutigen Iran.

Athen konnte seinen ersten großen Sieg in der Schlacht bei Marathon 490 v. Chr. erringen und setzte schließlich durch die gewonnene Seeschlacht von Salamis zehn Jahre später dem persischen Streben nach weiteren Übernahmen in Griechenland ein Ende.

> ICH BIN KYROS, DER KÖNIG DES WELTREICHS, DER GROSSE UND MÄCHTIGE KÖNIG.
>
> Kyros der Große

Obwohl das Perserreich für Griechenland keine Bedrohung mehr darstellte, herrschte es in den nächsten etwa 100 Jahren noch weiterhin über einen Großteil des Nahen Ostens und des Mittelmeerraums. Aber dann kam Alexander, der König von Mazedonien.

Prinz Alexander war ein guter Schüler und äußerst geschickt im Umgang mit Pferden. Zumindest war er das bei seinem eigenen Pferd Bukephalos. Sein Vater, Philipp II., war König des nordgriechischen Stadtstaates Mazedonien und gründete ein Reich, indem er andere Staaten besiegte. So konnte er sich natürlich die beste Ausbildung für seinen Sohn leisten. Als Alexander 13 Jahre alt war, beauftragte sein Vater einen großen Philosophen, eine kleine Schule für Alexander und seine Freunde zu leiten.

Dieser Lehrer hieß Aristoteles, und er ist inzwischen der wohl berühmteste griechische Philosoph aller Zeiten. Er philosophierte und schrieb über alles, von der Naturwissenschaft bis zur Astrologie und von der Politik und Redekunst in der Öffentlichkeit bis hin zur Poetik, Musik, Vernunft und Logik.

Kyros der Große

Dabei gelangte Aristoteles zu einer zentralen, tief greifenden Schlussfolgerung: Hinter der gesamten Wirklichkeit steht eine Reihe allgemeingültiger Naturgesetze, mit denen sich alles erklären lässt, vom Leben auf der Erde bis zum Wesen des Universums, von der Politik der Menschen bis zum Wetter. Und diese Grundregeln der Natur zu kennen, hieß die Wirklichkeit und den Sinn des Lebens zu verstehen. Der beste Weg, dies zu erreichen, bestand für Aristoteles darin, seine Sinne zu benutzen, um die Welt um sich herum sorgfältig zu beobachten. Wahrscheinlich hat er Alexander und dessen Mitschülern zumindest einen Teil seiner Erkenntnisse nähergebracht.

Alexanders Vater plante gerade den nächsten Feldzug, um in das Persische Reich einzudringen und Mazedonien noch mehr zu erweitern, als er 336 v. Chr. ermordet wurde. So gelangte Alexander mit nur 20 Jahren auf den Thron und sein wichtigstes Ziel als König war es, die Welteroberung seines Vaters zu Ende zu führen.

Unfassbar, aber es stellte sich heraus, dass er wirklich sehr, sehr gut darin war. In den nächsten rund zwölf Jahren führte er ein Heer von 40 000 griechischen Soldaten quer durch Persien, Ägypten, ja sogar bis nach Indien, und besiegte jede Armee, die sich ihnen in den Weg stellte. Alexander, der heute als „der Große“ bekannt ist, gelang es, das Mazedonische Reich bis fast zur Größe des Perserreiches auszudehnen. Und wohin er auch ging, er brachte Griechen mit. Tausende von ihnen zogen in die Nachbarländer und nahmen das griechische Gedankengut über Theater, Philosophie, Politik und Wissenschaft mit.

Aristoteles (rechts) unterrichtete den späteren König Alexander den Großen (links), als dieser noch ein Junge war, in der mazedonischen Stadt Mieza. Vielleicht waren es die Lehren von Aristoteles, die Alexander dazu anregten, sein Reich über weite Teile Europas und des Nahen Ostens bis nach Asien hin auszudehnen.

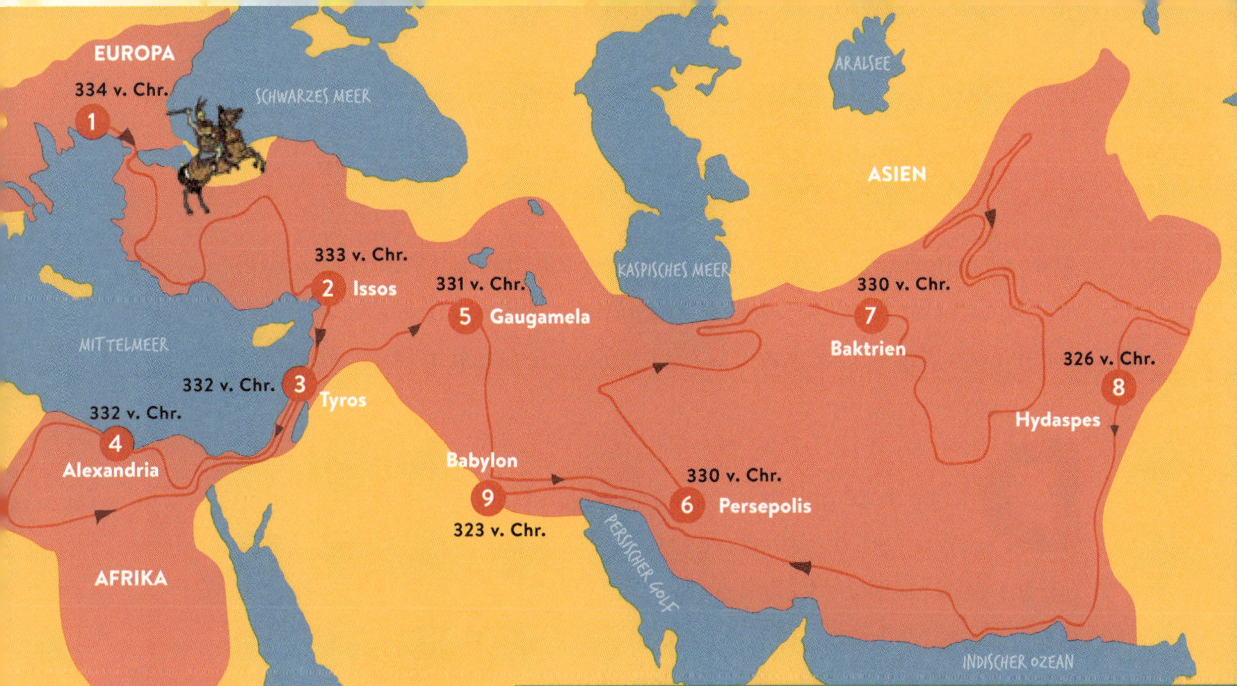

Die Eroberungen von Alexander dem Großen

- Das Reich Alexanders des Großen
- Der Feldzug Alexanders des Großen

1. Alexander machte sich mit 48 000 Soldaten auf den Weg
2. Sieg in der Schlacht bei Issos
3. Tyros nach siebenmonatiger Belagerung eingenommen
4. Alexandria gegründet
5. Sieg in der Schlacht bei Gaugamela gegen Dareios III.
6. Alexander erstürmt den persischen Palast „Tor aller Länder“ bei Persepolis
7. Der persische Kaiser Dareios III. wird getötet, bevor Alexander ihn erreicht
8. Nach der Schlacht am Hydaspes erobert Alexander einen Teil Indiens
9. Tod Alexanders in Babylon

Griechische Ideen und Vorstellungen vermischten sich mit ägyptischen, persischen, babylonischen und indischen Ideen. Dies führte dazu, dass das ganze Reich von einer Welle der Kreativität durchströmt wurde. Euklid, der im ägyptischen Alexandria wirkte, baute ein neues Teilgebiet der Mathematik, Geometrie genannt, auf. Archimedes, der in Sizilien lebte, erfand eine Wasserpumpe und ein Flaschenzugsystem. Und es gab Eratosthenes, den griechischen Gelehrten aus Ägypten. Er berechnete als Erster den Erdumfang mit nichts anderem als einem Stab, einem Brunnen und einem Schatten.

Alexander starb im Alter von 32 Jahren in Babylon. Einige glauben, er sei an einer Krankheit gestorben, andere dagegen, er sei vergiftet worden.

Aber es dauerte nicht lange nach seinem Tod, bis sein Weltreich durch die Machtkämpfe seiner Nachfolger um die Reichsaufteilung allmählich zerfiel. Um 320 v. Chr. war das Mazedonische Reich in Stücke gerissen.

Das nächste große Imperium kam und ging wie ein gewaltiger Hurrikan, der allerdings rund 1000 Jahre andauerte. Die Römer, die aus dem heutigen Italien stammten, hatten viel mit den alten Griechen gemeinsam. Sie hatten fast dieselben Götter, nur mit anderen Namen. Zeus war Jupiter, Hera war Juno, Poseidon war Neptun, Demeter war Ceres und Athena war Minerva. Sie übernahmen sogar das griechische Alphabet und passten es an ihre Sprache, Latein, an. Dann verbreiteten sie es in ganz Europa, wo es letztlich zum Schreiben fast aller europäischen Sprachen verwendet wurde.

Überhaupt war es eine Spezialität der Römer, die Erfindungen und Ideen aus anderen Kulturen zu übernehmen. So eroberten sie auch Karthago, eine mächtige Großstadt in Nordafrika. Karthago war eine Kolonie der Phönizier, dieser damals größten Seemacht mit Sitz in Kanaan, die auf See als fast unschlagbar galt, weil sie so fortschrittliche Schiffe hatten. Also enterten die Römer einfach ein phönizisches Schiff, studierten es gründlich und bauten nach dieser Machart innerhalb von zwei Monaten eine ganze Flotte auf.

Für die Römer war Alexander der Große das Musterbeispiel eines Helden und ihr Vorbild, und um 200 v. Chr. war der römische Kriegsapparat voll im Gange, die Herrschaft auf den gesamten Mittelmeerraum auszudehnen. Nach jeder Eroberung brachten die Truppen ungeheure Schätze als Beute und Kriegsgefangene mit, die sie dann zu Sklaven machten. Um 120 n. Chr. war das Römische Reich riesig. Es umfasste einen großen Teil Europas, den Fruchtbaren Halbmond, Nordafrika und die Türkei.

Sich durch Eroberungen ein riesiges Reich zu schaffen ist eine Sache, aber es auch unter Kontrolle zu halten, ist eine andere. Die Römer schafften es dennoch über Hunderte von Jahren. Eines der vielen Geheimnisse ihres Erfolgs war ihre unglaubliche Brutalität.

Im Jahr 73 v. Chr. machten Sklaven wahrscheinlich fast die Hälfte der Bewohner Roms, ihrer Hauptstadt, aus. Und genau in diesem Jahr versammelte Spartacus, ein entflohener Gladiator, Tausende von Sklaven um sich und führte sie in einem Aufstand an. Sie kämpften hart, aber sie waren der römischen Armee nicht gewachsen. Als sie schließlich gefangen genommen wurden, beschlossen die Römer, an ihnen ein Exempel zu statuieren. Mehr als 6000 Rebellen wurden an Holzkreuze genagelt und dem Tod überlassen. Diese Hinrichtungsart nennt man Kreuzigung.

Die verwesten Leichen der Rebellen ließ man jahrelang als grausige Mahnung an ihren Kreuzen

Die römischen Soldaten schützten sich im Kampf vor starkem Beschuss, indem sie ihre Schilde hoch über den Kopf hielten und so eine spezielle Formation bildeten, wie die hier gezeigte „Schildkröte", auch Testudo-Formation genannt.

> ES GAB VIEL BLUTVERGIESSEN IM AMPHITHEATER. ABER SINN DER SCHAU WAR, DASS GLADIATOREN GEGENEINANDER KÄMPFEN, NICHT, DASS SIE SICH GEGENSEITIG UMBRINGEN.
>
> Wolfgang Neubauer, Archäologe

Bei den meisten Gladiatorenkämpfen traten zwei Gladiatoren gegeneinander an, aber manchmal mussten sie auch bei sogenannten Tierhetzen (lateinisch *venationes*) mit hungrigen wilden Tieren kämpfen.

hängen, um allen zu zeigen, was denen passiert, die sich mit der römischen Staatsmacht anlegen.

Eine weitere Strategie, Menschen vom Rebellieren abzuhalten, besteht darin, sie immer mit Arbeit auszulasten. Noch heute erinnern die Ruinen gewaltiger Bauwerke wie das Kolosseum und der Circus Maximus in Rom an die römischen Sklaven, die sich beim Bau abschuften mussten.

Mammutbauwerke wie diese sollten die Macht des Kaisers stärken und ihn wie einen Gott erscheinen lassen. Die Eröffnung des riesigen Kolosseums im Jahr 80 n. Chr. feierte der neue Kaiser Titus, indem der dem Volk 100 Tage lang in der neuen Arena ein aufsehenerregendes Unterhaltungsprogramm in Form von Scheinschlachten, Gladiatorenkämpfen, Tierjagden und Hinrichtungen bot.

Der Kaiser war bei den Spielen zugegen, sodass sein Volk ihn in all seiner Pracht bewundern konnte. Er sah es nur allzu gerne, dass sich auch seine gewalttätigsten, blutrünstigsten Untertanen sicher an einem Ort unter den wachsamen Augen seiner kaiserlichen Garde versammelt hatten.

Römische Sklaven bauten auch das erste Straßennetz Europas, das sich bis etwa 100 n. Chr. über 7,5 Millionen Quadratkilometer des Reiches erstreckte. Die meisten Straßen verliefen in geraden Linien. Alles, was im Weg stand, ob Wälder oder Bauernhöfe, wurde dem Erdboden gleichgemacht.

Es ist nicht verwunderlich, dass die Menschen mitten in all diesem Chaos begannen, über bessere Lebensweisen nachzudenken. In Jerusalem gingen diese neuen Ideen wie ein Lauffeuer um. Dort hat einer die Aufmerksamkeit der Leute wirklich auf sich gezogen. Sein Name war Jesus.

Wie der Buddha etwa 500 Jahre vor ihm, hatte auch Jesus eine sehr einfache Botschaft. Sei friedlich. Liebe deinen Nächsten wie dich selbst. Schlage nicht zurück, wenn dich jemand schlägt. Bete keine falschen Götter an, wie etwa Geld. Und wenn du die Regeln befolgst, wird Gott dich belohnen. Es kann zwar sein, dass es weder heute noch zu deinen Lebzeiten passiert. Aber am Jüngsten Tag, am Ende der Zeit, wird jeder, der gut und rechtschaffen war, im Himmel belohnt werden. Nur diejenigen, die es nicht waren, werden im Höllenfeuer landen.

Einige Juden betrachteten Jesus als den Sohn Gottes. Sie glaubten, er sei der letzte Messias und würde das Ende der Tage bringen, wie von den biblischen Propheten vorhergesagt. Aber andere praktizierten weiterhin

Im Kolosseum konnten mehr als 50 000 Zuschauer Platz finden, um sich bei einer der zahlreichen Veranstaltungen gut zu unterhalten. Es hat mehr als 2000 Jahre überdauert, obwohl Erdbeben und natürliche Verwitterung Teile des Gebäudes zum Einsturz gebracht haben. Dieses Bild zeigt es so, wie es im Rom unserer Zeit, der heutigen Hauptstadt Italiens, steht.

> EIN NEUES GEBOT GEBE ICH EUCH: LIEBT EINANDER! WIE ICH EUCH GELIEBT HABE, SO SOLLT AUCH IHR EINANDER LIEBEN.
>
> Jesus Christus

das traditionelle Judentum des Tempels oder gehörten anderen Sekten an.

Die Menschen in Jerusalem waren zutiefst unzufrieden mit der römischen Herrschaft. Es gab also viele Aufstände. Natürlich gingen die Römer gegen jeden möglichen Rebellen hart vor. Im Alter von etwa 30 Jahren wurde Jesus verhaftet und beschuldigt, sich als König ausgegeben zu haben, was den Tatbestand einer Beleidigung der römischen Autorität erfüllte. Die Römer ließen ihn um etwa 30 n. Chr. durch Kreuzigung hinrichten.

Die meisten unserer Informationen über Jesus stammen aus Schriften, die nach seinem Tod verfasst wurden. Nach diesen, dem sogenannten Neuen Testament, wurde seine Mutter Maria genannt. Aber sein Vater war nicht Marias Ehemann Joseph. Sein Vater war Gott selbst. Das Neue Testament berichtet auch über viele Wunder, die Jesus zu seinen Lebzeiten vollbracht haben soll. Es steht geschrieben, dass er auf dem Wasser ging, kranke und verletzte Menschen heilte und fünf Brote und zwei Fische in genug Nahrung verwandelte, um 5000 hungrige Gäste zu sättigen.

Aber das größte Wunder von allen geschah nach seinem Tod. Es heißt, dass seine Leiche in einer Höhle begraben wurde und drei Tage später verschwunden war. Dann erschien Jesus seinen Jüngern in leiblicher Gestalt und sie glaubten, dass er wieder zum Leben erweckt und von den Toten auferstanden war. Sie schrieben über dieses wundersame Ereignis, das sie die Auferstehung Jesu nannten. Und sie machten sich auf den Weg, ihre frohe Botschaft zu verbreiten, dass der Sohn Gottes auf

Dieses berühmte Gemälde von Leonardo da Vinci mit dem Titel *Das Abendmahl* zeigt Jesus (Mitte) mit seinen Jüngern, den sogenannten Aposteln, beim letzten gemeinsamen Mahl, bevor er verhaftet und hingerichtet wurde. Jeder der Apostel reagiert auf seine eigene Weise, nachdem Jesus ihnen unmittelbar zuvor vorausgesagt hat: „Einer von euch wird mich verraten."

die Erde herabkommt und an einem Kreuz stirbt, damit jeder, der an ihn glaubt, ein ewiges Leben haben kann.

Ungefähr 40 Jahre nach dem Tod Jesu lehnten sich die Juden von Jerusalem gegen die römische Herrschaft auf. Die Römer zerschlugen den Aufstand und brannten den Tempel nieder. Bis dahin war fast die gesamte Ausübung des Judentums in Jerusalem vom Tempel abhängig und so wurde gleichzeitig mit diesem auch der Ort für die Anbetung Gottes zerstört.

Doch als der Tempel in Trümmern lag, erfolgte eine Umorientierung und es entstanden zwei neue Religionen. Eine davon war das rabbinische Judentum, wie es die meisten Juden noch heute praktizieren, indem sie in den Synagogen ihrer jeweiligen Gemeinde beten und dort den Weisungen der religiösen Lehrer, Rabbiner genannt, folgen. Die andere war das von Jesus gegründete Christentum, das heute die beliebteste Religion der Welt ist.

Die Geschichte Jesu begeisterte Millionen im ganzen römischen Reich und darüber hinaus. Besonders die Sklaven und Armen, die unter der Grausamkeit der römischen Herrscher so bitter leiden mussten, fühlten sich vom Christentum angezogen. Die römische Regierung tat ihr

Bestes, um diese aufstrebende Religion auszumerzen. Sehr bekannt wurde Kaiser Diokletian, der durch sein Verfolgungsedikt im Jahr 303 n. Chr. allen Christen befahl, ihren Glauben aufzugeben und nur noch die traditionellen römischen Götter anzubeten. Jeder, der sich weigerte, sollte hingerichtet werden.

Und das wurden sie auch. Unter seiner Regentschaft mussten bis zu 20 000 Christen für ihren Glauben sterben. Erst als 306 n. Chr. Konstantin, einer seiner Nachfolger, an die Macht kam und allen Menschen Religionsfreiheit gewährte, fand die Verfolgung der Christen ein Ende. 380 n. Chr. machte Kaiser Theodosius I. das Christentum zur offiziellen Religion des gesamten Römischen Reiches. Nun war es plötzlich

Die Stadt Konstantinopel (heute Istanbul) war berühmt für ihre uneinnehmbaren Schutzmauern. Aber letztlich gelang es 1453 den osmanischen Angreifern doch, sie zu durchbrechen.

gegen das Gesetz, die alten römischen Götter anzubeten! Die ganze Welt war in weniger als 100 Jahren auf den Kopf gestellt worden, und das war erst der Anfang.

Inzwischen war das Römische Reich bereits am Zersplitten. Im Jahr 285 n. Chr. hatte Kaiser Diokletian sein riesiges Gebiet in zwei Teile aufgespaltet. Die östliche Hälfte wurde von Konstantinopel aus regiert, dem heutigen Istanbul in der Türkei, die westliche Hälfte von Rom aus. Dann, in den letzten Jahren des 3. Jahrhunderts, begann durch die zahlreichen Einfälle von Roms Feinden aus dem Norden der westliche Teil des Reiches nach und nach zu zerfallen. Die mächtigsten dieser Eindringlinge waren die Hunnen, angeführt von einem berühmten Krieger namens Attila. Im Jahr 452 n. Chr. näherten sich seine Truppen Rom, konnten es aber nicht einnehmen. Attila musste abbrechen, da es aufgrund der knappen Ernte in Italien keine Nahrungsmittel für seine Soldaten gab.

Aber der Zusammenbruch Roms war nur eine Frage der Zeit. Im Jahr 476 n. Chr. besiegte eine Armee aus meuternden Söldnern unter der Führung eines Offiziers namens Odoaker den letzten weströmischen Kaiser Romulus Augustulus. Odoaker übernahm die Herrschaft über ein brandneues Königreich, das er Italien nannte, und das weströmische Reich gab es nicht mehr. Obwohl das Westreich in Trümmern lag, konnte das Oströmische Reich, jetzt Byzantinisches Reich genannt, noch etwa 1000 Jahre überdauern. Aber schließlich wurde es, wie wir noch sehen werden, ebenfalls von Mächten weggefegt, die sich seiner Herrschaft entzogen.

Odoaker war ein germanischer Krieger und Anführer eines Aufstands. Sein Angriff führte zur Niederlage von Romulus Augustulus im Jahr 476 n. Chr., dem Jahr, das die meisten Historiker nennen, wenn sie den endgültigen Untergang des Weströmischen Reiches festlegen.

Kapitel 9

UNTERDESSEN IN AMERIKA

1500 v. Chr.–1530 n. Chr.

Noch mehr Reiche kommen und gehen

Zeitleiste

8000 v. Chr.
Die Bewohner in Nord-, Mittel- und Südamerika beginnen Ackerbau zu treiben.

2000 v. Chr.
Mesoamerikaner trinken Schokolade.

1200 v. Chr.
Die Olmeken erfinden Gummi.

500 v. Chr.–500 n. Chr.
Die Menschen der Nazca-Kultur zeichnen riesige Figuren auf den Wüstenboden.

250 n. Chr.
Die Maya errichten eine umfassende Reihe von Stadtstaaten.

1350 n. Chr.
Die Stadt Cahokia wird aufgegeben.

1428 n. Chr.
Die Azteken gründen ein Reich.

1530 n. Chr.
Das Reich der Inka befindet sich auf dem Höhepunkt seiner Macht.

Etwa zur gleichen Zeit, als die Chinesen mit dem Reis- und Hirseanbau begannen, holten die ersten Farmer in Nord- und Südamerika ihre eigenen Ernten ein. Genau wie den Bauern im Mittleren Osten und in Asien konnten sie Wildpflanzen finden, die sie selbst züchten und als Nahrungspflanzen anbauen konnten.

Aber wie wir bereits bei der Norte-Chico-Kultur gesehen haben, hatten die amerikanischen Ureinwohner weder Weizen noch Gerste oder Reis. Die ersten Feldfrüchte, die sie anpflanzten, waren Kartoffeln, Bohnen, Kürbis, Erdnüsse und Mais.

Vermutlich wurde der erste Kulturmais im Süden Mexikos aus einem Gras namens Teosinte gezüchtet. Der Kolben des Teosinten-Grases hat nur fünf bis zehn Samen, die jeweils von einer harten Schale umgeben sind. Für das Teosinten-Wildgras war das natürlich ein großer Vorteil, da seine Samen der Säure im Magen von Tieren widerstehen und über große Entfernungen verbreitet werden konnten. Aber für Leute, die frühstücken wollten, war das nicht so toll.

Also nahmen die Bauern für ihre Züchtung Pflanzen, die besonders viele Samen sowie die weichsten Samenschalen hatten. Schließlich gelang es ihnen, aus Teosinte die sehr nährstoffreiche Kulturpflanze zu züchten, die wir heute als Mais kennen.

Die neu kultivierten Maissamen breiteten sich rasch nach Norden und Süden aus. Mais wurde von den Bergbauern in den Anden Südamerikas und später auch von den Irokesen und bis hinauf ins heutige Hinterland von New York in den USA angebaut.

Teosinten-Gras

Mais

Das Wildgras Teosinte ist der Vorfahre des Maises.

Im 16. Jahrhundert v. Chr. studierte der spanische Franziskanermönch Bernardino de Sahagún die Völker Mesoamerikas. Dies sind einige seiner Illustrationen zum Maisanbau.

Heute ist Mais, aus dem sogar Biodiesel gewonnen wird, ein beliebtes Nahrungsmittel für Mensch und Tier. Er gehört zu den wichtigsten Getreidepflanzen der Welt und wird, mit Ausnahme der Antarktis, auf allen Kontinenten angebaut.

Über Jahrtausende hinweg züchteten Landwirte in ganz Amerika aus bestens kultivierten Samen immer mehr Nahrungspflanzen und die Liste der angebauten Arten ist erstaunlich lang: Chili, Sonnenblumen, Kürbisse, Paprika, Avocados, Auberginen, Süßkartoffeln, Tomaten, Quinoa, Preiselbeeren, Erdbeeren, Ananas, Walnüsse, Erdnüsse, Pekannüsse, Cashewnüsse und Vanille. Oh, und Kakao, den Hauptbestandteil von Schokolade.

Schokolade wird aus den Kakaobohnen des Kakaobaums hergestellt. Diese enthalten einen Stoff namens Theobromin, der dich wachhält. Das Wort Theobromin bedeutet „Speise der Götter“ und verdankt diesen Namen dem mesoamerikanischen Volk, einer in Südmexiko und Teilen Mittelamerikas lebenden Kulturgruppe, bei dem die Kakaopflanze als heilig galt. Erinnerst du dich an die 4000 Jahre alten Nudeln, die Archäologen in China entdeckt haben? Nun, so ähnlich verhielt es sich mit der Schokolade. Archäologen fanden in Chiapas, Mexiko, die Scherben eines 4000 Jahre alten Tongefäßes mit Rückständen eines Schokoladengetränks.

Kakaoschoten werden zweimal jährlich geerntet. Der erste Verarbeitungsschritt besteht darin, die Bohnen und das Fruchtfleisch im Inneren aus der Schote zu entfernen und zu fermentieren. Dadurch entwickelt sich der typische Geschmack. Danach werden die Bohnen getrocknet und geröstet und anschließend die kleinen Schalen entfernt, sodass die sogenannten Kakaonibs übrig bleiben. Durch Mahlen dieser Nibs erhält man Kakaomasse und Kakaobutter. Heute fügt man für die Herstellung von Schokolade noch weitere Zutaten wie Zucker und Milch (bei Milchschokolade) hinzu.

Hast du schon einmal Backschokolade probiert? Dann weißt du ja, dass Schokolade an sich sehr bitter ist. Genau so mochten sie die Mesoamerikaner. Jahrtausendelang tranken sie ihre Schokolade ungesüßt und konnten gar nicht glauben, dass die Europäer auf die Idee kamen, Zucker und Fett hinzuzufügen, um sie zu Tafeln zu verarbeiten.

Wir haben bereits von der Norte-Chico-Kultur gehört, der ältesten uns bekannten Zivilisation auf dem amerikanischen Doppelkontinent. Die zweitälteste wurde von den Olmeken im südlichen Zentralmexiko gegründet. Ihr Name bedeutet „Gummimenschen" und diesen verdanken sie der Tatsache, dass sie wussten, wie man aus dem Saft des Gummibaums (Latex genannt) und dem Saft einer Windenpflanze Gummi herstellen kann.

Wenn man diese Flüssigkeiten zu gleichen Teilen mischt, entsteht eine sehr elastische Masse, die man schnell formt, bevor sie trocknet, um einen tollen Flummi zu erhalten. Oder man verstreicht die Masse auf Stoff, dann wird ein Poncho wasserdicht. Man kann auch 75 Prozent Latex und 25 Prozent Windensaft mischen und erhält nach dem Trocknen ein sehr langlebiges, festes Material, ähnlich wie Kunststoff, das sich gleich nach dem Mischen zu wasserfesten Behältern formen lässt.

Die Kultur der Olmeken bestand von etwa 1200 bis 400 v. Chr. Es gab die Olmeken also schon zur der Zeit von König Tutenchamun sowie der Shang- und der Zhou-Dynastie, die in China herrschten. Sie stellten Gummi her, während die Phönizier im Mittelmeer herumsegelten und die Israeliten gerade damit begannen, einige ihrer Glaubensgrundsätze aufzuschreiben. Und sie beteten ihre Götter an, als in Griechenland die Olympischen Spiele stattfanden und Kyros der Große mit dem Aufbau des Persischen Reiches beschäftigt war.

Aber die Olmeken sind nicht nur für ihren Kautschuk berühmt. Genau wie die Ägypter und Sumerer konnten sie gut mit Zahlen umgehen und waren begabte Mathematiker. Sie waren wahrscheinlich die ersten Menschen auf dem amerikanischen Doppelkontinent und vielleicht die ersten auf der ganzen Welt, die ein Symbol für die Null als Platzhalter verwendeten, um den Wert einer Zahl anzugeben.

Um Kautschuk zu gewinnen, wird mit einem Werkzeug die Rinde des Kautschukbaums angeritzt. Der dann austretende Pflanzensaft wird in einem Behälter aufgefangen, der oftmals direkt am Baum befestigt ist.

Dieser olmekische Kolossalkopf wurde in der Nähe des Titicacasees an der Grenze zwischen Peru und Bolivien entdeckt. Stell dir nur vor, wie verblüfft du gewesen wärst, wenn du den Kopf eines Tages beim Wandern gefunden hättest.

Berühmt wurden die Olmeken auch für ihre meisterhaft aus Stein gemeißelten Riesenporträts, die wir heute als Kolossalköpfe bezeichnen. Unter diesen waren einige größer als ein Basketballspieler und wogen mehr als 20 Tonnen. Aber von ihren Gesichtszügen her unterschieden sie sich wie reale Menschen, sodass Archäologen vermuten, es könnte sich um Porträts von damals lebenden Herrschern handeln.

Niemand weiß, warum die Olmeken diese Köpfe anfertigten. Wollten sich ihre Herrscher wie einst die Pharaonen selbst ein Denkmal setzen? Oder sollten die Riesengesichter die Aufmerksamkeit der Götter erregen?

Die Olmeken gelten auch als die Erfinder eines Ballspiels namens Ulama, das damals im gesamten Mittelamerika, vom unteren Südwesten der Vereinigten Staaten bis hinauf in den Nordwesten Mexikos weit verbreitet und offensichtlich von großer Bedeutung war, da man bei Ausgrabungen bereits Dutzende von Ballspielplätzen fand. Wie einst die Olympischen Spiele in Griechenland war auch Ulama eine Kombination aus einer leichtathletischen Sportart und religiöser Zeremonie.

Es könnte auch sein, dass wichtige Streitfragen und Unstimmigkeiten zwischen rivalisierenden Königreichen durch ein Ballspiel entschieden wurden. So lag die Entscheidung bei den Göttern, wer gewinnen und wer verlieren würde. Die Sieger konnten sich glücklich schätzen, die Verlierer nicht so sehr. Man sagt, die Unterlegenen konnten zu Ehren der Götter geopfert und unter dem Spielfeld begraben werden.

Ulama, das heute noch in einigen Teilen Mexikos gespielt wird, ist eine Mischung aus Fußball und Basketball. An jedem Ende des Spielfeldes hängt auf einiger Höhe ein steinerner Ring, der wohl als Tor dient. Jede Mannschaft versucht, den Ball durch den Ring der Gegenseite zu schießen und den eigenen Ring zu verteidigen. Der Ball darf dabei weder mit den Händen noch den Füßen berührt, sondern nur mit den Hüften, Oberschenkeln, Unterarmen und dem Kopf gespielt werden.

Nach seinem Fundort in Mexiko datieren Archäologen den Cascajal-Stein auf etwa 900 v. Chr. Es wird viel darüber diskutiert, was die Symbole bedeuten könnten, und ob es sich hier wirklich um eine Schrift handelt.

Die Olmeken hatten vielleicht sogar ihr eigenes Schriftsystem. Ende der 1990er-Jahre fand man bei Straßenbauarbeiten im Südosten Mexikos einen Steinblock mit 62 eingravierten Symbolen, die wie Tiere, Pflanzen, Insekten und Fische aussehen.

Manche Archäologen halten die Olmeken für eine sogenannte Mutterkultur. Das bedeutet, dass sie ihre Kultur und ihren Glauben an spätere Zivilisationen einschließlich der Maya und Azteken weitergaben.

Die Maya siedelten sich um 600 v. Chr. auf der Halbinsel Yucatán im heutigen Südosten Mexikos an und ihre Zivilisation erstreckte sich über das jetzige Belize, Guatemala, Teile von Honduras und El Salvador. Von ihrer Größe und Komplexität her sind die von den Maya bewohnten Städte leicht mit den antiken Metropolen in anderen Teilen der Welt vergleichbar.

„ES GAB NOCH KEINEN EINZIGEN MENSCHEN, KEIN EINZIGES TIER, KEINE VÖGEL, FISCHE, KREBSE, BÄUME, STEINE, GRUBEN, SCHLUCHTEN, KEIN GRAS NOCH GEBÜSCH. NUR DER HIMMEL ALLEIN WAR DA.“

Popul Vuh

Sie bauten riesige Pyramiden und Tempel, an deren Wände sich Malereien mit Szenen aus der Mythologie und Inschriften in der Maya-Sprache befinden. In der Maya-Schrift stellen manche Symbole ganze Worte dar, andere dagegen nur einzelne Laute von Silben. Ihre Schrift wurde entschlüsselt, sodass wir sie heute lesen können.

Die Maya erfanden auch einen sehr genauen Kalender, der den Zeitraum von 3114 v. Chr. bis 2012 n. Chr. umfasst, dem letzten Zyklus nach der langen Zählung.

Der Kalender der Maya ist eine Kombination verschiedener Methoden der Zeitmessung. Der sogenannte Haab-Zyklus umfasst ein Jahr mit 18 Monaten zu je 20 Tagen plus einen Monat mit nur 5 Tagen. (18 Monate x 20 Tage) + (1 Monat x 5 Tage) = 365 Tage oder ein Jahr.

Wie jedes Volk hatten auch die Maya ihre eigenen Mythen und auch ihre eigene Schöpfungsgeschichte. All das ist im Popul Vuh beschrieben, aus dem auch hervorgeht, wie stark sich die Vorstellungen der Maya über die Erschaffung der Welt auf Nutzpflanzen und den Ackerbau stützt. Der Inhalt des Popul Vuh, dessen Name „Buch des Rates" bedeutet, wurde über viele Generationen hinweg mündlich überliefert.

Nach der Geschichte im Popul Vuh vermissten drei Götter in Gestalt von gefiederten Wasserschlangen jemanden, der ihnen Gesellschaft leistet. Also erschufen sie Menschen. Zuerst versuchten Sie es mit Schlamm, aber das funktionierte nicht. Als Nächstes verwendeten sie Holz, aber auch das funktionierte nicht. Schließlich modellierten sie „richtige Menschen" aus Mais, den Körper aus weißem und gelbem Mais und die Arme und Beine aus Maismehl. Anhand dieser Geschichte wird deutlich klar, wie sehr das Leben der Maya von Nutzpflanzen wie dem Mais abhing.

Um etwa 900 n. Chr. wurden plötzlich zahlreiche der großen Maya-Städte verlassen, vielleicht infolge der großen Dürren, die aufgrund des Klimawandels auftraten. Die Maya selbst verschwanden jedoch nicht. Sie lebten nicht länger in den großen Zentren und Metropolen, sondern in Dörfern und kleineren Städten. Dort betrieben sie weiterhin Ackerbau und es gibt sie auch heute noch.

Natürlich war den Mesoamerikanern immer bewusst, dass sie in der unmittelbaren Nähe zu den Ruinen ihrer Vergangenheit lebten. Aber entweder erzählten sie Außenstehenden nichts davon, oder man hörte ihnen nicht zu. Bis schließlich der Gouverneur von Petén in Guatemala, Juan Galindo, in den 1830er-Jahren dieser Tatsache Beachtung schenkte. Galindo erforschte die Ruinen mehrerer großer Maya-Städte und schrieb darüber. Er bemerkte auch, dass die Menschen, die in der alten Maya-Kunst dargestellt wurden, den modernen Einheimischen sehr ähnlich sahen, also wahrscheinlich auch ihre Vorfahren waren.

Als sich Galindos Aufzeichnungen immer mehr in der Welt verbreiteten, begannen auch andere Forscher und Archäologen, diese erstaunliche alte Zivilisation genauer zu studieren.

Aber nicht alle antiken Maya-Ruinen konnten leicht gefunden werden, denn einige waren so vom Dschungel überwuchert, dass sich nicht einmal die Einheimischen an sie erinnerten. Erst 2017 entdeckten Archäologen dank einer neuen Lasertechnik namens Lidar eine riesige Mayastadt in Guatemala. Häuser, Festungen und Pyramiden, die von Kanälen und Feldern umgeben sind, belegen, dass in diesem Maya-Tiefland rund 15 Millionen Menschen lebten. Die mächtigen Befestigungsanlagen lassen vermuten, dass die Maya in erbitterte Kriege mit ihren Nachbarn verwickelt waren.

Dieses Beispiel zeigt genau, warum Geschichte immer wieder neu geschrieben werden muss. Wir denken immer gleich, dass wir alles über die Vergangenheit wissen, aber dem ist nicht so. Neue Entdeckungen wie diese erinnern uns daran, dass es noch viel mehr zu erforschen gibt.

Chichén Itzá war eine mächtige Hauptstadt und Handelszentrum der Maya auf der Halbinsel Yucatán im heutigen Mexiko.

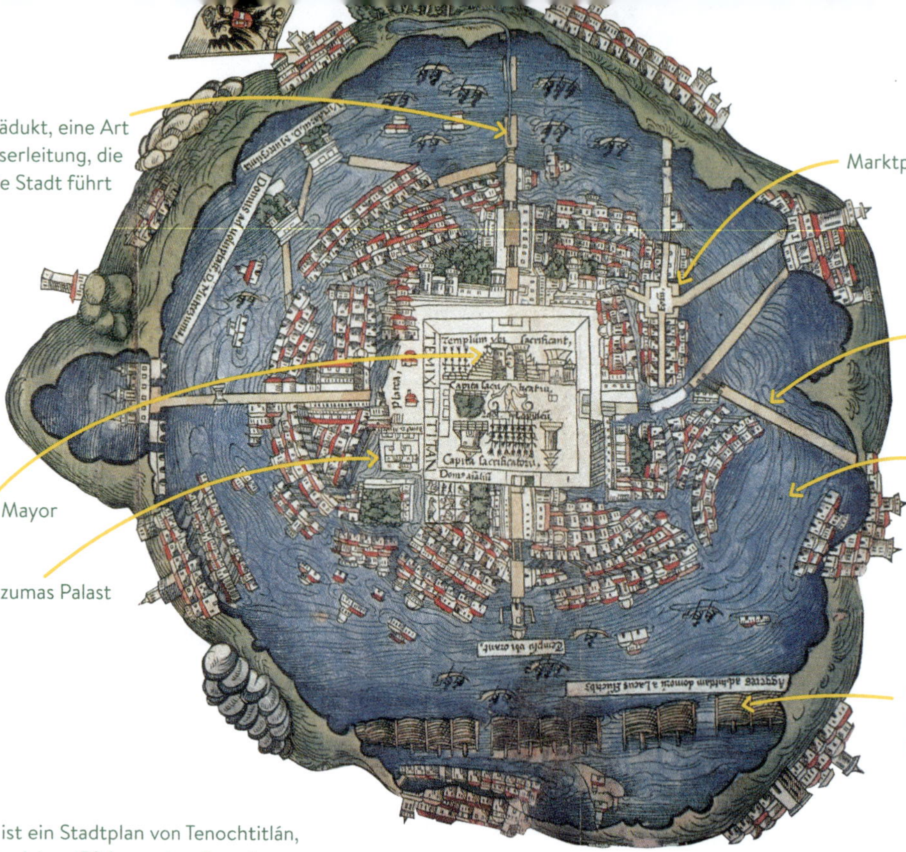

Dies ist ein Stadtplan von Tenochtitlán, der im Jahre 1524 von dem Forscher Hernán Cortés angefertigt wurde.

Um 1325, mehr als 400 Jahre nach dem Untergang der Maya-Städte, errichtete eine andere Zivilisation, die der Azteken, auf einer Insel im Texcoco-See in Zentralmexiko ihre mächtige Hauptstadt Tenochtitlán, an deren Stelle die heutige Metropole Mexiko-Stadt steht. Tenochtitlán war durch Dämme aus Erde und Stein, die für Boote passierbare Lücken aufwiesen, mit dem Festland verbunden. Außerdem konnten diese Lücken durch bewegliche hölzerne Brücken verschlossen werden, was die Azteken im Kriegsfall oder bei sonstigen Angriffen zum Schutz ihrer Stadt nutzten. Da Tenochtitlán nur über die Dammstraßen und den Seeweg zu erreichen war, besaß es keine Stadtmauern.

Im Herzen der Stadt war der riesige, 60 Meter hohe Templo Mayor, auch Große Pyramide genannt, zu Ehren der Götter Tlaloc, dem Gott des Regens und der Fruchtbarkeit, und Huitzilopochtli, dem

Kriegs- und Sonnengott, erbaut worden. Im Rahmen der besonderen Einweihungszeremonien, die im Jahr 1487 stattfanden, wurden vermutlich auch Menschenopfer dargebracht, in der Hoffnung, dass diese wertvollen Geschenke die Götter dazu bewegten, Glück und viel Regen zu senden als Garantie für eine gute Ernte.

Die Azteken breiteten sich aus und eroberten den größten Teil des südlichen Zentralmexikos, wodurch ein Reich entstand, das die Hauptstadt immer vermögender machte. Als sie in voller Blüte stand, verfügte die Stadt über ein Aquädukt, das die Trinkwasserversorung der Einwohner sicherte, geschäftige Märkte und einen Zoo voller Tiere, von denen einige aus mehr als 1000 Kilometer entfernten Ländern kamen. Der Zoo war so groß, dass man 300 Tierpfleger brauchte, um alle Tiere zu versorgen.

Mesoamerika war nicht der einzige Schauplatz alter Kulturen auf dem amerikanischen Doppelkontinent. Die Kunstwerke, die eine geheimnisvolle Kultur in den Anden namens Nazca schuf, stellen Experten noch heute vor Rätsel. Es handelt sich um die Nazca-Linien, die wahrscheinlich zwischen 500 v. Chr. und 500 n. Chr. angelegt wurden.

Blickt man von einem Flugzeug oder von den umliegenden Hügeln aus auf die Wüste von Nazca hinunter, sieht man fast 50 Kilometer lange, schnurgerade Linien, die mehr als 70 riesige Bilder von Tieren, Insekten und Menschen darstellen, von denen einige bis zu 370 Meter lang sind. Das entspricht drei Fußballfeldern. Allerdings sind die Linien aufgrund ihrer enormen Größe vom Boden aus betrachtet, nichts als Wege im Staub.

Als die Zeichnungen 1927 erstmals von Peruanern vom Flugzeug aus entdeckt wurden, konnte niemand verstehen, wie die Nazca-Menschen sie schaffen konnten, ohne den Wüstenboden aus der Luft zu sehen. Inzwischen haben Archäologen an den Enden der Linien Holzpflöcke im Boden gefunden. Das deutet darauf hin, dass die Menschen der Nazca-

Kultur eine Schnur zwischen den Pflöcken spannten, um die Figuren zu zeichnen. Die große Frage ist aber nicht, wie sie erstellt wurden, sondern warum? Manche Archäologen gehen davon aus, dass diese Linien, wie bei Stonehenge, etwas mit Astronomie zu tun haben. Andere glauben, dass sie den Bewohnern einer Wüste, in der es nur 20 Minuten im *Jahr* regnet, den Weg zum Wasser gewiesen haben. Und wieder andere sehen die Linien als Geschenke an die Götter, die ihnen dargebracht wurden, damit sie die Bewässerungskanäle des Volkes von Nazca mit genügend Wasser füllen und ihnen so eine reiche die Ernte bescheren.

Die größte der Andenkulturen war die der Inka aus Cusco im heutigen Peru. Etwa 100 Jahre bevor Europäer auf dem amerikanischen Doppelkontinent landeten, vereinten die Inka die gesamte Region durch eine Kombination aus Kriegsführung und Zusammenhalt. In seiner Blüte um 1530 n. Chr. war das Reich der Inka das größte in ganz Amerika und wahrscheinlich das größte der Welt.

Zu den bedeutendsten Errungenschaften der Inka gehörte ein Straßensystem, das zusammen mit vielen Haupt- und Nebenwegen, von denen einige über mehr als 5000 Meter hohe Berge führten, ein 30 000 Kilometer umfassendes Straßennetz ergab. Manche dieser Straßen werden auch heute noch genutzt. Zur Zeit der Inka gab es entlang der Hauptwege etwa alle 25 Kilometer Raststationen, an denen jeweils Schnellboten bereitstanden, um eilige Nachrichten wie bei einem Staffellauf zu überbringen. Da jeder Bote nur eine Teilstrecke zwischen zwei Stationen rannte, wo ihn der nächste Läufer ablöste, konnten die Botschaften mit Höchstgeschwindigkeit an Herrscher und Beamte im ganzen Reich übermittelt werden.

Zu den Motiven der Nazca-Linien zählen Affen, Kolibris, Eidechsen und Spinnen wie diese.

Statt Papier, Pergament oder Tontafeln überbrachten die Läufer Quipu, also Schnüre, die Botschaften in Knotenschrift enthielten. Wie die Pharaonen im alten Ägypten wurde

Die Inka hielten Viracocha (Intis Vater) für den Schöpfer aller Dinge, einschließlich der Erde, der Sonne, des Mondes und der Menschen.

der Inkakaiser als Sohn des Sonnengottes Inti für göttlich gehalten. Die Inka verehrten Inti so sehr, dass sie wertvolles, glänzendes Gold für seinen Schweiß hielten.

Bereits zu der Zeit, als die Maya Pyramiden bauten und Ulama spielten, entwickelte sich 3800 Kilometer weiter nördlich die Mississippi-Kultur. Ihre größte Stadt war Cahokia in der Nähe des heutigen St. Louis im US-Bundesstaat Missouri, aber die Indianerkultur erstreckte sich über den gesamten mittleren Westen und Südosten der heutigen USA.

Cahokia war eine hervorragend geplante Stadt mit Straßen, die ähnlich wie in den Städten im Industal in regelmäßigen Straßenblöcken angelegt, von Osten nach Westen und von Norden nach Süden verliefen. Noch bevor sie mit dem Bau der Stadt begannen, brachten die Bewohner Cahokias Erde von den Hügeln in die tiefer gelegenen Gebiete, um einen flachen Untergrund zu schaffen. In der Stadt fanden sich 120 Mounds, das sind künstliche Erdhügel, von denen die größten zehn Stockwerke hoch waren. Scheinbar hat man sich in Cahokia auch mit Astronomie befasst, denn die im Kreis angeordneten hölzernen Pfähle, die sich dort fanden, könnten als eine Art Kalender zur Bestimmung von Jahreszeiten gedient haben. Die ganze Anlage und Ausrichtung ist wieder einmal nahezu dieselbe, wie wir sie von Stonehenge her kennen.

Cahokia bestand von 600 bis 1350 n. Chr. und hatte in ihrer Blütezeit um 1200 n. Chr. zwischen 10 000 und 40 000 Einwohner. Doch die Anzahl ging immer mehr zurück und um 1350 wurde die Stadt endgültig verlassen. War eine klimatische Veränderung mit kühleren Temperaturen der Grund? Oder hat die große Bevölkerung die Flüsse durch Abfälle verschmutzt und die Stadt zu einem Ort gemacht, an dem ein gesundes Leben nicht mehr möglich war? Niemand weiß es.

> SIE GLAUBTEN, DASS ALLES, WAS AUF DER ERDE GESCHAH, AUCH IN DER GEISTIGEN WELT GESCHAH UND UMGEKEHRT. ALSO … MUSSTE ALLES SEHR SORGFÄLTIG ERLEDIGT WERDEN.
>
> James Brown, Archäologe

Inzwischen hast du sicher bemerkt, dass die Geschichte sehr gut darin ist, über große Ereignisse zu berichten, die schriftlich festgehalten wurden oder sichtbare Beweise wie riesige Bauwerke, Erdwälle und Skulpturen hinterlassen haben.

Berichte über gewöhnliche, alltägliche Menschen dagegen kommen in der Geschichte nicht so oft vor. Mindestens ein Drittel der Weltbevölkerung lebte vor etwa 2000 Jahren überhaupt nicht in Städten. Es waren Jäger und Sammler, Nomaden, die Tiere hielten, während sie von Ort zu Ort zogen, oder einfach Menschen, die in kleinen Gemeinschaften lebten und das Land bewirtschafteten.

Einige der künstlichen Erdhügel in Cahokia dienten als Fundament für Tempel oder Häuser bedeutender Menschen, andere waren Grabhügel.

Die Völker des Pazifischen Nordwestens Nordamerikas schnitzten Totempfähle aus großen Zedernbäumen. Traditionsgemäß stellte jeder Clan oder jede Großfamilie ihren Pfahl an der Stirnseite ihres Langhauses auf. Die in den Pfahl geschnitzten Symbole und ihre Reihenfolge erzählen ein mythisches oder wahres Ereignis. Dies ist eine Darstellung des „Thunderbird"-Hauspfahls im Stanley Park in Vancouver, British Columbia, Kanada.

Die Hohokam, die im heutigen Südwesten der Vereinigten Staaten lebten, handelten mit hellroten Aras, einer Art Papagei, die sie von den Maya kauften und in Nordamerika verkauften. Die Taino aus der Karibik banden Fische namens Schiffshalter an das Ende einer Angelschnur, dann warteten sie, bis sich die Fische an Schildkröten festsaugten, die sie dann fangen und zum Abendessen verspeisen konnten. Die Calusa, die im heutigen Florida in den Vereinigten Staaten lebten, aßen so viele Krustentiere, dass sie ihre Mehrfamilienhäuser auf riesigen Hügeln aus den Schalen errichten konnten. Das Volk der Haida und Tlingit und andere Sippschaften im Pazifischen Nordwesten Nordamerikas stellten übergroße Totempfähle aus Zedernholz auf, um ihre Götter zu ehren.

Diese und andere Kulturen in Nord-, Mittel- und Südamerika teilten den Glauben, dass allen Dingen in der Natur ein Geist innewohnt. Die Inuit in Nordgrönland, Kanada und Alaska glaubten, dass der Eisbär, den sie Nanuq nannten, einen starken Geist besaß, der auch nach seinem Tod weiterlebte. Als Zeichen ihrer Hochachtung vor diesen Tieren gaben sie dem Bärenfell einen Ehrenplatz in ihrem Heim und ließen es dort einige Tage hangen. War es ein männlicher Bär, bot der Jäger dem Geist des Bären Messer und Feuerbohrer dar. Bei einem weiblichen Bären waren es Messer, Hautschaber und Nadelbehälter aus Knochen oder Elfenbein.

Die Legende besagt, dass der Geist eines toten Eisbären, der vom Jäger respektvoll behandelt wurde, anderen Bären darüber berichtet, sodass sich diese sich bereitwillig von ihm töten lassen. Im anderen Fall dagegen, wird ein respektlos behandelter Bär seine noch lebenden Artgenossen auffordern, sich von diesem Jäger fernzuhalten.

Solche Glaubensvorstellungen finden sich jedoch nicht nur bei den Ureinwohnern Amerikas, sondern bei vielen Völkern der Welt, die wie die Aborigines Australiens keinen Schöpfergott kannten. Ihre Entstehungsgeschichte erzählt von der Traumzeit, als die faszinierende Landschaft Australiens von übernatürlichen „Ahnen“ geformt wurde, die durch die Erdkruste brachen. Da diese Wesen alles erschufen von Sonne, Mond und Sternen bis hin zu Bergen, Bäumen und Wasser, natürlich auch Menschen und Tiere, sind alle Dinge – lebende und nicht lebende – miteinander verbunden.

Alle Menschen, die in der Antike lebten, hatten eines gemeinsam. Ihre Lebensweise wurde von der sie umgebenden Natur geprägt. Die

Geschichten der Traumzeit erklärten die australische Landschaft. Die Schöpfungsgeschichte der Maya zeigte, wie eng sich mit dem Mais verbunden fühlen. Die Inkas kannten die Berge ihres Reiches sehr genau. Die Griechen schätzten Olivenöl, weil ihr Land zu felsig war, um Getreide anzubauen. Die Chinesen wurden reich, indem sie Seide mithilfe von Tieren herstellten, die in ihren heimischen Maulbeerbäumen lebten. Das ist es, worüber sich alte Kulturen definieren. Das Zusammenspiel aus heimischer Umwelt, Gesellschaft und ihrem Glauben.

Aber das müssen wir nicht weiter ausführen. Denn du musst nicht in Mexiko sein, wenn du Mais zu Mittag essen möchtest. Du kannst ihn fast überall auf der Welt in einem Supermarkt am Ort kaufen. Oder wenn du mit deiner Tante auf der anderen Seite des Globus sprechen möchtest, musst du nicht selbst dorthin reisen. Nimm einfach das Telefon in die Hand oder ruf sie über das Internet an. Und wenn du fremde Orte sehen

Herkunft der Lebensmittel

willst, musst du nicht jahrelang zu Fuß gehen wie unsere Vorfahren, als sie Afrika verließen. Du kannst fahren, einen Zug, ein Schiff oder ein Flugzeug nehmen.

Wie kam es dazu, dass die Welt so klein geworden ist? Für mich ist das der größte Unterschied zwischen der damaligen und der heutigen Welt. Schon im Altertum begann die Welt kleiner zu werden. Ägypter und Griechen und Babylonier tauschten ihre Gedanken aus. Der Maisanbau verbreitete sich über den gesamten amerikanischen Doppelkontinent. Menschen in Asien, Afrika und Europa kauften chinesische Seide.

Aber vor etwa 1500 Jahren begannen die Kulturen viel schneller zu verschmelzen. Und das hat die Grundlagen für die Welt geschaffen, in der wir heute leben. Jetzt wird es Zeit, dass wir uns in die heißen, staubigen Wüsten Arabiens begeben, wo wir einen Mann treffen werden, der die Dinge in Gang bringt – und zwar schnell.

Mit den Menschen wanderten auch die Nahrungsmittel in andere Teile der Welt. Reis, der zuerst in Asien produziert wurde, wird heute auch in Nordamerika angebaut. Erdnüsse, die in Südamerika beheimatet sind, werden heute gerne in asiatischen und afrikanischen Gerichten verwendet. Bananen, die ihren Ursprung in Asien haben, sind ein wichtiger Bestandteil der südamerikanischen Küche. Diese Karte zeigt, woher einige unserer Lebensmittel ursprünglich kamen.

Kapitel 10

ERFINDUNGEN VERBINDEN

570–1279 n. Chr.
Die muslimische Welt und Ostasien bringen mächtige Erfindungen hervor

Zeitleiste

570 n. Chr.
Der Prophet Mohammed, der Gründer des Islam, wird in der Nähe von Mekka geboren.

751 n. Chr.
Der Legende nach erfährt die muslimische Welt die Geheimnisse der Papierherstellung von gefangenen chinesischen Soldaten.

868 n. Chr.
Das älteste gedruckte Buch, das uns heute bekannt ist, wird in China hergestellt.

950 n. Chr.
Feuerwaffen sind im Einsatz.

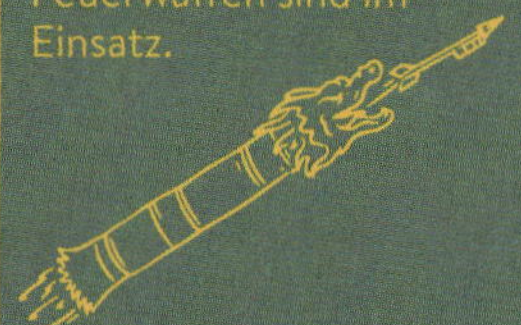

1000 n. Chr.
Das muslimische Spanien ist eine mächtige Kultur- und Handelsregion.

1127 n. Chr.
Die Song-Dynastie wird von Reitervölkern aus dem Norden angegriffen. China wird zweigeteilt.

1202 n. Chr.
Der italienische Kaufmann Fibonacci veröffentlicht den *Liber Abaci* und bringt arabische Zahlen nach Europa.

1279 n. Chr.
Das mongolische Reich ist auf dem Höhepunkt seiner Macht.

Vor rund 1400 Jahren wurde ein Kaufmann in der arabischen Stadt Mekka von mehreren Visionen heimgesucht.

Er teilte sie mit anderen Menschen und so entstand eine neue Religion. Sein voller Name war Abū al-Qāsim Muhammad ibn 'Abd Allāh ibn 'Abd al-Muttalib ibn Hāshim ibn 'Abd Manāf al-Quraschī. Aber er ist einfach als Mohammed oder der Prophet Mohammed bekannt. Er ist der Gründer des Islam.

Mohammed wurde wahrscheinlich im Jahr 570 n. Chr. in Mekka geboren. Im Alter von sechs Jahren wurde er Vollwaise und zwei Jahre später von seinem Onkel Abu Talib, dem Oberhaupt seiner Familie, adoptiert. Seine Verwandten waren Händler, die Waren wie Gewürze, Salz, Gold und Elfenbein kauften, verkauften und transportierten.

Abu Talib nahm Mohammed mit auf Handelsreisen, um ihm das Familiengewerbe beizubringen. Später heiratete Mohammed, hatte Kinder, ging weiterhin auf Reisen und trieb Handel.

Als er etwa 40 Jahre alt war, verbrachte Mohammed jedes Jahr ein paar Wochen allein in einer Höhle und betete. Dort hatte er die erste von vielen lebhaften Visionen. Der Erzengel Gabriel offenbarte ihm das letzte und absolut wahre Wort des Gottes, zu dem auch Juden und Christen beteten. Gabriel ist der Engel, der Maria, die Mutter Jesu, besucht haben soll, um ihr zu verkünden, dass sie ein Kind haben wird, das der Sohn Gottes sei.

Auf Arabisch ist das Wort für Gott Allah. Der Engel lehrte Mohammed, dass es nur einen Allah gibt, nicht viele, und Allah sei im Himmel, nicht auf Erden. Er erklärte auch, dass Allah sein Wort schon oft zuvor durch die Propheten der jüdischen und christlichen Schriften offenbart hatte. Dazu gehörten Adam, Abraham, Moses,

Die Kaaba, ein schwarzes Gebäude im Innenhof der Al-Haram-Moschee in Mekka, einer Stadt in Saudi-Arabien, ist für Muslime das „Haus Allahs" und das zentrale Heiligtum des Islam. Die Muslime auf der ganzen Welt wenden das Gesicht bei ihren täglichen Gebeten in ihre Richtung. Eine Pilgerreise nach Mekka mindestens einmal im Leben ist eine der fünf Säulen oder Pflichten jedes Muslims.

> WER RECHTSCHAFFEN HANDELT, OB MANN ODER FRAU, UND GLÄUBIG IST, DEM WERDEN WIR GEWISS EIN SCHÖNES LEBEN IM DIESSEITS BESCHEREN UND WIR WERDEN IHNEN BESTIMMT MIT IHREM LOHN DAS BESTE VON DEM VERGELTEN, WAS SIE TATEN.
>
> Der Koran 16:97

Jakob, Josef, Elias, Jesus und mehr als 50 andere. Aber, sagte der Engel, im Laufe der Zeit hatten die Menschen die wahren Worte Allahs falsch verstanden und infolgedessen falsche Religionen geschaffen.

Aus Mohammeds Visionen entstand eine neue Religion namens Islam, deren Anhänger Muslime genannt werden. Es gibt Zweige des Islam, von denen jeder ein wenig andere Glaubenssätze und Regeln für das Leben hat. Die Grundregeln für sunnitische Muslime (die größte Gruppe) heißen die fünf Säulen des Islam. Schiitische Muslime haben auch Säulen oder Pflichten, aber einige haben mehr als fünf und andere fünf, die sich ein wenig von den sunnitischen fünf unterscheiden.

Fünf Säulen des Islam	
Schahāda	Glaube an Allah als den einen und einzig wahren Gott.
Salāt	Bete fünfmal täglich zu Allah.
Zakāt	Gib den Armen großzügige Spenden.
Hadsch	Mache mindestens einmal im Leben eine Pilgerreise nach Mekka.
Saum	Wenn du erwachsen und gesund bist, sollst du während des heiligen Monats Ramadan zwischen Sonnenaufgang und Sonnenuntergang fasten (nichts essen und trinken).

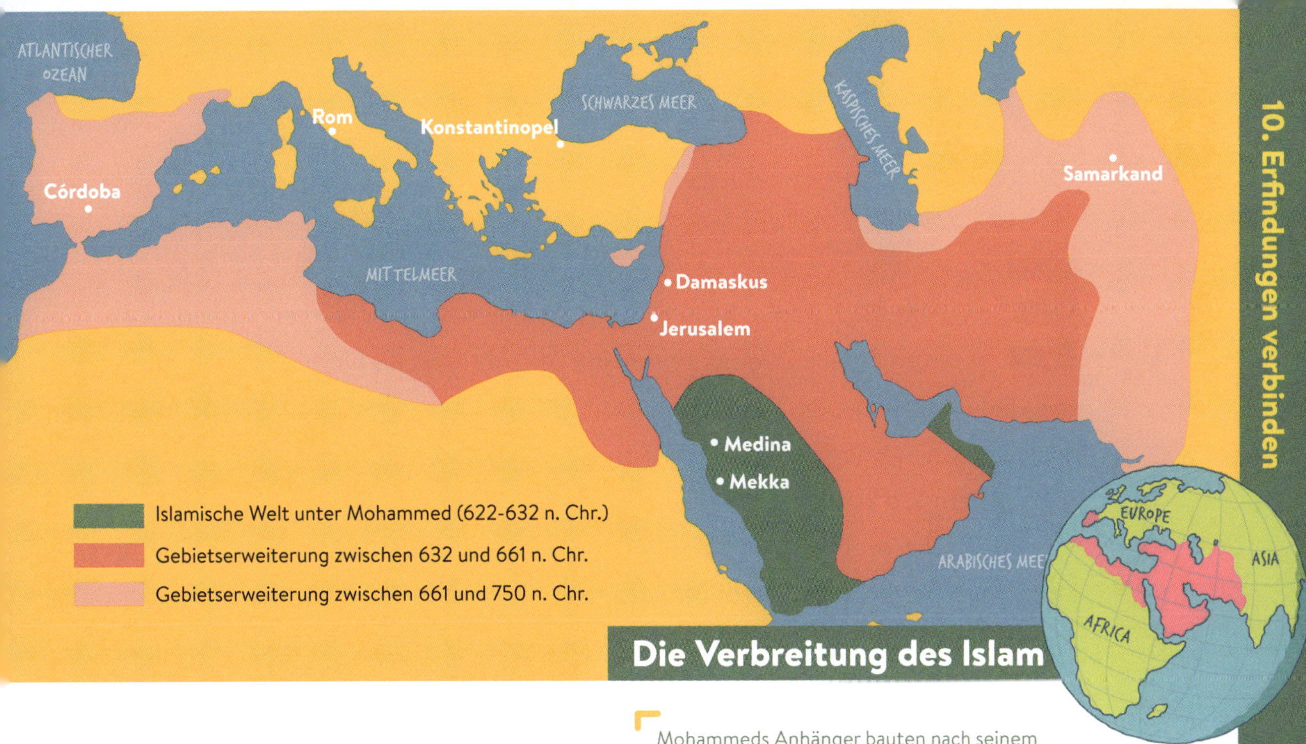

Die Verbreitung des Islam

Mohammeds Anhänger bauten nach seinem Tod ein riesiges Reich auf, das sich sowohl nach Osten als auch nach Westen ausbreitete.

Mohammed war ein leidenschaftlicher Verfechter seines neuen Glaubens. Bedroht durch die Stämme um ihn herum, stellte er eine Armee von Anhängern auf. Zuerst übernahmen sie die Macht in seiner Heimatstadt Mekka. Dann eroberten sie den Rest der arabischen Halbinsel. Nach Mohammeds Tod im Jahre 632 n. Chr. ritten seine Anhänger weiter und fügten Mesopotamien, Syrien, Ägypten und große Teile des Persischen Reiches ihrem neuen Territorium hinzu. Innerhalb von 150 Jahren hatte sich der Islam nach Osten bis in das heutige Pakistan und nach Westen über Nordafrika bis nach Spanien ausgebreitet.

Zu diesem Zeitpunkt war der Islam sowohl ein riesiges Reich als auch die mit Abstand größte und am schnellsten wachsende Religion der Welt. Heute gibt es mehr als 1,8 Milliarden Muslime, und der Islam ist nach dem Christentum die zweitbeliebteste Religion der Welt. Aber es wäre falsch, sich das islamische Reich nur als eine Gemeinschaft aus reitenden Kriegern vorzustellen. Wie wir bald sehen werden, war es so viel mehr.

Eine Welt ohne Papier kann man sich kaum vorstellen. Wir verwenden es heute für alles, von Büchern und Zeitschriften bis hin zu Teebeuteln und Toilettenpapier. Erinnerst du dich an Chinas ersten Kaiser Qin Shi Huang, der diese riesige Terrakotta-Armee für sich herstellen ließ? Nun, nach seinem Tod kam eine neue Dynastie namens Han in China an die Macht.

140 v. Chr. ordnete Han-Kaiser Wu an, dass 100 Beamtenstellen an junge Männer vergeben werden sollten, die im Rahmen einer schriftlichen Prüfung die besten Leistungen erbrachten. Aber die Arbeitsplätze standen nur Leuten aus reichen Familien offen, die gute Beziehungen hatten. Mehr als 500 Jahre später, 693 n. Chr., änderte Wu Zetian, die einzige Frau, die als Kaiserin China regierte, das System, sodass sich jeder bewerben konnte, selbst arme Leute aus ländlichen Gegenden. Wer sich eine der hochbezahlten Stellen sichern konnte, verschaffte sich selbst, seiner Familie und seinem Dorf großes Ansehen.

Aber um für diese Beamtenprüfung zu lernen und sie abzulegen, musste man die Dinge aufschreiben. So stieg der Bedarf an Schreibmaterial immer weiter an und glücklicherweise gab es eine geniale chinesische Erfindung, um ihn zu decken. Der Legende nach erfand ungefähr 104 n. Chr. ein kluger kaiserlicher Beamter namens Cai Lun eine völlig neue Methode zur Herstellung eines billigen beschreibbaren Materials, des Papiers. Der damalige Kaiser war wohl von Cai Luns Verfahren, aus

Die chinesischen Papiermacher experimentierten mit vielen verschiedenen Materialien, darunter Gräser, Hanf, alte Seile, Seidenlappen und Bambus. Dieses Bild zeigt das Verfahren mit Maulbeerbaumrinde.

1. Zerhackte Maulbeerrinde, die über einem Feuer kocht

2. Durch Stampfen der gekochten Rinde entsteht ein Zellstoffbrei, die sogenannte Pulpe

Pflanzenfasern Papier zu machen, so beeindruckt, dass er ihn mit Reichtum überhäufte und ihm einen Adelstitel verlieh.

Mit der Zeit nutzten die Chinesen das preiswert produzierte, weiche Papier für die verschiedensten Zwecke, vom Einwickeln wertvoller Gegenstände bis zur Herstellung von Schirmen, Tapeten, Drachen, Spielkarten und Laternen – alle diese Produkte entstanden zum ersten Mal in China. Sogar die moderne Angewohnheit, Toilettenpapier zu verwenden, hat hier ihren Ursprung.

Wu Zetian konnte das System der kaiserlichen Prüfungen nur ausweiten, weil für die vielen Studierenden genug Papier zur Verfügung stand. Und die Aussicht, die Prüfungen für den öffentlichen Dienst zu bestehen, gab den Armen mehr Hoffnung auf Wohlstand, Privilegien und Ansehen.

Jetzt durften sich alle männlichen Bürger bewerben, nicht nur die Söhne der Reichen und Adligen. Buddhistische Mönche, die ursprünglich aus Indien stammten, wurden von den Gemeindeverwaltungen dafür bezahlt, dass sie für die Armen vom Land beteten und ihnen Unterricht erteilten. Der Lehrplan wurde erweitert und schloss nun alles Mögliche ein, von Kriegsstrategie und Recht bis hin zu Landwirtschaft und Geografie. Und erinnerst du dich an Konfuzius von den „Hundert Schulen des Denkens“? Seine Vorstellungen von Loyalität und Gehorsam gegenüber der Familie und dem Staat durchzogen alles.

Beamtenprüfungen waren für einfache Leute eine Chance, sich einen der hochbezahlten Arbeitsplätze zu sichern. Eine gute Ausbildung wurde zum besten Weg, in die Oberschicht der chinesischen Gesellschaft aufzusteigen.

Papier war so einfach und nützlich, dass es sich auch in Vietnam, Korea, Japan und Indien verbreitete. Fachleute gehen jedoch davon aus, dass die Menschen außerhalb Ost- und Südasiens nicht vor Mitte des 8. Jahrhunderts wussten, wie man es erzeugt. Das bringt uns zurück ins muslimische Reich und zu einer wundervollen Geschichte darüber, wie die islamische Welt an das vorzüglich gehütete Geheimnis der Papierherstellung gekommen ist. Das Ganze lief wie folgt ab.

Im Jahr 751 n. Chr. gewannen muslimische Truppen eine wichtige Schlacht gegen die Chinesen am Ufer des Flusses Talas in Zentralasien und so gerieten viele Chinesen in arabische Gefangenschaft. So weit, so gut. Es stellte sich jedoch heraus, dass unter den chinesischen Gefangenen auch professionelle Papiermacher waren. Nach den Regeln der Araber kam ein Gefangener nur dann frei, wenn er mindestens zehn Muslimen etwas Wichtiges beigebracht hatte. Also erkauften sich die chinesischen Papiermacher ihre Freiheit, indem sie das Geheimnis der Papierherstellung lüfteten.

Es war aber die arabische Welt, die diese Technik verbesserte, indem islamische Erfinder das Verfahren änderten und damit vereinfachten. Und sie entwickelten neue Maschinen, mit denen sie viel Papier auf einmal produzieren konnten. Die erste Papierfabrik wurde 794 n. Chr. in Bagdad, der damaligen Hauptstadt des muslimischen Reiches (die heutige Hauptstadt des Irak) in Betrieb genommen. Von dort aus verbreitete sich die Papierherstellung in der gesamten muslimischen Welt. Billigeres, einfach herzustellendes Papier ersetzte allmählich die teuren Beschreibstoffe wie Papyrus, Seide und Pergament.

Das Papier kurbelte auch die Verbreitung des Islam an, indem es half, dass die Welt von seiner Botschaft nicht nur durch Mundpropaganda sondern auch durch das heilige Buch namens Koran erfuhr, in dem die Lehre geschrieben steht, die Mohammed in seinen Visionen gelernt hatte. So konnte jeder erfahren, worüber der Engel zu Mohammed sprach, alle Muslime wurden ermutigt, Lesen zu lernen, und es wurden Schulen eingerichtet, um sie zu unterrichten.

Muslimische Herrscher schätzten jegliche Art von Lernen. So kam es zu einem kulturellen Aufschwung in allen Wissenschaften und der Literatur, der als das Goldene Zeitalter des Islam bekannt ist. Auch alte Texte, darunter Werke berühmter Philosophen wie Aristoteles, fanden

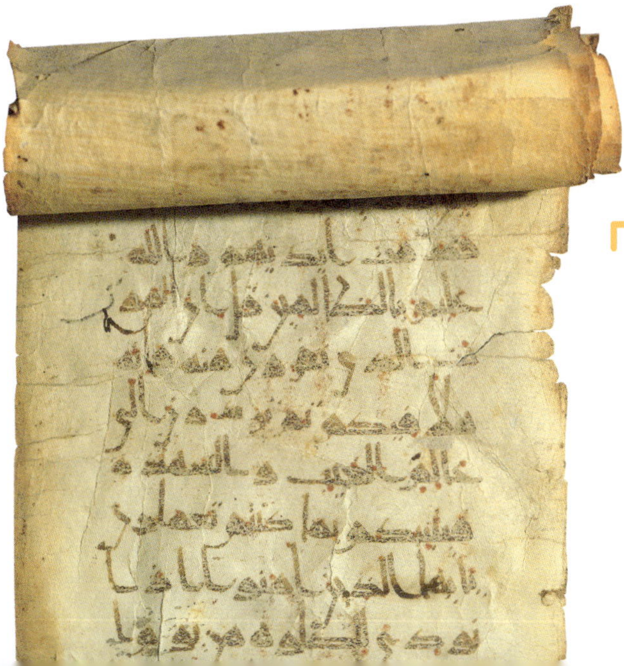

Das Fragment eines der frühesten Exemplare des Korans, geschrieben auf einer Papierrolle. Es wurde im 8. oder 9. Jahrhundert hergestellt.

Muslimische Gelehrte trafen sich im Haus der Weisheit in Bagdad. Dort übersetzten sie alte wissenschaftliche Schriften ins Arabische und tauschten sich gegenseitig aus, um ihr Wissen zu mehren.

große Anerkennung. In Hunderten von Bänden wurden sie zusammen mit anderen Schriften im „Haus der Weisheit", einer riesigen königlichen Bibliothek in Bagdad, gesammelt und dort auf Anordnung der Kalifen aus dem Griechischen, Lateinischen und Persischen ins Arabische übersetzt. Dazu lockten die Kalifen Übersetzer, Philosophen und Gelehrte aus aller Welt an ihren Hof und sie versuchten sogar, mit diesen gemeinsam Wege zu finden, um die Lehren von antiken Philosophen wie Aristoteles mit den göttlichen Offenbarungen Mohammeds zu verschmelzen.

Es ist ein Glück für uns, dass man im muslimischen Reich so viel Wert auf Bildung gelegt hat, denn im Laufe der Jahrhunderte wurden viele der originalen Werke zerstört. Aber dank dieser lernbegierigen Herrscher sind die arabischen Übersetzungen erhalten geblieben und wir können noch heute die bedeutenden Bücher des Altertums lesen.

Die Kalifen des islamischen Spaniens, das Al-Andalus genannt wurde, waren entschlossen, sich von ihren Rivalen in Bagdad nicht ausstechen zu lassen. Sie gründeten ihre Hauptstadt in Córdoba und holten Experten aus der ganzen islamischen Welt dorthin.

Arabische Kenntnisse über die Bewässerung von Feldern mit unterirdischen Kanälen und Wasserrädern, haben die Landschaft verändert. Orangen, Zitronen, Aprikosen, Maulbeeren, Bananen, Zuckerrohr und Wassermelonen waren alles Pflanzen, die in Europa noch nie zuvor angebaut wurden. Muslimische Händler brachten sogar Reis aus Indien auf den Markt und „erfanden“ so die beliebte spanische Paella.

Händler brachten Gold und Elfenbein aus der gesamten Sahara. Die Handwerker von Córdoba verwandelten es in Münzen, Schmuck und Luxusgüter für den Kalifen und seinen Hof. Baumeister errichteten eine spektakuläre Moschee, die Mezquita. Mit mehr als 1000 Säulen aus Jaspis, Onyx, Marmor und Granit ausgestaltet, konnte dieses riesige Gotteshaus bei den fünf täglichen Gebeten bis zu 40 000 muslimische Gläubige aufnehmen.

Bis etwa 1000 n. Chr. war die Anzahl der in Córdoba lebenden Menschen auf mehr als 100 000 gestiegen und die Stadt war eine der größten ihrer Zeit. Nach Angaben eines begeisterten Geschichtsschreibers besaß die Metropole über 1600 Moscheen, 900 öffentliche Bäder, 213 077 Privathäuser und 80 455 Geschäfte. Auch wenn es sich um eine leichte

Die Mezquita war eine der größten Moscheen der Welt. Sie wurde im 13. Jahrhundert in eine christliche Kirche umgewandelt, nachdem die Christen die Muslime aus Córdoba vertrieben hatten.

Übertreibung handeln sollte, klingt es doch so, als sei Córdoba ein ziemlich belebter Ort gewesen.

Der enorme Reichtum der islamischen Welt wird durch das afrikanische Königreich Mali wunderbar zum Ausdruck gebracht. Sein berühmtester König, Mansa Musa, war wahrscheinlich der reichste Mann der Welt. 1324 pilgerte er nach Mekka und nahm mehr als 80 Kamele mit, die schwer mit Gold beladen waren. Als gläubiger Muslim war Musa sehr großzügig mit Spenden an die Armen und verteilte diese auf seinem Weg. Als er auf seiner Pilgerreise nach Kairo in Ägypten kam, machte er dort Station und ging auf einen der wohl größten Einkaufsbummel aller Zeiten. Nach Angaben von Historikern der damaligen Zeit gab er Unsummen an Gold aus und verschenkte so viel, dass er den Wert des Goldes drückte und nach seinem Besuch die Preise sanken.

Mansa Musas Königreich Mali war zu dieser Zeit eines der größten der Welt. Er soll erwähnt haben, dass es ein Jahr dauern würde, um von einem Ende zum anderen zu reisen.

Nach seiner Pilgerreise baute Musa in Timbuktu einen gewaltigen Palast. Die Stadt in Mali wurde als Lernzentrum berühmt wegen einer riesigen Universität mit 25 000 Studenten und einer Bibliothek mit bis zu 700 000 Handschriften.

Islamische Metropolen wie Bagdad, Córdoba und Timbuktu waren wie sprudelnde Quellen, aus denen sich Gedanken und Erfindungen über ein weites Gebiet ergossen, das den Fernen Osten mit dem Westen verband. Sie sorgten dafür, dass weltverändernde Ideen aus Indien und China bis nach Europa vordrangen.

So reiste beispielsweise ein italienischer Kaufmann namens Leonardo von Pisa (auch bekannt als Fibonacci) nach Algier in Nordafrika. Dort sah er zum ersten Mal, welche Leistungen man mit der Mathematik erbringen kann, wenn man die Zahlen auf Papier schreibt, anstatt einen Abakus zu benutzen, diesen altmodischen Rechenrahmen mit den auf Stäben aufgefädelten Kugeln.

Die Idee, Ziffern mit einem Schreibgerät auf Papier zu notieren, war von Bagdad nach Algier gelangt. Dort hatten zwei Gelehrte namens al-Kindi und al-Chwarizmi um 825 n. Chr. im „Haus der Weisheit“ erklärt, wie man mit Hilfe einer neuen Reihe von Symbolen rechnet. Es gab 1, 2, 3, 4, 5, 6, 7, 8 und 9, die für viele Dinge standen, und noch ein weiteres, 0, das für gar keinen Wert stand. Die Symbole können in Zeilen und Spalten so angeordnet werden, dass sich schnell Berechnungen durchführen lassen. Sie wurden arabische Ziffern genannt, aber sie waren nicht wirklich arabisch.

Wie wir zuvor gesehen haben, waren die Maya unter den Ersten, die mit der Null gearbeitet haben, aber natürlich gab es damals keinen Kontakt zwischen ihnen und den Menschen in Asien, Afrika und Europa. Somit konnten ihre Kenntnisse auch nicht nach Bagdad gelangen.

Um 628 n. Chr. schrieb ein indischer Gelehrter namens Brahmagupta ein Mathematikbuch, in dem er ausführte, wie man die Ziffer 0 verwendet, um große Zahlen zu schreiben. Zum Beispiel kann 2 durch Hinzufügen

Die Sankoré Moschee (unten) war eines der wichtigsten Bildungszentren, aus denen sich die berühmte Universität von Timbuktu zu Zeiten von Mansa Musa zusammensetzte.

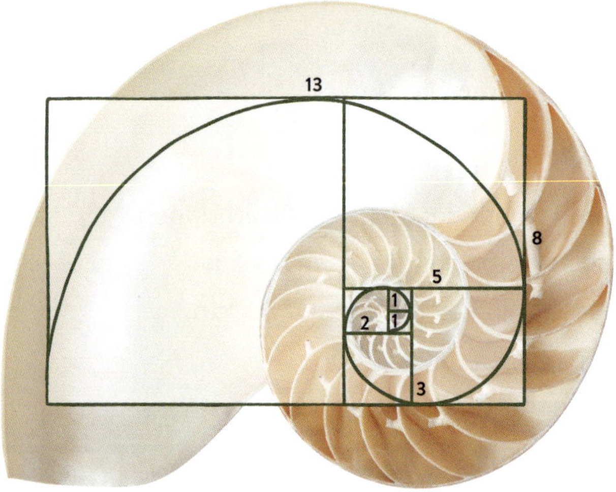

Fibonaccis Buch *Liber Abaci* (erschienen 1202) behandelt nicht nur die Bedeutung der arabischen Zahlen. Es wurden auch Zahlenreihen und Muster erklärt, von denen das berühmteste die Fibonacci-Folge genannt wird. Dies ist eine Reihe von Zahlen, bei denen jede neue Zahl die Summe der beiden vorherigen ist, wie in 1, 1, 2, 3, 5, 8, 13.... Diese Zahlenverhältnissr sind auch oft als Wachstumsmuster in der Natur zu finden, wie am spiralförmigen Gehäuse dieser Muschel, Perlboote genannt, zu sehen ist.

einer einzigen neuen Ziffer, einer Null, in 20 umgewandelt werden. Oder 2 kann mit zwei Nullen in 200 geändert werden. Es war also Brahmaguptas Konzept, das den Weg nach Bagdad fand.

Nachdem Fibonacci gesehen hatte, wie die islamischen Händler in Nordafrika die Zahlen benutzten, beschloss er, das System in seiner italienischen Heimat einzuführen. Der Abakus war großartig für die Addition, aber dieses neue Zahlensystem machte Subtraktion, Multiplikation und Division viel leichter und es war praktischer als römische Zahlen wie IV, XII und CVC, die damals in Europa weit verbreitet waren.

Innerhalb von 200 Jahren hatten italienische Kaufleute und Bankiers ihre altmodischen Methoden aufgegeben und sich vollständig auf die schriftliche Arithmetik mit arabischen Zahlen umgestellt. Dies gab den Bankiers mehr Vertrauen in den Geldverleih, da sie wussten, dass sie leicht den Überblick über Kredite und Zahlungen behalten konnten. Mit der Zeit wurden Bankiersfamilien wie die Medici in Florenz so reich, dass sie die Künstler unterstützen und die prächtigsten Bau- und Kunstwerke finanzieren konnten. Die Geldmittel beflügelten das Kunstschaffen und lösten eine als Renaissance bezeichnete europäische Kulturepoche aus, in der die großartigsten Werke von Malern wie Michelangelo und Leonardo da Vinci, aber auch von Schriftstellern, Musikern und Bildhauern entstanden.

Auch die moderne Medizin verdankt den arabischen Gelehrten viel. Der berühmte Universalgelehrte und Arzt Ibn Sina, auch unter dem

Namen Avicenna bekannt, wurde um 980 v. Chr. in Buchara im heutigen Afghanistan geboren. Er schrieb ungefähr 450 Bücher, von denen wir wissen, viele davon über Medizin. Stell dir doch einfach mal kurz vor, was es heißt, 450 Bücher zu schreiben! Ibn Sina wurde nur etwa 56 Jahre alt. Wenn wir davon ausgehen, dass er im Alter von 16 Jahren mit dem Schreiben angefangen und ohne Unterbrechung bis zu seinem Tod weitergearbeitet hat, dann schrieb er elf Bücher pro Jahr. Das ist fast ein Buch pro Monat über 40 Jahre!

Ibn Sinas *Buch der Genesung* und sein *Kanon der Medizin* waren mehr als 500 Jahre lang die wichtigsten medizinischen Lehrbücher in Europa. Im fünfbändigen *Kanon der Medizin* wird sogar zum ersten Mal umfassend beschrieben, wie das menschliche Auge funktioniert, und den Chirurgen erklärt, wie sich trübes Augenlicht heilen lässt, eine Krankheit, die heute als Katarakt oder Grauer Star bekannt ist.

Von ebenso großer Bedeutung war ein arabischer Wissenschaftler namens Ibn al-Haytham, der zur gleichen Zeit wie Ibn Sina lebte und mehr als 600 Jahre vor Isaac Newton die Gesetze des Lichts und der Optik aufklärte.

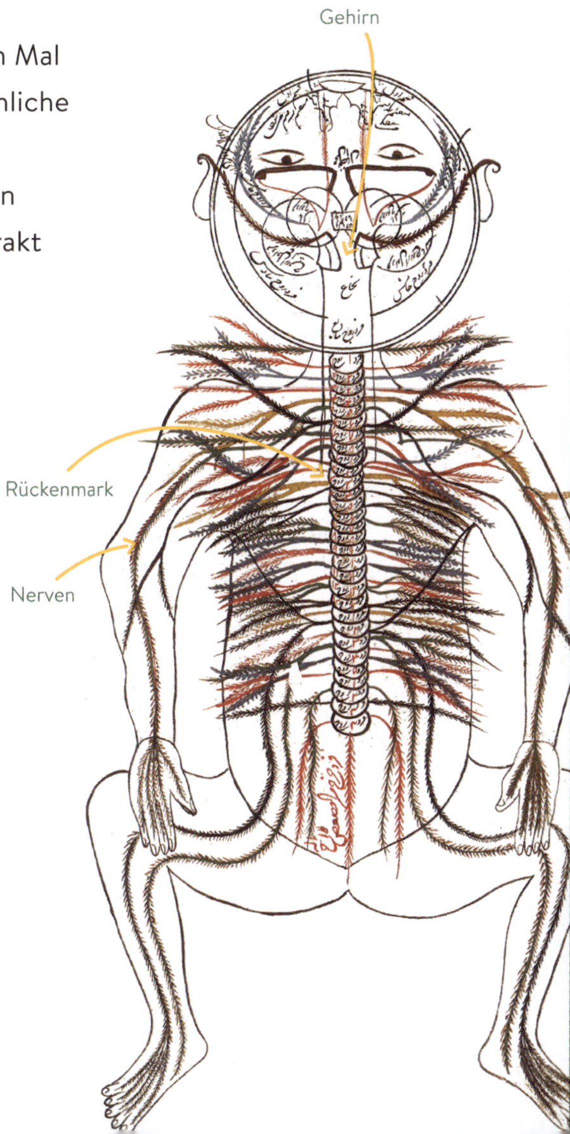

Ibn Sina erkannte, dass das Gehirn in Teile mit unterschiedlichen Funktionen aufgegliedert ist und die Wirbelsäule das Gehirn mit Nerven verbindet, die durch alle Teile des Körpers laufen. Diese Illustration ist aus seinem Werk *Kanon der Medizin*.

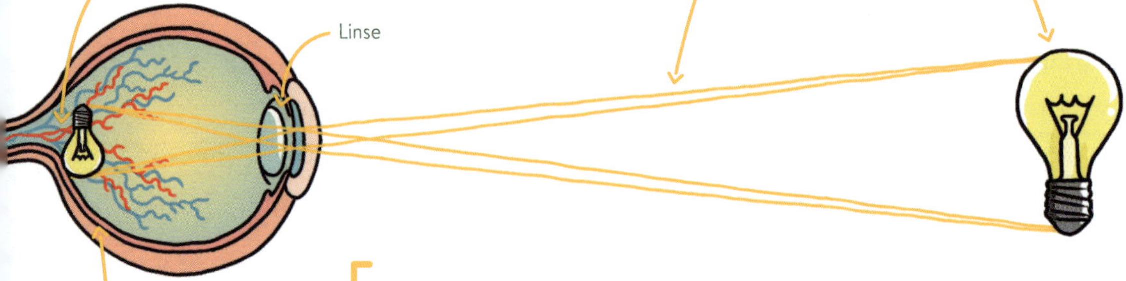

Die gewölbte Linse an der Vorderseite des menschlichen Auges bündelt die von einem Objekt reflektierten Lichtstrahlen auf der Netzhaut im Augenhintergrund und erzeugt dabei ein verkleinertes auf dem Kopf stehendes (umgekehrtes) Bild. Dieses wird über den Sehnerv zum Gehirn weitergeleitet, wo das für uns sichtbare, aufrechte Bild entsteht. Muslimische Wissenschaftler, darunter Ibn Sina, verstanden das Auge weit vor dem Rest der Welt.

Ibn-al-Haitham, oft als Alhazen bekannt, wurde in Basra im heutigen Irak geboren und verbrachte den größten Teil seines Lebens in Kairo, der ägyptischen Hauptstadt. Er beschreibt in seinem Buch, wie Lichtstrahlen durch Ablenkung und Brechung von Gegenständen zurückgeworfen werden. Auf seine Erkenntnisse stützte sich später auch der italienische Wissenschaftler Galileo Galilei, als er das weltweit erste Teleskop zur Beobachtung der Sterne und Planeten baute.

Ein Grund, warum sich diese Erkenntnisse so rasch verbreiteten, war, dass all diese Denker in der Lage waren, auf Papier zu schreiben. Aber die Herstellung von Büchern und vor allem die Herstellung von mehr als nur einem Buch, blieb eine enorme Arbeit. Gebildete Schreiber, die eine hervorragende Handschrift hatten, waren den ganzen Tag damit beschäftigt, Bücher abzuschreiben. Stell dir mal vor, wie schwer es war, keine Fehler zu machen! Aber das war der einzige Weg, mehrere Bücher herzustellen. Es war also dringend nötig, eine alternative Methode zu finden. Auch hier kam die Antwort aus China.

Das älteste bekannte, vollständige, datierte und gedruckte Buch der Welt befindet sich heute in der British Library in London. Der buddhistische Text mit dem Titel Diamant-Sutra trägt das Druckdatum 868 n. Chr.

Es wurde in China mit einem Druckverfahren namens Holzschnitt hergestellt. Dazu schnitzten Drucker die Wörter und Bilder in Holzblöcke ein, um sie dann mit Tinte eingefärbt auf Papierbögen zu pressen. Das war natürlich eine harte Arbeit, die viel Handfertigkeit erforderte, aber wenn die Holzschnitte auf den Blöcken einmal vorhanden waren, konnte man mit ihnen eine nahezu unbegrenzte Anzahl von Exemplaren drucken.

Das über fünf Meter lange Diamant-Sutra wurde vom Buddha selbst so benannt. Diamanten bestehen aus dem härtesten Material, das wir kennen. Der Buddha glaubte, dass diese Lehren wie ein Diamant durch die Illusionen des Lebens schneiden und universelle Wahrheiten offenbaren würden.

DAS LEBEN DES MENSCHEN IST KURZ. GLÜCK IST, DEN WOHLSTAND UND DIE MITTEL ZU HABEN, UM DAS LEBEN ZU GENIESSEN UND DANN IN DER LAGE ZU SEIN, DEN GLEICHEN WOHLSTAND AUCH SEINEN NACHKOMMEN ZU HINTERLASSEN.

Kaiser Taizu von China

Jetzt war das Goldene Zeitalter der wissenschaftlichen und technischen Neuerungen in China startbereit. Durch den Druck konnten sich Ideen, Designs und Kreativität noch leichter von einem Ort zum anderen verbreiten. Und genau das geschah, nachdem Kaiser Taizun 960 n. Chr. den Throns bestieg und eine neue Dynastie namens Song gründete.

Als eine seiner ersten Amtshandlungen erweiterte Taizun die kaiserliche Verwaltung, um die Anzahl der einfachen Leute, die eine Prüfung ablegen und eine gut bezahlte Beamtenstelle bekommen konnten, drastisch auf etwa 30 000 pro Jahr zu erhöhen.

Die Drucker machten Überstunden. Mehr als 500 klassische Texte, Wörterbücher, Enzyklopädien und Geschichtsbücher wurden in Tausende von Holzblöcken geschnitzt, um massenhaft Bücher für das Studium zu produzieren. In ganz China wurden mindestens 1000 neue Schulen eingerichtet, um Schüler auf die Beamtenprüfungen vorzubereiten.

Aber dann, 1127, kam es zur Katastrophe.

So funktioniert der Blockdruck im Holzschnittverfahren.

1. Der Text oder ein Bild wird in einen Holzblock geschnitzt

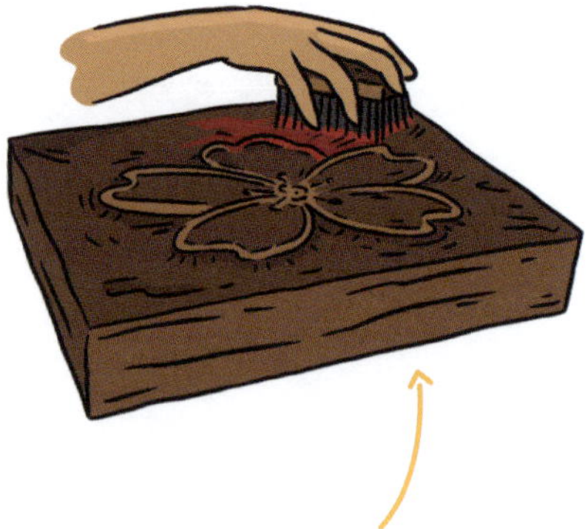

2. Die Tinte wird auf die Form aufgetragen

Die geniale Song-Regierung wurde von den sogenannten Jurchen, einer gewalttätigen Horde von Reitern, die aus der Mandschurei im Norden kamen, zu Fall gebracht. Naja, so haben es die Songs jedenfalls gesehen. Die Jurchen hätten es eher so erklärt, dass sie die kürzlich vereinte Jin-Dynastie waren und dass sie nur ihr Reich erweiterten, indem sie ihren schwachen Nachbarn im Süden Land wegnahmen. Und während sie schon dabei waren, wollten sie auf den größten Teil des restlichen Nordchinas auch nicht verzichten.

Wie auch immer man es sehen mag, das Ergebnis war die Spaltung Chinas: Im Norden herrschten nun die Jurchen (die zur Jin-Dynastie wurden) und eine südliche Region blieb unter der Herrschaft der Song, die sich über den Jangtse in den Süden geflüchtet und dort ihre neue Hauptstadt errichtet hatten. Sie sind heute als Südliche Song-Dynastie bekannt.

Die Herrscher der Südlichen Song waren wütend und zogen die besten Köpfe unter ihren Gelehrten heran: Sie sollten sich auf jede nur denkbare Weise um technische Überlegenheit bemühen, damit die Song bei erneuten Angriffen der nördlichen Feinde garantiert einen Sieg erringen.

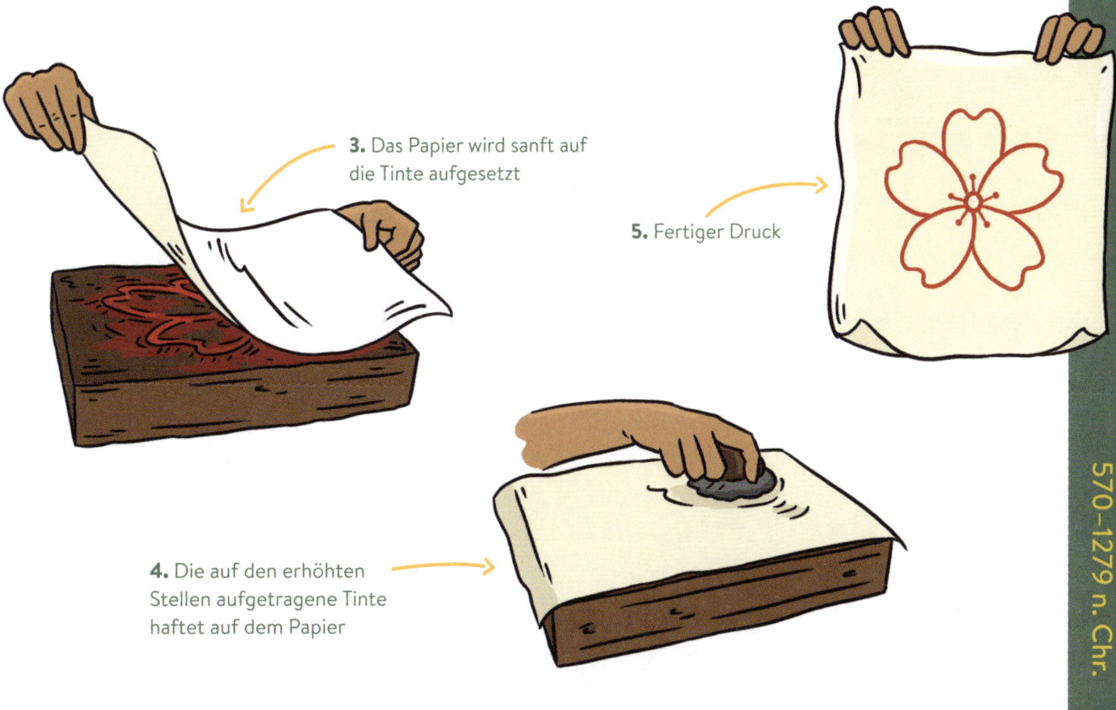

Schon während der Tang-Dynastie, ungefähr um 850 n. Chr., hatten chinesische Mönche aus Holzkohle, Schwefel und Mineralerzen erstmals eine primitive Art von Schießpulver gemischt. Später waren diese heiligen Männer von ihren kaiserlichen Herrschern angewiesen worden, einen Trank zu finden, der ewiges Leben verleiht. (Das mit der Suche klingt vertraut, oder?) Es scheint wie eine Ironie der Geschichte, dass sie bei diesen Experimenten über eine Kombination von Chemikalien stolperten, die zu einer tödlichen Waffe führen kann. Auf dieser ersten Schießpulver-Technologie konnten die klugen Köpfe am Hof der Südlichen Song aufbauen und eine ganze Reihe leistungsfähiger neuer Waffen konstruieren, von Katapultbomben und Kanonen bis hin zu Flammenwerfern.

Und wenn du gerade denkst, das Genie dieser Leute kann ja nicht unbegrenzt sein, haben sie auch noch die Verwendung des erstaunlichsten Navigationsgerätes aller Zeiten vorangetrieben – des Kompasses.

Kannst du rechts vom Buddha den Teufel mit der Schlange sehen, die sich gerade durch seine Augenhöhlen windet? Er ist dabei, eine brennende Bombe auf den Buddha zu werfen. Über ihm rechts benutzt ein anderer Dämon einen Flammenwerfer. Dieses Seidenbanner, das um 950 n. Chr. entstand, ist die früheste bekannte Illustration, die den Gebrauch von Feuerwaffen zeigt.

Die Idee, eine Nadel durch Reiben an Seide magnetisch zu machen und in einen Strohhalm zu stecken, der dann als primitiver Kompass auf dem Wasser schwimmt, war in China schon mindestens seit dem 1. Jahrhundert n. Chr. bekannt. Aber 1044 beschrieb das *Wujing Zongyao*, ein Handbuch über Militärtechnik aus der Song-Dynastie, zudem wie man mit Hilfe dieser Kenntnisse einen nach Süden weisenden Streitwagen bauen kann, der den Soldaten bei schlechtem Wetter und in dunklen Nächten die Orientierung erleichtert.

Der größte Durchbruch gelang jedoch einige Jahre später. Shen Kuo, ein Gelehrter am Hof der Song, erklärte, wie man eine magnetisierte Nadel an einem Stück Seidenfaden aufhängt und so gut zur Navigation verwenden kann. Sein Kompass war, soweit sich sagen lässt, schon um das Jahr 1100 auf chinesischen Schiffen in Gebrauch.

Der nach Süden ausgerichtete Streitwagen hatte große Räder, ein Zahnradsystem und eine Figur mit ausgestreckten Armen. Die Figur zeigte immer nach Süden, egal in welche Richtung der Wagen fuhr.

Wenn es eine Sache gibt, die uns die Geschichte gelehrt hat, dann die, dass kein Reich für immer Bestand haben kann – so genial sein Volk auch sein mag. Und wie wir bereits gesehen haben, spielt das Klima beim Aufstieg oder Niedergang mitunter eine große Rolle. In diesem Fall war das im Gebiet der Grassteppen Zentralasiens nördlich und westlich von China – im Land der Mongolen – vorherrschende Klima von Bedeutung.

Wir kennen alle Klimaveränderungen, die sich von Jahr zu Jahr in der Mongolei ereigneten, denn 2014 haben die Wissenschaftler Neil Pederson und Amy Hessl etwas ganz Besonderes herausgefunden. Wenn du dir einmal die Schnittfläche eines Baumstumpfes anschaust, erkennst du Ringe. Jeder dieser Ringe steht für das neue Wachstum eines bestimmten Jahres, sodass du die Jahresringe zählen kannst, um festzustellen, wie alt ein Baum ist. Und die Breite der Ringe verrät sogar, wie warm und nass (oder kalt und trocken) jedes Jahr war.

Pederson und Hessl untersuchten die Jahresringe sehr alter Bäume in der Mongolei und fanden heraus, dass es von 1180 bis 1190 in der Gegend verheerende Dürren gab. Wir wissen, dass sich während dieser Zeit mongolische Gruppen gegenseitig bekämpft haben. Sie waren von Pferden abhängig und Pferde sind auf Gras angewiesen. Vielleicht hat also die anhaltende Dürre zumindest teilweise den Konflikt verursacht.

Dann, von 1211 bis 1225, gab es eine warme und regnerische Zeit, die das Gras besser wachsen ließ als je zuvor. Plötzlich reichte das Gras für alle. Und was dann geschah, war mehr als erstaunlich. Alle diese Stämme vereinigten sich unter dem Kommando eines Mannes, Dschingis Khan, und bildeten eine Streitmacht, wie sie die Welt noch nicht gesehen hatte, die binnen weniger Jahre ihre Nachbarn unterwarf. Ist das zumindest teilweise auf Grund von gutem Wetter und ausreichend Gras passiert? Das denken Pederson und Hessl.

> „DER WECHSEL VON EXTREMER DÜRRE ZU EXTREMER FEUCHTIGKEIT HAT WOHL DIE IDEALEN BEDINGUNGEN GESCHAFFEN, DAMIT EIN CHARISMATISCHER FÜHRER AUS DEM CHAOS AUFTAUCHEN, EINE ARMEE AUFBAUEN UND DIE MACHT AN SICH REISSEN KONNTE."
>
> Amy Hessl, Dendrochronologin

Gras oder kein Gras, Dschingis Khan war ein ausgezeichneter und ein brutaler Militärplaner, der von seinen Leuten Härte, Einsatzbereitschaft und Loyalität verlangte. Soldaten, die in der Schlacht starke Leistungen zeigten, rückten in einen höheren Rang auf. Feiglinge wurden getötet. Jede Einheit bestand aus zehn Männern und hatte einen Führer, der dem Befehlshaber der nächsthöheren Stufe unterstand. Wenn ein Soldat desertierte, wurde seine ganze Einheit hingerichtet. Du kannst bestimmt verstehen, warum die Leute nie ungehorsam waren.

Die Mongolen waren skrupellos aber auch offen für neue Denkweisen. Sie haben Menschen gefördert, weil sie gute Arbeit geleistet haben, nicht weil sie aus mächtigen Familien oder aus welchem Land auch immer stammten. Natürlich gab es nur eine Ausnahme. Dschingis Khan und seine Familie hatten immer das Sagen. Das mongolische Reich war eines der ethnisch vielfältigsten in der Geschichte. Und viele Kulturen wurden in

Dieses Gemälde zeigt Mongolen, die in eine chinesische Stadt eindringen. Es stammt aus einem Buch zur Weltgeschichte des persischen Historikers Rashid-al-Din, der 1314 ein Team von Künstlern aus der ganzen islamischen Welt zusammenrief, um es illustrieren zu lassen.

die Regierung einbezogen. Die Mongolen schufen ein internationales Postsystem. Und sie haben geforscht, um die Landwirtschaft zu verbessern.

Sorgfältige Planung bei militärischen Beratungen (Kurultai genannt) und eine hervorragende Fähigkeit, mit schnellen Pferden die Lage zu erkunden, waren der Schlüssel zum militärischen Erfolg der Mongolen. Wann immer Dschingis Khan gegen eine feindliche Stadt vorrückte, stellte er diese vor die einfache Wahl: Unterwerfung oder Tod. Und, wie du dir vorstellen kannst, war er ein Mann, der sein Wort hielt.

Bis 1215 hatten die Mongolen die Jin-Hauptstadt Yanjing (das heutige Peking) erfolgreich belagert und erobert. Anschließend zog Dschingis Khan in den Norden und Westen Russlands, wo sich seine Streitkräfte in zwei Gruppen aufteilten, von denen die eine Georgien und die andere die Krim eroberte. Auf dem Rückweg in die Mongolei besiegten sie eine russische Armee, die unter der Führung von sechs Prinzen stand. Wie es dem mongolischen Brauch entsprach, wurden die besiegten Prinzen unter einer schweren Plattform zu Tode gequetscht, auf der gerade die mongolischen Feldherren ihr Siegesmahl einnahmen.

Dschingis Khan starb 1227 – niemand weiß, wie. Einige behaupten, er sei von einem Pferd gefallen. Und es gibt eine Legende, die besagt, dass er

In der heutigen Mongolei wird Dschingis Khan als Gründervater verehrt. Er hat eine beeindruckende Statue bekommen direkt vor dem Parlamentsgebäude der Nation.

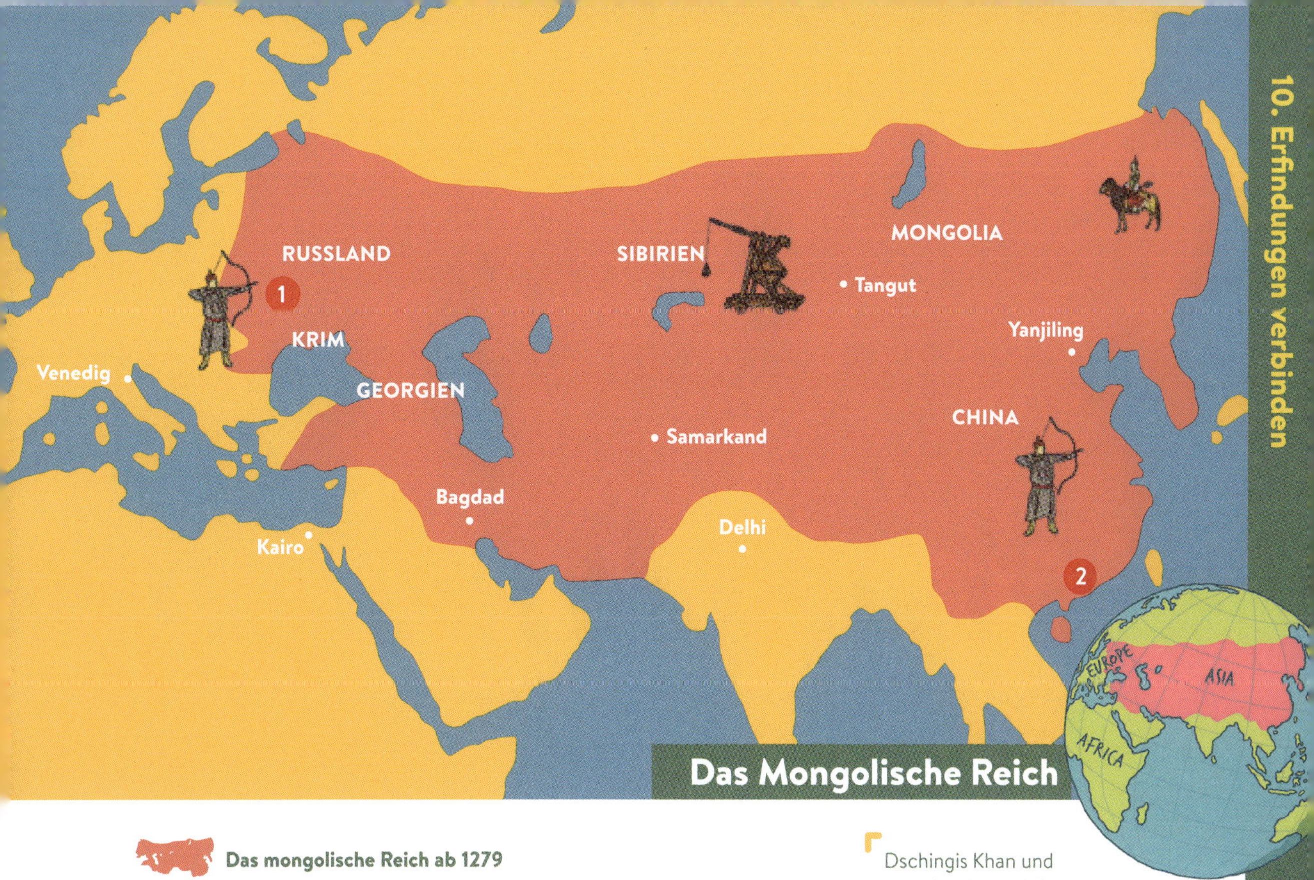

Das Mongolische Reich

Das mongolische Reich ab 1279

1 **Schlacht von Mohi (1241)**
Die Mongolen besiegen polnische, deutsche und ungarische Streitkräfte.

2 **Schlacht von Yamen (1279)**
Dschingis Khans Enkel Kublai besiegt die Song-Dynastie.

Dschingis Khan und seine Kinder und Enkel schufen das mächtige mongolische Reich. Es war das größte Landreich, das die Welt je gesehen hat.

von einer schönen Prinzessin der Tanguten aus Nordchina erstochen wurde, weil sie sich für den Mord an so vielen ihrer Landsleute rächen wollte.

Die Kinder von Dschingis Khan konnten das riesige mongolische Reich noch weiter ausdehnen, indem sie in Russland, Sibirien und Zentralasien Herrschaftsgebiete errichteten. Selbst die Südliche Song-Dynastie mit ihren Schießpulverwaffen konnte nicht ewig durchhalten. Es war dann Kublai Khan, einer der Enkel von Dschingis Khan, der sie schließlich besiegte.

Den letzten Widerstand leisteten die Song 1279 in der Schlacht von Yamen, etwas außerhalb des heutigen Hongkong. Als ein treuer Beamter des Hofes sah, dass die Song-Flotte zerstört worden war, wusste er, was er zu tun hatte. Er griff nach dem neunjährigen Song-Kaiser Zhao Bing, hob den Jungen hoch und sprang mit ihm zusammen von einer Klippe ins Meer – in den sicheren Tod.

Kapitel 11

MITTELALTERLICHE MISERE

476–1526 n. Chr.

Das Römische Reich zerfällt, das christliche Europa versinkt im Elend

Zeitleiste

542 n. Chr.
Die Pest erreicht Konstantinopel.

800 n. Chr.
Karl der Große wird von Papst Leo III. zum Heiligen Römischen Kaiser gekrönt.

1006
Die Wikinger landen zufällig an der nordamerikanischen Küste.

1204
Christliche Truppen plündern Konstantinopel im vierten Kreuzzug.

1215
König Johann von England ist gezwungen, der Magna Carta zuzustimmen.

1347–1351
Der Schwarze Tod kostet 40 Millionen Europäern das Leben.

1453
Die osmanische Armee erobert Konstantinopel.

1526
Der osmanische Sultan Suleiman der Prächtige dringt in Ungarn ein und erobert beinahe Wien.

Es ist immer wieder faszinierend, dass man manchmal interessante Muster erkennt, wenn man Ereignisse in der Vergangenheit wie unter einem Vergrößerungsglas betrachtet und mit anderen Ereignissen in Beziehung setzt. Hier ist ein perfektes Beispiel. Erinnerst du dich, wie die tektonischen Platten der Erde über Millionen von Jahren einen Zyklus durchlaufen, in dem sie sich erst zu einem Superkontinent zusammenfügen und dann in kleine Fragmente zerfallen? Nun, einen änlichen Zyklus wirst du erkennen, wenn du dir die Menschheitsgeschichte näher betrachtest. Reiche entstehen und zerfallen. Dann werden neue Reiche aufgebaut und wieder zersplittert.

Diese Zersplitterung ist genau das, was in Europa nach dem Untergang des Weströmischen Reiches im Jahr 476 n. Chr. geschah. Jeder kämpfte gegen jeden. Europa war ein einziges Chaos. Etwa 50 Jahre später unternahm der byzantinische Kaiser Justinian I. große

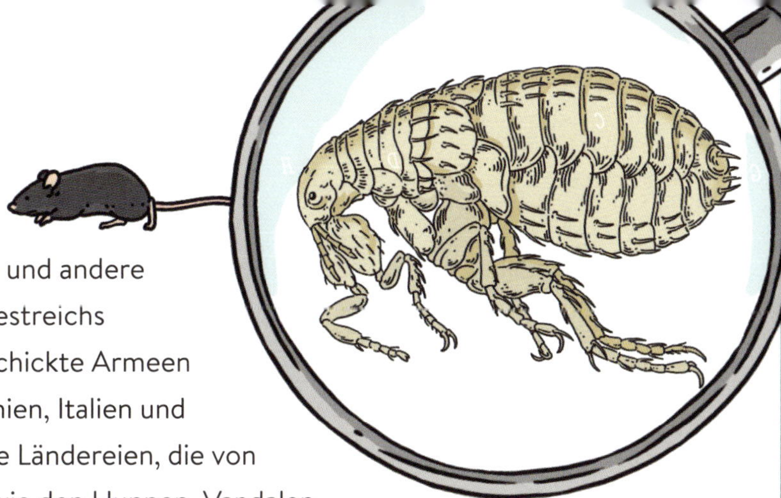

Die Beulenpest wird durch ein Bakterium ausgelöst, das blutsaugende Rattenflöhe in sich tragen. Im Mittelalter kamen die infizierten Flöhe, die auf den zahlreichen Ratten saßen, überall hin, übertrugen durch Bisse die hochansteckende Pest auf die Menschen und sorgten so für die Verbreitung der verheerenden Seuche.

Anstrengungen, Europa und andere Teile des ehemaligen Westreichs zurückzugewinnen. Er schickte Armeen und Generäle nach Spanien, Italien und Nordafrika und eroberte Ländereien, die von germanischen Völkern wie den Hunnen, Vandalen und Westgoten besetzt waren. Justinians Erfolg war jedoch nur von kurzer Dauer. Knapp drei Jahre nach seinem Tod fiel eine weitere Horde aus dem Norden ein: die Langobarden. Um 568 waren sie bereits die neuen Herren von Italien.

Die wirklichen Verlierer in all diesen Kriegen waren die einfachen Menschen. Sie mussten mit den Zerstörungen fertigwerden, nachdem die Armee durch ihre Häuser gepoltert war. Manchmal waren sie gezwungen, an einen ganz neuen Ort zu ziehen. Soldaten verwüsteten Städte und Dörfer, verletzten und töteten unschuldige Menschen und stahlen Essen. Aber das war noch nicht alles, was die Menschen erleiden mussten.

Es kam noch schlimmer, denn etwa 541 brach eine furchtbare Krankheit, die Beulenpest, aus und erreichte 542 n. Chr. Konstantinopel. Dort brachte sie täglich bis zu 5000 Menschen den Tod und raffte insgesamt 40 Prozent der Stadtbevölkerung hin. Dann verbreitete sich die Pest über weite Teile Europas und kostete während der nächsten 300 Jahre, in denen sie in immer wiederkehrenden Schüben in Westasien, Nordafrika und Europa wütete, bis zu 25 Millionen Menschen das Leben. Das ist mehr als heute die gesamte Bevölkerung von Australien und Neuseeland zählt.

Kaiser Justinian I. (Mitte) präsentiert sich umringt von Amtsträgern der Kirche (rechts), der Regierung und des Heeres (links) und somit als Oberhaupt von allen dreien. Das abgebildete Mosaik stammt aus Ravenna in Italien und ist um 547 n. Chr. entstanden. Es ist aus winzigen Glas-, Edelstein-, Keramik-, Gold-, Silber- und Perlmuttfliesen gefertigt.

Das alles führte dazu, dass die Zahl der in Europa lebenden Menschen rapide sank. 500 n. Chr. waren es rund 27,5 Millionen und 650 n. Chr., also 150 Jahre später, nur noch 18 Millionen. Da es nicht mehr genug Bauern gab, um die Felder zu bewirtschaften, lagen sie brach und wurden nach und nach von Wäldern bedeckt. Aus dieser Zeit gibt es kaum Berichte über etwas Neues in Wissenschaft, Kunst oder Literatur. Die meisten Könige und ihre nächsten Verwandten kamen gut zurecht. Aber für die Menschen außerhalb der Königshöfe war das Leben in Europa zwischen 350 und 750 n. Chr. übel, grausam und kurz.

Im Norden Frankreichs griffen die Karolinger (auch Franken genannt) ihre Nachbarn an. Bis 800 n. Chr. hatten sie den zentralen Teil Europas erobert und geeint. Dieses neue Fränkische Reich oder Frankenreich umfasste die heutigen Länder Deutschland, Österreich, Tschechien, Slowenien, Schweiz, Niederlande und Teile von Polen, Belgien, Frankreich und Italien. Die Franken haben auch die Langobarden aus Rom vertrieben.

Papst Leo III., das damalige Oberhaupt aller Christen, hatte befürchtet, die Langobarden seien nicht stark genug, um die heilige Stadt zu schützen. Er war also sehr froh, als die Franken kamen. Am 25. Dezember 800 n. Chr. krönte er ihren König, Karl den Großen, zum Kaiser des Heiligen Römischen Reiches. Karl der Große sollte als Nachfolger der antiken römischen Kaiser den Glanz des Weströmischen Reiches erneuern. Es gab auch in den anderen Ländern Europas Könige, aber sie alle sollten sich unter Karl dem Großen vereinen.

Mit seinen Bildungsreformen leitete Karl der Große eine völlig neue Ära ein. Alte Bücher wurden kopiert, Schulen gegründet, Kunst und Musik gefördert. Nach Karls Tod gab es mehrere Kriege um seine Krone, doch die Lage beruhigte sich wieder im Jahre 962 n. Chr., als Otto I. römisch-deutscher Kaiser wurde.

Sogar das Wetter hat sich gebessert. Kalte, strenge Winter wichen dem, was Historiker die Mittelalterliche Warmzeit nennen. Zwischen 950 und 1250 n. Chr. waren die Temperaturen noch milder als heute. Die Trauben wuchsen sogar im hohen Norden Großbritanniens. Eisschilde schmolzen und gaben neue Seewege über die nördlichen Meere frei.

Das mildere Klima sorgte für bessere Ernten. Und durch bessere Ernten nahmen die Könige mehr Steuergelder ein. Als die Könige immer reicher wurden, fingen sie an, mit ihrem Volk eine neue Art von Geschäft zu machen. Es ging wie folgt: Komm und tritt meiner Armee für eine festgelegte Anzahl von Tagen im Jahr bei. Im Gegenzug dafür gebe ich dir ein Stück Land, damit du Nahrungsmittel anbauen und deinen Lebensunterhalt verdienen kannst. Dieses Geschäftsmodell ist als Feudalismus bekannt und die Menschen, die das Land bewirtschaften, wurden als Zinsbauern bezeichnet.

Das bessere Wetter half auch den Nordeuropäern, in neue Länder zu expandieren. Gemeint sind die aus dem heutigen Dänemark, Norwegen und Schweden stammenden Wikinger, die bereits in den

Dieses Gemälde aus dem Jahr 1825 zeigt Karl den Großen mit einem Modell der Aachener Pfalzkapelle auf seiner Hand. Dieser Bau ist heute alles, was von der riesigen Palastanlage, die er für sich errichten ließ, geblieben ist.

790er-Jahren n. Chr. als ausgezeichnete Händler mit brillanten Schiffbau- und Segelkenntnissen erfolgreich waren. Ab 793 drangen sie in weite Teile Englands, Schottlands und Irlands ein.

Indem sie über natürlich miteinander verbundene Flüsse segelten, waren sie bald bis tief ins Herz Europas vorgedrungen und ließen sich in der heutigen Ukraine, Weißrussland und Russland nieder. Sie bezeichneten sich selbst als Rus – das Wort stammt vermutlich von dem altnordischen Begriff „Rods“, der so viel wie „Männer, die rudern“ bedeutet. Auch der Name Russland geht auf diese frühen Wikingersiedler zurück.

Auf dem Rückweg entdeckten die Wikinger einen Seeweg von Norwegen nach Island und ließen sich dort 874 n. Chr. nieder. Etwas mehr als 100 Jahre später bot sich ihnen durch das schmelzende Meereis die Möglichkeit, nach Grönland zu gelangen. Nach der Saga, einer Sammlung von altnordischen Wikingergeschichten, nannte Erik der Rote den Ort Grönland (also „grünes Land“), weil er wollte, dass es nach einem großartigen Ort zum Leben

klingt. In Wirklichkeit aber war das Land größtenteils von Eis bedeckt, und es gab nur sehr wenig Grün.

Um 1006 erreichten die Wikinger die Küste Kanadas. Dort erbaute Leif Eriksson, der Sohn von Erik dem Roten, ein kleines Dorf in der kanadischen Provinz Neufundland. Diese Siedlung, die fast 500 Jahre vor der berühmten Reise von Christoph Kolumbus im Jahr 1492 gegründet wurde, war wohl der erste Versuch der Europäer, sich in Amerika niederzulassen. Aber er ist gescheitert. Keiner weiß genau, warum.

Manche vermuten, dass es mit einem alltäglichen Bestandteil der skandinavischen Ernährung zu tun hatte – mit Milch. Eine Saga erzählt, wie die Einheimischen die Wikingersiedler nur einen Tag nach dem Kauf von Milch angegriffen haben. Das ist seltsam, oder? An einem Tag treibt ihr friedlich und froh Handel miteinander. Am nächsten Tag greift einer von euch den anderen an.

Erik der Rote, der so hieß, weil er feuerrote Haare hatte, konnte etwa 2000-3000 Leute überreden, mit ihm nach Grönland zu kommen, um eine neue Kolonie zu gründen.

Langschiffe waren das Erfolgsgeheimnis der Wikinger. Dank ihrer leichten und schnellen Schiffe konnten sie sich ihren Feinden im Nu nähern, um diese flink und wendig anzugreifen. Die schlanke Schiffsform war für ihre Reisen ideal, die außer über Meere auch über Flüsse, Seen und enge Gewässer führten.

Normannische Pferde stürzen und fallen über Stöcke oder Steine, die von den Engländern als Stolperfallen ausgelegt wurden

Englische Fußsoldaten verteidigen einen Hügel

Tote Soldaten und Pferde

Der Teppich von Bayeux ist eine 70 Meter lange von Hand gestickte Bildergeschichte aus dem 11. Jahrhundert. Er stellt in zahlreichen Szenen die Geschichte von der Eroberung Englands durch den Normannenherzog Wilhelm dar. Die Szene oben zeigt einen Teil der Schlacht bei Hastings im Jahr 1066.

Es gibt viele Menschen, die Kuhmilch nicht gut verdauen. Und genau dieses Problem hatten auch über 80 Prozent der Ureinwohner Nordamerikas. Nachdem die neuen Nachbarn der Wikinger keine Kühe hielten und folglich keine Kuhmilch tranken, könnte es durchaus sein, dass sie sich nach dem Verzehr krank fühlten und dachten, die Neuankömmlinge wollten sie vergiften. War das der Grund, weshalb sie angriffen?

Die Wikinger ließen sich nie dauerhaft in Nordamerika nieder, aber sie kamen jahrhundertelang immer wieder und fällten Bäume, um das Holz nach Grönland und Island zu bringen. Es ist interessant, dass viele Personen in der Geschichte unter Namen bekannt sind, die andere Menschen ihnen gegeben haben. „Wikinger“ bedeutet zum Beispiel „Pirat“, also kannst du darauf wetten, dass sie sich nicht selbst so bezeichnet haben. Und wie wir aus den Sagas wissen, hießen die kanadischen Ureinwohner bei den Wikingern „Skrælinga“, was so viel wie „arme Teufel“ oder „erbärmliche Leute“ bedeutet. Das war aber auch kein sehr netter Name.

Bischof Odo schwingt seinen Kommandostab, um normannische Kämpfer anzufeuern

Herzog Wilhelm von der Normandie schiebt sein Helmvisier nach oben, um seinen Männern zu zeigen, dass er nach einem Sturz vom Pferd noch am Leben ist

Eine der größten Wikingersiedlungen in Europa befand sich in der Nähe von Rouen in Westfrankreich. Hier wurden sie unter dem Namen „Normannen“ bekannt, was so viel wie „Nordmänner“ bedeutet. (Ich wette, das gefiel ihnen besser als „Wikinger“.) Der berühmteste Herrscher der Normannen, Herzog Wilhelm von der Normandie, fiel in England ein und gewann 1066 die Schlacht bei Hastings.

Wie zuvor das Römische Reich lebte der Feudalismus von erfolgreichen Eroberungen. Ein König konnte neu eroberte Ländereien an Ritter und Adlige vergeben, die im Gegenzug Waffen und Soldaten für weitere Eroberungen und Kriege zur Verfügung stellten. Um seine Herrschaft in England zu festigen, ordnete Wilhelm der Eroberer, wie Wilhelm von der Normandie nach seinem Sieg genannt wurde, eine umfassende Vermessung seines Königreichs an. Das Ergebnis war das berühmte Domesday Book („Buch des Jüngsten Gerichts“) von 1086, das die Ländereien und Habseligkeiten von mehr als 265 000 Menschen, darunter Bauern, Schmiede, Töpfer, Hirten, Sklaven usw., auflistete. Es ist eine einzigartige Momentaufnahme des mittelalterlichen Lebens.

Dank derart umfangreicher Angaben konnte Wilhelm seine Steuereintreiber losschicken, um so viel Geld wie möglich aus diesen neu gewonnenen Untertanen herauszuholen. Domesday bedeutet „Jüngstes Gericht", aber Wilhelm nannte das Buch nicht so. Und die Leute, die ihm diesen Titel gaben, haben es mehr im Sinne von „endgültig" gemeint, weil die darin festgehaltenen Besitzverhältnisse, auf die Steuern erhoben wurden, für alle Zeit gültig und unanfechtbar, also so sicher wie der Tod, waren.

Durch wärmeres Wetter gab es mehr Nahrung und als Folge auch immer mehr Menschen. Um 1000 n. Chr. war die Bevölkerung Europas auf mehr als 37 Millionen angewachsen, und bis 1340 hatte sie sich auf 74 Millionen verdoppelt. Der gewaltige Anstieg von Wohlstand und Bevölkerung machte die Herrscher noch begieriger darauf, fremde Länder zu entdecken, die sie erobern und ihr Eigen nennen konnten.

Wilhelm der Eroberer errichtete eine Reihe von massiven Burgen und einschüchternden Festungen wie den Tower of London, um seine Macht in England zu sichern.

Während wir uns die ganze Zeit mit Europa beschäftigt haben, produzierte die islamische Welt ihre eigenen Probleme. Das erste islamische Reich zerfiel in Teile, die gegeneinander kämpften. Um 1030 stieg ein neues muslimisches Reich auf, das Reich der Großseldschuken. Von Persien aus herrschten die Seldschuken über das ganze Land von Zentralasien bis in die heutige Türkei. Sie lagen im Krieg mit dem Byzantinischen Reich, den sie letztendlich gewannen. Die Seldschuken nahmen 1071 in der Schlacht bei Manzikert sogar den byzantinischen Kaiser selbst gefangen. Dann brachten sie einen Großteil der Türkei unter ihren Einfluss. Die Europäer wurden nervös.

Die Schilde der Kreuzritter waren mit dem Kreuz Christi verziert.

Im Jahr 1054 vollzog sich im Christentum eine Glaubensspaltung nach ähnlichem Muster wie einst die Teilung des Römischen Reiches in Ost- und Westrom. Die europäischen Christen der römisch-katholischen Westkirche und die byzantinischen Christen der orthodoxen Ostkirche trennten sich. Dennoch forderte Papst Urban II., das Oberhaupt der römisch-katholischen Kirche, 1095 ein einzig und allein aus Europäern bestehendes Kreuzfahrerheer auf, den Byzantinern gegen die Muslime zu Hilfe zu kommen.

Über 400 Jahre zuvor, kurz nach dem Tod von Mohammed, hatten muslimische Streitkräfte Jerusalem erobert. Keine andere Stadt war und ist den Juden, Christen und Muslimen so heilig, dass sie jahrhundertelang darum kämpften. Papst Urban hielt es für ein gutes Vorhaben, ein neues christliches Ritterheer in die heilige Stadt zu schicken, das sie zurückerobern und gleichzeitig Byzanz unterstützen sollte.

Der Aufruf des Papstes hatte Erfolg. Die christlichen Herrscher Europas schlossen sich zusammen und machten sich daran, die Seldschuken zurückzudrängen. Dies war der Beginn einer Reihe von Kriegen, die Kreuzzüge genannt werden. Ritter in Rüstungen begaben sich auf den

Weg, um gegen Menschen zu kämpfen, die sie für Ungläubige hielten. Sie kämpften im Namen Gottes. Natürlich kämpften die Menschen, die sie angriffen, im Namen desselben Gottes. Sie nannten ihn einfach nur Allah.

Als Papst Urban II. verkündete, dass jeder Christ, der im Kampf gegen die Muslime sein Leben verliert, von Gott mit ewiger Glückseligkeit im Himmel belohnt wird, war das Interesse der Menschen geweckt. Die Resonanz war überwältigend. Doch die Auswirkungen dieser erbitterten Kämpfe sind bis heute spürbar.

Der Erste Kreuzzug verlief für die europäischen Mächte überraschend erfolgreich. Sie konnten Jerusalem zurückerobern. Doch nicht nur das, denn damals war es für die Sieger üblich, mehr zu tun, als nur das Territorium zu besetzen. Sie töteten auch die Menschen, deren Territorium sie eingenommen hatten (manchmal passiert das auch heute noch). Als die Kreuzfahrer Jerusalem eroberten, massakrierten sie die Juden und Muslime, die dort lebten. Die orthodoxen Christen Jerusalems töteten sie zwar nicht, aber sie beschuldigten sie, den Muslimen zu helfen, und zwangen sie, die Stadt zu verlassen.

Es wurde ein neues römisch-katholisches Königreich Jerusalem gegründet, das ungefähr 80 Jahre bestand. Da die Europäer fast die gesamte Bevölkerung der Stadt vertrieben hatten, versuchten sie in der

Diese Zeichnung aus dem 13. Jahrhundert zeigt einen imaginären Kampf zu Pferd zwischen Richard I. von England (links) und Saladin, Sultan von Ägypten und Syrien (rechts).

ganzen kommenden Zeit, die Christen davon zu überzeugen, sich dort niederzulassen.

1187 eroberte Saladin, der Sultan von Ägypten und Syrien, die heilige Stadt zurück und gab sie wieder in muslimische Hände. Der Verlust Jerusalems lieferte den europäischen Herrschern einen Grund, sich erneut zusammenzuschließen. 1189 entstand ein beispielloses Bündnis europäischer Könige, darunter Richard I. von England, Philipp II. von Frankreich und Friedrich Barbarossa, der Kaiser des römisch-deutschen Reiches, die von Papst Gregor VIII. unterstützt gemeinsam marschierten, um das Heilige Land den „Ungläubigen" zu entreißen.

Das würde heutzutage nie wieder passieren. Herrscher ziehen nicht mehr selbst in den Krieg. Sie schicken ihre Armeen und bleiben aus der Ferne in Kontakt. Aber im Mittelalter zogen Könige und Königinnen in den Krieg. Oft ritten sie direkt an der Spitze ihrer Heere.

Dieser Kreuzzug war kein Erfolg. Barbarossa ertrank beim Überqueren eines Flusses. Philipp wurde krank und kehrte nach Frankreich zurück. Richard schloss Frieden mit Saladin, nachdem er erkannt hatte, dass seine Streitkräfte nicht stark genug waren, um Jerusalem zurückzuerobern.

Auf dem Heimweg wurde Richard von Leopold V., dem Herzog von Österreich, gefangen genommen und dieser übergab ihn als

> „WIR HABEN AUCH ALLEN FREIEN MÄNNERN UNSERES REICHES UND UNS UND UNSEREN ERBEN ALLE UNTEN STEHENDEN FREIHEITEN GEWÄHRT, UM SIE UND IHRE ERBEN, VON UNS UND UNSEREN ERBEN FÜR IMMER ZU HABEN UND ZU HALTEN …“
>
> König Johann von England, Magna Carta

Kriegsgefangenen an Heinrich IV., den aktuellen Kaiser des Heiligen Römischen Reiches. Für die Freilassung des englischen Königs, der danach sofort die Rückkehr antrat, wurde ein enorm hohes Lösegeld gezahlt.

Im Jahr 1204, beim letzten Kreuzzug, kamen die christlichen Streitkräfte nicht einmal in die Nähe von Jerusalem. Stattdessen hielten sie sich an die reiche byzantinische Stadt Konstantinopel, deren Bewohner ebenfalls Christen waren. Am 12. April fielen die angeblichen Soldaten Christi dort ein und verhielten sich so, als würden sie eine feindliche Stadt erstürmen. Sie stahlen Schätze, zerstörten Eigentum und griffen Frauen an. Wenn sie auf genau dieselbe Art in Bagdad oder Jerusalem gewütet hätten, wäre es als ehrenhaft angesehen worden. Aber Konstantinopel war eine christliche Stadt. Was damals geschah, wurde deshalb oft als einer der schändlichsten Vorfälle in der langen Geschichte des Christentums bezeichnet.

Für die Christen in Europa war es eine Leidenszeit, aber für viele andere Kulturen war das Mittelalter eine großartige Epoche. Wir haben bereits gesehen, wie gut die Muslime in Spanien und im gesamten Nahen Osten vorankamen, mit neuen Erfindungen und einem regen Handel, der das Geschick vieler Menschen verbessert hat. Das Königreich Simbabwe im südlichen Afrika mit seiner im Hochland gelegenen Hauptstadt Groß-Simbabwe verfügte über ein ausgedehntes Handelsnetz, das sich bis nach China erstreckte. Scherben chinesischer Keramik sowie Münzen und Glasperlen aus dem Nahen Osten deuten darauf hin, dass sich Simbabwe bis etwa 1450, als Hungersnot und Klimawandel seinen Handel zum Erliegen brachten, stetig im Aufschwung befand.

Inzwischen hatte sich Europa durch permanente Aufstände und Unruhen immer mehr selbst zerstört. König Johann von England war so unbeliebt, dass ihm am 15. Juni 1215 nichts anderes übrigblieb, als sich mit einer Gruppe von Adligen an einem Ort in der Nähe von Windsor an der Themse zu treffen. Sie forderten ihn auf, einer Vereinbarung zuzustimmen, die seine Macht einschränkte. Danach würde er nicht länger in der Lage sein, alles zu tun, was er wollte, weil er glaubte, Gott habe ihm die Macht dazu verliehen. Stattdessen musste er eine Liste von 63 Regeln befolgen. Die Liste wurde als Magna Carta bekannt.

Diese Regeln untersagten ihm, das Geld der Leute zu nehmen, um seine Kriege zu bezahlen, ohne sie vorher zu fragen. Er durfte niemanden ohne einen fairen Prozess ins Gefängnis werfen. Und er durfte auch nicht die besten Fische für sich selbst aus der Themse holen. Kurz darauf erklärte der Papst die Magna Carta für nichtig. Aber für einige Historiker markiert dieser Moment den Anfang eines neuen Zeitalters, in dem die ersten Verfassungen begannen, launische Könige und aufstrebende Kriegsherren zu kontrollieren.

König Johann von England stimmte den Regeln der Magna Carta zu, indem er sein großes Siegel aufdrückte. Er hielt sich jedoch nicht an sein Versprechen, was ihn zu einem der unbeliebtesten Könige in der Geschichte Englands machte.

Aber dieser Prozess dauerte lange. Und es gibt noch manche Länder auf der Welt, in denen Recht und Gesetz bis heute keine Bedeutung haben. Während die Adligen und Ritter im Mittelalter immer mehr Macht an sich rissen, wurden die einfachen Menschen immer ärmer.

Doch dann wurde alles noch viel schlimmer. Bis 1315 hatten drei aufeinanderfolgende feuchtkalte Sommer den größten Teil Europas nördlich der Alpen und der Pyrenäen in die Knie gezwungen. Das Getreide reifte nicht, es gab kein Viehfutter mehr und auch Salz wurde knapp. Zu dieser Zeit und in dieser Gegend konnte man Salz nur durch Verdampfen von Salzwasser gewinnen. Und wenn es regnet oder sehr feucht ist, verdunstet das Wasser nicht gut. Salz war das einzige Mittel, mit dem sich das Fleisch haltbar machen ließ, sodass der Mangel an Salz eine Katastrophe war. Nur die reichsten Grundbesitzer konnten sich noch etwas zu essen leisten. Selbst der englische König Edward II. war nicht in der Lage, für sein Gefolge genug Brot zu beschaffen, als er in diesem Sommer das Land bereiste.

Wer überleben wollte, musste Nutztiere schlachten und Saatgut essen, was eigentlich im nächsten Jahr für den Anbau der Erntepflanzen gebraucht wurde. Es folgten schreckliche Dinge. In ganz Europa wurden Kinder ausgesetzt, die dann selbst für sich sorgen mussten. Kein Wunder, dass das Märchen von Hänsel und Gretel aus dieser Zeit stammen soll. Damit die übrige Familie überleben konnte, hungerten sich manche ältere Menschen sogar absichtlich zu Tode. Schon bald breiteten sich in der unterernährten, geschwächten Bevölkerung Krankheiten aus. Im Jahr 1276 lag die durchschnittliche Lebenserwartung in Europa bei 35 Jahren, und bis 1325 war sie auf nicht viel mehr als 20 gefallen. Dann geschah erneut das, was auch das letzte Mal passierte, als Europa im Elend versank und zerstritten war. Die Pest griff wieder um sich.

In der Regel werden Ratten für die Ausbreitung des Schwarzen Todes verantwortlich gemacht, der Europa zwischen 1347 und 1351 heimsuchte. Doch auch die Menschen waren schuld. Wie wir bereits gesehen haben, wird diese schreckliche Krankheit durch Bakterien verursacht, die winzige Insekten, die Flöhe, in sich tragen. Flöhe leben meist lieber vom Blut kleiner, pelziger Tiere wie Ratten. Aber wenn ein Mensch vorbeikommt, springen sie direkt auf diesen auf. Und natürlich trägt jeder, ob Mensch oder Tier, zusammen mit einem infizierten Floh auch die Bakterien überall hin mit.

Hinter dieser verheerenden Seuche steckte dieselbe Krankheit, die im 6. Jahrhundert so viele Todesopfer gefordert hatte. Diesmal trat die Pest in den 1330er-Jahren wahrscheinlich zuerst in China auf und gelangte über Handelsrouten wie die Seidenstraße nach Europa.

Dieses Gemälde aus dem 14. Jahrhundert zeigt einige Pestopfer, die von einem Priester gesegnet werden. Ohne die wirksamen Mittel der modernen Medizin war das Gebet ihre einzige Hoffnung.

Ist dies das weltweit erste Beispiel für biologische Kriegsführung? Einer Legende zufolge verbreitete sich der Schwarze Tod nach Europa, nachdem Streitkräfte der mongolischen Belagerer ihre Pestleichen über die Mauern von Kaffa auf der Krim katapultierten.

Es gibt eine Legende, die erzählt, wie sich die Pest nach Europa ausbreitete. Im Jahr 1346 belagerten die Truppen des mongolischen Herrschers Dschani Beg den Handelshafen Kaffa an der Nordküste des Schwarzen Meeres. Sie wollten die Stadt zur Kapitulation zwingen, indem sie jeden davon abhielten, hinein- oder hinauszugehen. Dann aber erkrankten und starben so viele seiner Soldaten an der Pest, dass der Herrscher seine Pläne aufgeben musste.

Als eine letzte Verzweiflungstat in diesem Kampf auf verlorenem Posten luden Dschani Begs wenige überlebende Soldaten die unzähligen Körper ihrer toten Kameraden auf Katapulte und schleuderten sie über die Mauern der Stadt. Genau zu dieser Zeit befand sich eine Gruppe von italienischen Händlern aus Genua in Kaffa. Als sie begriffen, was da vor sich ging, flüchteten sie sofort auf ein Schiff und fuhren zurück nach Italien. Aber natürlich hatten sie schon einige der flinken infizierten Flöhe dabei. Die meisten Genuesen starben auf dem Schiff, aber die wenigen, die nach Hause kamen, gaben die tödliche Krankheit weiter.

In den nächsten drei Jahren starben mehr als 40 Millionen Europäer – mehr als die Hälfte der Bevölkerung des gesamten Kontinents. Zwischen 1348 und 1375 sank die durchschnittliche Lebenserwartung so tief wie noch nie auf nur knapp über 17 Jahre.

Der Feudalismus brach schließlich zusammen, weil es auf den Ländereien einfach nicht mehr genug Bauern gab, die sich als Soldaten zur Verfügung stellen konnten. Stattdessen sahen sich englische Könige wie Heinrich V. gezwungen, Soldaten mit Geld zu bezahlen oder sogar eigene stehende Heere zu rekrutieren. Geld zu verdienen, bedeutete auch, mehr Steuern zahlen zu müssen. Aber diesmal behielt das Volk die Oberhand. Weil es so wenige Leute gab, konnten sie als Gegenleistung für ihre Arbeit mehr Macht, Freiheit und faire Bezahlung fordern.

Siehst du, wie vernetzt die Welt inzwischen war? Die Pest kam mit Flöhen aus China nach Europa. Die Wissenschaften des Altertums wurden auf Papier festgehalten und von Bagdad ins islamische Spanien gebracht. Chinesische Töpferwaren fanden in Südafrika Verwendung. Doch was als Nächstes aus Asien kam und sich auf der ganzen Welt verbreitete, sollte alles für immer verändern.

Schießpulver war in Europa mindestens seit 1267 bekannt. Damals erschien ein Rezept für dieses Schwarzpulver in einem Buch namens *Opus Majus*. Aber obwohl Roger Bacon, ein Engländer, das Buch geschrieben hatte, probierte bis 1346 keine europäische Armee Kanonen aus.

Niemand weiß genau, wie sich die Kenntnis des Schießpulvers in ganz Europa verbreitete. Wahrscheinlich wurden europäische Kriegsherren 1342 bei der Belagerung der spanischen Stadt Algeciras erstmals auf das Schießpulver aufmerksam. Dort setzten islamische Krieger gegen die christlichen Angreifer eine primitive Kanone ein, mit der sie Eisenkugeln über die Stadtmauern schossen, um die Gegner zu vertreiben. Die Belagerung

1346 setzten englische Streitkräfte der Schlacht bei Crécy erstmals in Europa Kanonen gegen ihre Erzfeinde, die Franzosen, ein. Damals funktionierten sie nicht sehr gut, aber mit der Zeit verbesserte sich die Technologie und veränderte die Kriegsführung radikal.

> DIE BELAGERTEN RICHTETEN UNTER DEN CHRISTEN MIT DEN VON IHNEN ABGESCHOSSENEN EISERNEN KUGELN GROSSEN SCHADEN AN.
>
> Juan de Marianas, Historiker

dauerte fast zwei Jahre, aber am Ende kapitulierten die Muslime. Schießpulver war nicht genug, um die Stadt zu halten.

Vier Jahre später setzten die Engländer in der Schlacht bei Crécy eine Pulverkanone gegen ihre Erzfeinde, die Franzosen, ein. Obwohl die Engländer gewannen, funktionierten die Kanonen nicht wirklich gut. Wahrscheinlich war es am Ende sicherer, vor einer dieser Kanonen zu stehen, als sie zu bedienen.

Aber innerhalb von 100 Jahren waren Kanonen die bevorzugten Waffen einer Armee. Mit den den abgefeuerten Kanonenkugeln konnte man in Minutenschnelle selbst die Burg eines Ritters in Schutt und Asche legen. Und Handfeuerwaffen verwandelten ungelernte Bauernkämpfer in todbringende Soldaten, die ihre Schüsse aus der Distanz abgeben konnten.

Ein ungarischer Kanonenschmied namens Urban war vielleicht der erste Waffenhändler der Welt. 1452 hatte er eine riesige Kanone konstruiert. Auf der Suche nach jemandem, der ihn dafür bezahlte, ging er zum byzantinischen Kaiser Konstantin XI. Konstantin lehnte ab. Also ging Urban zu Konstantins Feind, Sultan Mehmed II., dem Regenten des Osmanischen Reiches. Mehmed sagte zu. So landete Urbans Riesenwaffe auf der osmanischen Seite einer unglaublich wichtigen Schlacht.

Und wenn ich Riesenwaffe sage, meine ich das wirklich so. Das Rohr seiner größten Kanone war über acht Meter lang und bestand aus Kupfer und Zinn. Es hieß, dass es 50 Ochsen brauchte, um sie zu ziehen, und eine Mannschaft von 700 Mann, um ihr Geschoss abzufeuern.

Fast 750 Jahre waren vergangen, seit die muslimischen Streitkräfte das letzte Mal versucht hatten, die große byzantinische Kaiserstadt Konstantinopel einzunehmen, die über die gewinnbringenden Handelswege wachte. In der Zwischenzeit hatte sich die islamische Welt stark verändert. Neue Reiche hatten die älteren Kalifate ersetzt. Eines von ihnen in der Türkei war das Osmanische Reich, der neue Arbeitgeber von Urban.

Im Frühjahr 1453 hatte sich nun erneut eine Streitkraft von 80 000 osmanischen Soldaten vor den gewaltigen Mauern von Konstantinopel versammelt. Die Kanonen von Urban rollten langsam über die Ebene bis kurz vor die Stadt. Riesige Kugeln aus Stein und Marmor prasselten erbarmungslos und mit solcher Wucht auf die Mauern von Konstantinopel nieder, dass man meinte, sie hätten sich beim Einschlag zwei Meter tief in den Boden gebohrt. Am 28. Mai 1453 durchbrachen die Osmanen die Schutzmauer, sodass ihre Soldaten die Stadt stürmen konnten.

Als die Nachricht über den Fall Konstantinopels Europa erreichte, war die christliche Welt wie vor den Kopf geschlagen. Mit Konstantinopel gingen die restlichen Gebiete des Byzantinischen Reiches ebenfalls verloren. Dazu gehörten auch die für die europäische Wirtschaft überaus wichtigen Silberminen in Serbien und Griechenland. Und ein Teil der Bevölkerung des ehemaligen Byzantinischen Reiches konvertierte zum Islam, was den Christen große Angst machte.

Sultan Mehmed II. machte Geschäfte mit einem ungarischen Waffenhändler, was ihm 1453 letztendlich den Sieg über die Byzantiner einbrachte.

Der osmanische Sultan Selim I. erhöhte den Druck noch weiter. Er fiel in Ägypten ein und unterbrach aufgrund einiger Gebietseroberungen die historischen Handelsbeziehungen zwischen Europa und Ostasien. Sein Nachfolger, Suleiman der Prächtige, drang 1521 in Ungarn ein, und nachdem er fünf Jahre später die Schlacht bei Mohács gewonnen hatte, versammelten sich muslimische Armeen vor den Toren Wiens und belagerten die Stadt.

Es war nur der extrem harte Winter, der Wien vor dem Fall bewahrte und Suleiman zwang, seine Truppen nach Hause zu rufen. Er versuchte es 1532 erneut, wurde aber wieder durch schlechtes Wetter gestoppt. Sehr kalte Winter gab es von da an immer häufiger, eine Tendenz, die sich über Hunderte von Jahren fortsetzte.

Aber während die Kälte den Wienern eine vorübergehende Atempause verschaffte, erwies sie sich für die abenteuerlustigen Wikinger in Grönland als tödlich. Durch die stetig sinkenden Temperaturen wurde es einfach zu kalt, um dort zu leben. Das kompakte Meereis schloss sie ein, und niemand konnte das gefrorene Land erreichen oder verlassen. Die Menschen dort verschwanden völlig. Sie müssen verhungert oder erfroren sein.

Das christliche Europa war nun umzingelt und saß in der Falle. Im Norden lag das Eis, im Westen ein Ozean, der so groß war, dass man ihn nicht überwinden konnte. Der Osten und Süden waren fest in der Hand feindlicher muslimischer Händler und Herrscher. Man kann mit Fug und Recht sagen, dass das christliche Europa dringend ein Wunder brauchte.

Muslimische Angreifer und christliche Verteidiger stehen sich während der Belagerung von Konstantinopel im Jahr 1453 gegenüber.

Kapitel 12

Die Welt wird global

1415–1621

Europäische Entdecker wetteifern um die Eroberung einer „Neuen Welt“

Zeitleiste

1443
Die Portugiesen finden den Seeweg zum afrikanischen Gold.

1488
Der portugiesische Entdecker Bartolomeu Dias erblickt als erster Europäer die Südspitze Afrikas.

1492
Ferdinand und Isabella besiegen die letzte muslimische Hochburg in Spanien.

1492–1503
Christoph Kolumbus macht vier Seereisen zwischen Spanien und dem amerikanischen Kontinent.

1494
Spanien und Portugal teilen die Welt untereinander auf.

1517
Martin Luther lehnt sich gegen die Kirche auf und löst die protestantische Reformation aus.

1522
Spanien besiegt das Reich der Azteken.

1620
Englische Protestanten gründen die Kolonie Plymouth.

Sie war eine 18 Jahre alte Prinzessin und Thronerbin. Er war ein 17 Jahre alter Prinz und erster Anwärter auf den Königsthron in einem anderen Land. Eine Woche nach ihrem ersten Treffen heirateten sie. Die Familie der Braut war außer sich vor Wut.

Die Story kennst du schon? Nein, das ist nicht der Trailer eines Hollywoodfilms und auch nicht der Plot eines Dramas von Shakespeare. Es ist die wahre Geschichte von zwei Monarchen in dem Land, das heute Spanien heißt – Isabella von Kastilien und Ferdinand von Aragon. Es geht darin nicht um Liebe und Romantik, sondern um Macht und Politik.

Als Isabellas Bruder König Heinrich starb, brach Krieg aus um die Frage, wer das Land Kastilien regieren sollte: Isabella oder ihre Nichte Johanna. Aber Isabella war zum Kampf bereit. Sie hatte sich Ferdinand als Ehemann ausgesucht, dessen Vater eine große Armee befehligte. Sie gewann den Krieg mit der Unterstützung des Reichs Aragon und wurde 1474 im Alter von 23 Jahren zur Königin von Kastilien gekrönt. Nach dem Tod von Ferdinands Vater fünf Jahre später folgte Ferdinand ihm auf den Thron. Ihre Eheschließung brachte Isabella und Ferdinand ungeheure Macht, sicherte den Frieden zwischen Kastilien und Aragon und bereitete dem heutigen Spanien den Weg.

Und was stellten Isabella und Ferdinand mit ihrer ganzen Macht an? Als erstes vertrieben sie 1492 ihre muslimischen Feinde aus dem Emirat Granada im Süden des Landes und vollendeten damit die Rückeroberung Spaniens durch die Christen. Dann zwangen sie alle in der Region lebenden Juden und Moslems, die bisher friedlich ihre Religionen praktiziert hatten, zum Christentum überzutreten – wer sich weigerte, musste das Land verlassen. Sie wünschten, dass ihre Länder zu 100 Prozent römisch-katholisch wurden. Der Papst nannte

Nach der Vereinigung ihrer beiden Länder gehörten Ferdinand und Isabella zu den mächtigsten Herrschern in Europa.

sie „Die katholischen Könige". Außerdem wollten sie die aufsteigende Macht Portugal in Schach halten, ihren Rivalen im Westen.

Portugal war mit einem gewaltigen Vorsprung ins Rennen gegangen: 50 Jahre zuvor hatte es nämlich einen Prinzen gegeben, Heinrich, dessen Leidenschaft die Schatzsuche war. 1415, mit 21 Jahren, half er der portugiesischen Marine bei der Eroberung einer afrikanischen Stadt namens Ceuta. Dort ansässige Piraten hatten Portugiesen gekidnappt, um sie in Afrika als Sklaven zu verkaufen. Heinrichs Vater, König Johann I. von Portugal, wollte das nicht länger akzeptieren. Auch Heinrich wollte die Piraten ausschalten, aber noch etwas anderes lockte ihn nach Ceuta: Gold.

Wenn die muslimischen Kaufleute auf den Marktplatz der Stadt einzogen, waren ihre Kamelkarawanen schwer mit Schätzen beladen. 40 Tage lang hatten sie die gewaltige Wüste Sahara durchquert, um zu dem sagenhaft wohlhabenden Reich Songhai zu gelangen, das den größten Teil Westafrikas beherrschte. Auf dem Weg dorthin trugen die Kamele Salzplatten, die man in der Wüste abgebaut

Auf Kamelen transportierten islamische Kaufleute Salz, Sklaven und Gold durch die Sahara.

hatte. Die Songhai besaßen riesige Goldminen, jedoch nicht genug Salz, um ihr Fleisch haltbar zu machen. Deshalb tauschten sie ihr Gold bereitwillig gegen das kostbare Salz.

Nun war Gold zwar in Songhai reichlich vorhanden, nicht aber in Ceuta, wo man einen hohen Preis dafür bezahlen musste. Der setzte sich nicht nur aus den Kosten für das eingetauschte Salz zusammen, sondern auch aus den Kosten für den Hunderte von Kilometern langen Weg durch die Sahara und den hohen Gewinnen der muslimischen Kaufleute. Wenn man doch nur an dieses Gold herankäme, dachte sich Heinrich, ohne die Wüste durchqueren oder die Kaufleute bezahlen zu müssen!

Er kam auf die Idee, entlang der Westküste Afrikas nach Süden zu segeln, um auf dem Seeweg zum Ursprung des Goldes zu gelangen. Er brachte eine Expedition nach der anderen auf den Weg, bemannt mit unerschrockenen Seeleuten. Nach ihrer Rückkehr ließ er die Seekarten anhand der jeweils neu gewonnenen Erkenntnisse aktualisieren, damit die nächste Expedition besser gerüstet wäre.

Heinrichs erste Herausforderung war die Umsegelung des Kap Bojador südlich des heutigen Marokkos. Bisher

Portugiesische Entdecker fuhren auf Karavellen, kleinen, wendigen Segelschiffen. Mit ihren dreieckigen Segeln konnten sie gegen den Wind segeln.

war noch kein Europäer weiter südlich als bis zu diesem Punkt gelangt. Wegen seiner furchtbaren Strömungen und starker Winde galt Kap Bojador als Heimat von Seeungeheuern, und manche hielten es für das Ende der Welt.

Eins muss man Heinrich lassen: Er ließ nicht locker. Im Laufe von zehn Jahren entsandte er 15 Expeditionen. 1434 schließlich fand Gil Eanes, einer seiner Kapitäne, die Lösung: Auf einer Route weit vor der Küste konnte er günstige Winde nutzen, die seine Schiffe in Richtung Süden trieben. Zehn Jahre später erreichten portugiesische Seeleute die Bucht von Arguin an der Küste des heutigen Mauretaniens. Dort bauten sie ein Fort.

Die Portugiesen prägten aus dem Gold, das sie auf dem Seeweg von südlich der Sahara geholt hatten, ihre Cruzado-Münzen.

Jetzt konnte Heinrich südlich der Wüste Gold kaufen und die muslimischen Zwischenhändler ausschalten. Aber er hatte noch einen anderen Weg gefunden, um superreich zu werden: den Sklavenhandel. Anfangs kidnappten die Portugiesen afrikanische Seeleute. Aber schon bald begannen die Afrikaner, sich erfolgreich zu wehren. Also gingen die Portugiesen dazu über, Menschen zu kaufen, die bereits von afrikanischen Sklavenhändlern gefangen worden waren. Die Dinge liefen so gut für die Portugiesen (allerdings nicht für die von ihnen gekauften und verkauften Menschen), dass Portugal 1452 zur Feier seiner Größe die ersten Goldmünzen prägte. Prinz Heinrich starb 1460, aber seine Erfolge inspirierten eine Generation neuer Entdecker. Wenn man an der Küste Westafrikas Gold und Sklaven finden konnte, welche Reichtümer warteten dann wohl noch in der unbekannten Welt?

Neue Expeditionen brachten erstaunliche Ergebnisse. Im Mai 1488 erblickte der portugiesische Entdecker Bartolomeu Dias als erster Europäer die Südspitze Afrikas. Vielleicht war das ein neuer Seeweg in die Länder Ostasiens mit ihrem Reichtum an Gewürzen? König Johann II. von Portugal gab der neu entdeckten Landspitze den Namen „Kap der Guten Hoffnung".

Erfolge wie diese waren vermutlich der Grund dafür, dass Johann II. die Angebote eines ehrgeizigen Seefahrers namens Christoph Kolumbus ablehnte. Kolumbus hatte sämtliche Küsten Europas besegelt und an der Westküste Afrikas Handel getrieben. Nun lockte ihn das Unbekannte.

Kolumbus war von einem großen Plan besessen. Wie alle gebildeten Europäer seiner Zeit wusste er, dass die Erde eine Kugel ist. Er hatte viele Bücher gelesen, darunter die Geschichten des berühmten Reisenden Marco Polo über die Reichtümer des mongolischen Herrschers Kublai Khan. In seinem sehr erfolgreichen Buch *Il Milione* berichtet Polo über seine Reisen durch Asien zwischen 1271 und 1295.

Kolumbus war der Ansicht, dass Indonesien, China und Japan (die Weltregion, die die Europäer damals Ostindien nannten) von Europa aus auf dem Seeweg in Richtung Westen schneller zu erreichen wären als auf dem Landweg Richtung Osten. Wenn das stimmte, würde der Entdecker der Westroute nach Ostindien sagenhaft reich werden. Genauso wie das Land, das die Reise bezahlte.

Kolumbus trat zweimal vor König Johann II. von Portugal, um ihn um die Finanzierung seiner Entdeckungsreise zu bitten. Aber der König lehnte ab. Vielleicht wusste er, dass Kolumbus sich mit der Überzeugung, China sei auf der Westroute schnell und einfach zu erreichen, gewaltig irrte. Und außerdem hatte er bereits jede Menge Entdecker und Kartenmacher in seinen Diensten. Auch Genua, Venedig und England wiesen die Bitten von Kolumbus um Geld ab. Nun ja, dachte Kolumbus, dann frage ich eben die Hauptrivalen Portugals, Ferdinand und Isabella.

Christoph Kolumbus ist die deutsche Übersetzung seines lateinischen Namens Christophorus Columbus. Auf Italienisch (der Sprache in Genua, wo er vermutlich geboren wurde) nannte man ihn Cristoforo Colombo, Cristóvão Colombo auf Portugiesisch und Cristóbal Colón auf Spanisch.

Hier sieht man Marco Polo bei der Abreise aus Venedig im Jahr 1271. Er stammte aus seiner Familie von Kaufleuten und Entdeckern. Die Polos durchquerten ganz Asien zu einer Zeit, als die meisten Europäer noch nie etwas von fernen Ländern gehört hatten. Marco Polo schrieb einen Bestseller über seine Reisen und inspirierte damit viele andere Entdecker.

Im Januar 1492 hatte sich Granada den katholischen Kaisern ergeben, mehr als 750 Jahre muslimische Herrschaft in Europa waren zu Ende gegangen. Nachdem Ferdinand und Isabella jetzt das Ziel verfolgten, alle Moslems und Juden zu vertreiben, konnten sie kein Gold mehr von ihnen fordern. Wegen einer Absprache, die sie am Ende eines Krieges mit Portugal getroffen hatten, durften sie sich auch nicht direkt in Afrika Gold beschaffen. Daher mussten sie eine neue Quelle für das Edelmetall finden. Außerdem wollten sie verhindern, dass portugiesische Händler alle Regionen der unbekannten Welt für sich beanspruchten. Also setzten sie auf Kolumbus.

Kolumbus wird oft als Entdecker von Nord- und Südamerika bezeichnet. Aber natürlich war er das nicht. Als er den amerikanischen Kontinent betrat, lebten dort schon viele verschiedene Kulturen und Zivilisationen. Er war eher zufällig in ihre Welt hineingestolpert. Die ersten Europäer in der Neuen Welt waren die Wikinger, aber sie blieben nicht lange. Kolumbus selbst glaubte unbeirrt, er hätte Asien erreicht, selbst nachdem praktisch allen anderen klar war, dass das nicht stimmte.

Aber die Reisen von Kolumbus waren aus drei Gründen wichtig. Erstens löste er endgültig das Rätsel der Atlantikwinde, dem erstmals die portugiesischen Entdecker Westafrikas auf die Spur gekommen waren. Jetzt konnte jeder Europäer der Westroute folgen. Zweitens begründete er die jahrelange Rivalität zwischen Spanien und Portugal, in deren Folge praktisch die gesamte Erde zwischen diesen beiden Ländern aufgeteilt wurde. Drittens wurde die von ihm auf der Karibikinsel Hispaniola (heute Haiti und Dominikanische Republik) gegründete Kolonie zum Sprungbrett für spanische Eroberer

> **„ALLE DIESE INSELN SIND DICHT BEVÖLKERT MIT DEN BESTEN MENSCHEN UNTER DER SONNE; SIE KENNEN WEDER FEINDSELIGKEIT NOCH FALSCHHEIT."**
>
> Christoph Kolumbus, Entdecker und Koloniegründer

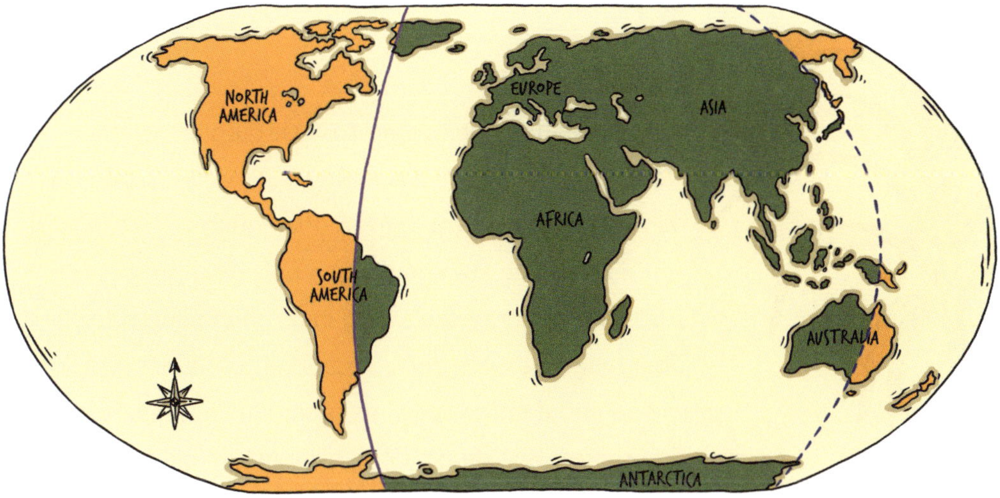

Vertrag von Tordesillas (1494)
Vertrag von Saragossa (1529)
Spanische Gebiete
Portugiesische Gebiete

Ohne die Rechte Hunderter unabhängiger Zivilisationen in aller Welt zu berücksichtigen, teilten Spanien und Portugal 1494 die Herrschaft über „neuentdeckte" Gebiete untereinander auf. Dazu zogen sie eine Linie mitten durch den Atlantik. 1529 einigten sie sich auf eine weitere Linie entlang der Pazifikküste Asiens. Diese beiden Verträge legten fest, dass Portugal Afrika und Asien gehörte, während Spanien fast den gesamten amerikanischen Kontinent bekam.

und Kolonisten, die sich zur Eroberung des restlichen amerikanischen Kontinents aufmachten. Kolumbus hatte die Schleusen geöffnet. Amerika würde nie mehr so sein wie vor seiner Ankunft.

Im Jahr 1494 unterzeichneten Spanien und Portugal den Vertrag von Tordesillas. So unglaublich es sich heute anhört, teilte dieser Vertrag die gesamte Welt in zwei Teile entlang einer Linie mitten durch den Atlantik. Alles, was östlich der Linie „entdeckt" wurde, sollte Portugal gehören, alles westlich der Linie Spanien. Portugal erhielt ganz Afrika. Natürlich hatten die Leute, die schon dort lebten, kein Mitspracherecht. Auf dem amerikanischen Kontinent wurde das heutige Brasilien, das sich weiter östlich erstreckt als der Rest der Landmasse, Portugal

Europäer errichteten Zuckerrohrplantagen in der Karibik und Südamerika. Die grausam harte Feldarbeit ließen sie von Sklaven aus Westafrika erledigen.

zugeschlagen. Der gesamte Rest ging an Spanien.

Niemand fragte die Bewohner von Afrika, Asien oder Amerika, was sie von diesem Plan hielten.

Für die meisten damaligen Europäer ging diese Vorgehensweise völlig in Ordnung. Sie waren überzeugt, dass sie der ganzen Welt das Christentum brachten und damit das ewige Leben im Himmel. Sie waren sich sicher: Bist du ein Christ, kannst du nach dem Tod in den Himmel kommen. Bist du kein Christ, kommst du in die Hölle. Bekehrte man also die Eingeborenen zum Christentum, tat man ihnen einen großen Gefallen, selbst wenn sie dabei alles verloren, was ihnen lieb und vertraut war und in Sklaverei leben mussten. Aus heutiger Sicht, Jahrhunderte später, erscheint diese Idee unglaublich grausam, aber im damaligen Europa fanden sehr viele Menschen sie richtig.

Der portugiesische Seefahrer Vasco da Gama war der erste Europäer, der das Kap der Guten Hoffnung in östlicher Richtung umfuhr und am 14. Mai 1498 in Indien ankam. Portugiesen ließen sich entlang der Küste des Persischen Golfs, Indiens und Indonesiens nieder. Rund 50 Jahre später erreichten sie Japan. Währenddessen war Pedro Alvarez Cabral von Portugal aus nach Westen aufgebrochen und landete im April 1500 im heutigen Brasilien.

In den 1530er-Jahren florierte der Sklavenhandel. Europäer kauften Menschen in Afrika und brachten sie über den Ozean nach Brasilien oder in die Karibik. Die Versuche der Kolonialherren, die dortigen Einheimischen als Sklaven zu halten, waren gescheitert: Sie waren gestorben oder geflohen. Die Afrikaner wurden zu unmenschlich harter Arbeit gezwungen. Die Arbeit auf den Zuckerrohrplantagen war besonders gefürchtet und so gefährlich, dass die meisten Sklaven nach weniger als fünf Jahren starben, falls sie nicht vorher fliehen konnten. Der von ihnen hergestellte Zucker wurde über den Ozean nach Europa verschifft und zu hohen Preisen verkauft. Die Plantagenbesitzer verdienten so viel Geld, dass sie sich noch mehr Menschen kaufen konnten, um sie zu Tode zu schinden. Aufgrund dieses verachtungswürdigen Geschäfts wurden die europäischen Nationen immer reicher.

Und dann war da das Gold. Dieses glänzende gelbe Metall war so wertvoll, dass Europäer Gefahren aller Art auf sich nahmen, um es zu finden. Der Spanier Hernán Cortés und sein Vetter Francisco Pizarro waren auf Gold aus, als sie, jeder für sich, ihre Expeditionen auf den Weg brachten. Jeder von ihnen war für die Zerstörung eines riesigen, mächtigen Reiches verantwortlich. Cortés besiegte die Azteken, Pizarro die Inkas. Sie und andere gleichgesinnte Spanier werden als Konquistadoren (Eroberer) bezeichnet. Wie sie ihre Eroberungen gemacht haben, gehört zu den merkwürdigsten Begebenheiten in der Geschichte.

Mit den Ureinwohnern verständigen konnte sich Hernán Cortés nur dank der Sprachkenntnisse von Gerónimo de Aguilar, einem spanischen Seefahrer, und Malintzin, einer Nahua-Frau, die in die Sklaverei verkauft und dann an Cortés verschenkt worden war.

Als Cortés im Frühjahr 1519 vor der Küste Mexikos ankam, hatte er nur elf Schiffe mit 110 Seeleuten und 530 Soldaten. Aber dann traf er zufällig einen spanischen Seefahrer, der bei einer früheren Expedition

Schiffbruch erlitten hatte. Gerónimo de Aguilar war von den Azteken gefangen genommen worden und hatte acht Jahre lang als Sklave unter ihnen gelebt. Während dieser Zeit hatte er ihre Sprache und ihre Gebräuche erlernt. Dann brachte eine Gruppe von ortsansässigen Mayas Cortés 20 Sklaven als Geschenk, darunter eine Frau namens Malintzin, die die beiden wichtigsten Landessprachen beherrschte. Cortés hatte nun zwei Übersetzer zur Verfügung und stellte fest, dass er sich mit praktisch jedem verständigen konnte, den er auf seiner Jagd nach Gold traf.

Cortés schloss ein Militärbündnis mit zwei Stämmen aus der Region, den Totonaken und den Tlaxcalteken. Das war nicht weiter schwierig, nachdem er verkündet hatte, er wolle die Azteken besiegen. Die Azteken verlangten Steuern von den Siedlungen in der Gegend, und diese griffen begierig nach der Chance, die Steuereintreiber loszuwerden.

Jetzt hatten Cortés und seine wenigen Krieger die Verbündeten, die sie für den Vormarsch auf Tenochtitlán, die prächtige Hauptstadt des Aztekenreiches, brauchten. Du erinnerst dich, das war die Stadt mitten in einem See.

Montezuma (oder Moctezuma II.) war der letzte aztekische Herrscher. Während seiner Regentschaft erreichte das aztekische Reich den Höhepunkt seiner Macht. Aber nach seinem Tod 1520 ging es schnell unter.

Der König der Azteken hieß Moctezuma II. oder einfach Montezuma. Nachdem er Cortés und seine Armee als Gäste begrüßt hatte, fand sich der Herrscher bald als Gefangener in seinem eigenen Palast wieder. Als Preis für die Freilassung des Königs verlangte Cortés ein enorm hohes Lösegeld in Gold. Die Azteken bezahlten es, aber die Spanier forderten immer weitere Schätze. Die Azteken wurden zunehmend wütend auf Cortés, seine Krieger und die hohe Lösegeldforderung.

Diese Darstellung der letzten Belagerung von Tenochitlán stammt aus einem bebilderten Geschichtsbuch, das nur rund 30 Jahre nach dem Niedergang des Reiches von Künstlern aus der Region gemalt wurde.

Und Montezuma kam nicht frei, er starb wenige Tage später. Niemand weiß, wie er ums Leben kam. Wurde er von Cortés oder einem seiner Männer getötet? Oder vielleicht von einem aufgebrachten aztekischen Beamten? Wie auch immer, Anfang Juli 1520 wurden die Spanier von zornigen aztekischen Bürgern aus der Stadt getrieben.

Als sie ein paar Monate später zurückkehrten, brachten sie eine riesige neue Armee mit, hauptsächlich bestehend aus Männern, die nicht länger unter der Fuchtel der Azteken stehen wollten. Eine noch größere Gefahr als die Soldaten jedoch waren die Krankheiten, die die Europäer mit nach Mexiko gebracht hatten. Sie verstanden nicht, warum die in Europa weit verbreiteten Pocken in Südamerika ganze Dorfgemeinschaften auslöschten.

Die Amerikaner verstanden auch nicht, was da mit ihnen geschah. Er erschien wie eine schreckliche übernatürliche Plage.

Heute wissen wir, was damals passiert ist. Wie die Beulenpest, die im Mittelalter in Europa wütete, sind die Pocken eine hoch ansteckende Krankheit. Im Unterschied zur Beulenpest aber waren die Pocken in Europa endemisch. Das bedeutet, dass die Krankheit immer da war. Einige Leute starben an ihr, andere überlebten sie. Im Laufe der Zeit hatten viele Leute Kontakt mit den Krankheitserregern gehabt, sodass sie jetzt immun waren.

Auf dem amerikanischen Kontinent war das nicht so. Den Pockenvirus gab es dort bisher nicht, also war auch niemand gegen Pocken immun. Die Krankheit raffte die Ureinwohner in Nord- und Südamerika dahin. Rund 40 Prozent der aztekischen Bevölkerung starben innerhalb eines Jahres nach ihrem ersten Kontakt mit den Spaniern. Geschwächt von diesen Todesfällen und belagert durch Cortés Armee fiel Tenochtitlán an die Spanier. Mehr als

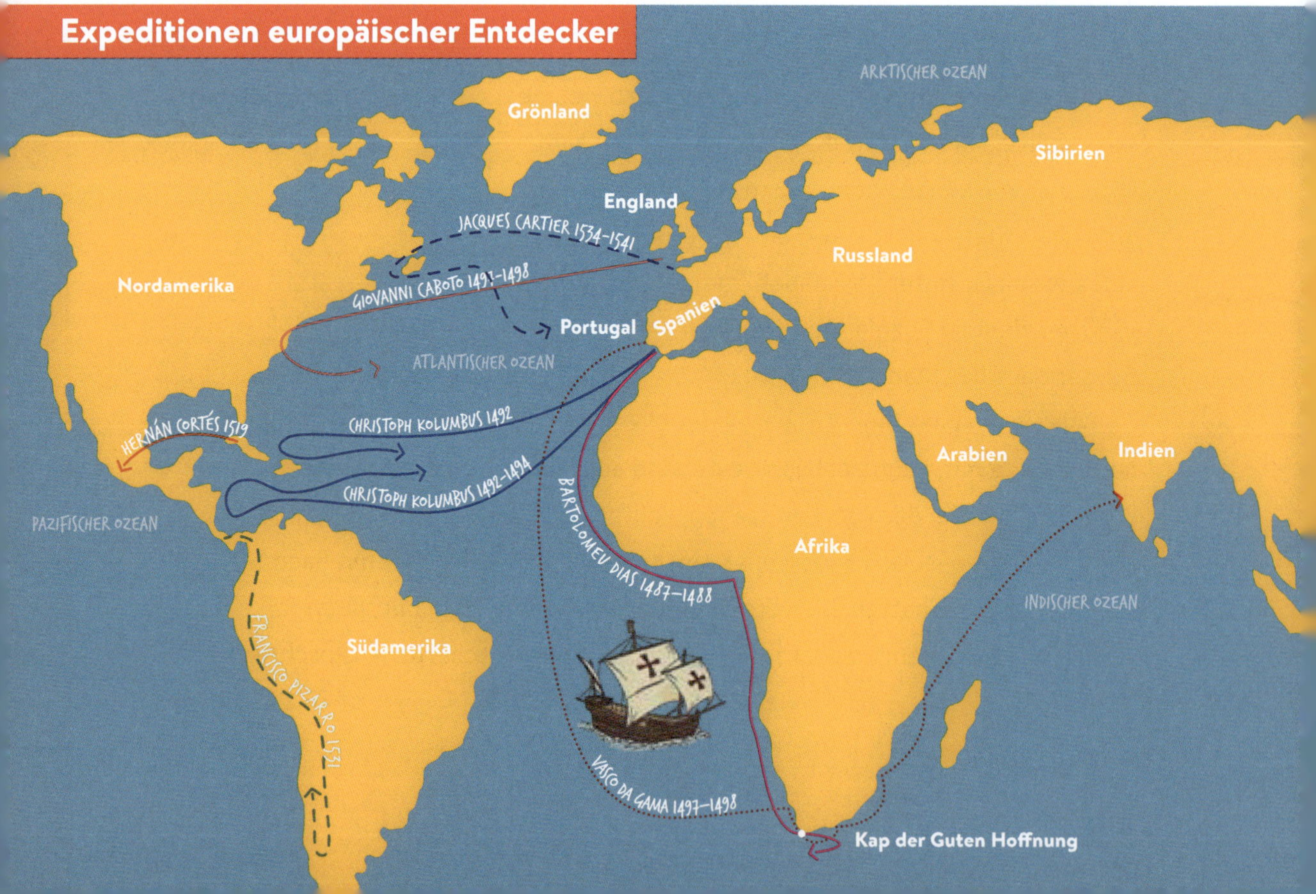

240 000 Azteken starben in der letzten 80 Tage dauernden Belagerung, teils im Kampf und teils an den Pocken. Nun stand den Spaniern bei der Eroberung der ganzen Region nichts mehr im Weg. Das Land wurde in Neu-Spanien umbenannt, und 1524 wurde ein Gouverneur als Lehnsherr eingesetzt. Als man zu Hause in Spanien die ersten Nachrichten über die Entdeckung der aztekischen Silberminen erhielt, setzten weitere europäische Abenteurer die Segel auf der Jagd nach schnellem Reichtum in der Neuen Welt.

1529 erhielt Francisco Pizarro, ein Cousin zweiten Grades von Cortés, von den spanischen Königen die Erlaubnis, das Reich der Inkas in Südamerika zu erobern. Bei seinem Feldzug ging Pizarro ähnlich vor wie sein Cousin Cortés. Am 16. November 1523 vereinbarte er eine Zusammenkunft einiger seiner Männer mit Atahualpa, dem Herrscher des Inkareichs, auf dem zentralen Stadtplatz von Cajamarca.

Atahualpa näherte sich dem Platz in einer zeremoniellen Prozession mit einer großen Gruppe von Anhängern. Nach der Geschichtsschreibung der Spanier befahlen sie Atahualpa dann, seiner Religion abzuschwören und sich zum Christentum zu bekennen. Als er sich weigerte, stürmten Pizarros berittene Männer auf den Platz und eröffneten das Feuer. Der Überraschungsangriff führte zu einer Massenpanik. Viele Inkas fanden in dem Chaos den Tod. Das weitere Schicksal Atahualpas ähnelt sehr dem von Montezuma. Der Herrscher wurde gefangengenommen und in einem kleinen Raum eingesperrt. Die Inkas türmten immer weitere Schätze in einem „Lösegeld-Zimmer“ auf, damit die Spanier Atahualpa nicht töteten – aber die Spanier sackten Gold und Silber ein und brachten ihren Gefangenen trotzdem um.

Sobald klar wurde, dass man mit der Entdeckung und Eroberung weit entfernter Zivilisationen reich werden konnte, brachen die Länder Europas eilig auf, um sich ihren Anteil an der Beute zu sichern. Diese Karte zeigt die Routen einiger der Entdecker.

Kurze Zeit später legten riesige Schiffe, sogenannte Galeonen, in spanischen Häfen an, bis oben hin gefüllt mit dem Gold der Inkas und dem Silber der Azteken.

Auch andere europäische Länder machten sich auf den Weg zu neuen Ufern. Schon 1497 war Giovanni Caboto von Händlern im englischen Bristol mit der Erkundung der nordamerikanischen Küste beauftragt worden. Der französische Seefahrer Jacques Cartier unternahm im Auftrag des französischen Königs Franz I. mehrere Expeditionen in das heutige Kanada. 1522 gelang dem portugiesischen Entdecker Ferdinand Magellan die erste Weltumsegelung.

Bisher hatten die meisten Entdecker nur ein Ziel verfolgt: Sie wollten schnell reich werden. In Nordeuropa aber begann sich das zu ändern. Der Grund dafür war ein kompletter Wandel in der Einstellung der Menschen zu sich selbst und zu ihrem Gott – die protestantische Reformation.

Die Sache war nämlich so: Die Herrscher und die Kaufleute wurden ständig reicher, genau wie es schon immer gewesen war, aber das Leben der einfachen Leute verbesserte sich kein bisschen. Und die Kirche bot auch keine Hilfe. Stell dir vor, du gehst am Sonntagmorgen in den Gottesdienst und der Pfarrer erzählt dir, dass du so voller Sünde bist, dass dich im nächsten Leben die ewige Verdammnis im Höllenfeuer erwartet. Natürlich macht dir das schreckliche Angst. „Aber zum Glück gibt es eine Lösung", sagt der Pfarrer. „Beichte mir deine Sünden, und Gott wird dir vergeben!" Manchmal musste man auch eine gute Tat tun, um Vergebung zu erlangen.

1517 Martin Luther nagelte seine Liste mit 95 Kritikpunkten an die Türen des Wittenberger Doms.

Aber oft hatte die Sache einen Haken. Korrupte Pfarrer behaupteten, nur wenn man der Kirche einen Ablassbrief abkaufte, würden einem die Sünden vergeben. Dieser Ablasshandel machte Pfarrer und die Kirche sagenhaft reich, während den einfachen Leuten kaum genug Geld übrigblieb, um Essen für ihre Familien zu kaufen. Viele Menschen waren sehr zornig über den Ablasshandel, aber die Wut brach sich erst dann Bahn, als der deutsche Mönch Martin Luther an die Öffentlichkeit ging. Er verkündete, dass Vergebung gegen Geld absolut falsch ist. Er ging sogar einen Schritt weiter und behauptete, der tiefe Glaube an Jesus Christus sei der einzige Weg zur Vergebung der Sünden.

1517 nagelte Luther eine Liste von 95 Kritikpunkten an der katholischen Kirche, die sogenannten 95 Thesen, an die Tür der Pfarrkirche in Wittenberg, das ihm zu Ehren heute als Lutherstadt gilt. Er forderte die Leute auch auf, die Bibel zu lesen, anstatt sie sich nur von den Pfarrern erklären zu lassen. Natürlich konnten damals nicht alle Menschen lesen. Aber 1450 hatte Johannes Gutenberg eine einfache Buchpresse erfunden, so dass jeder, der das Alphabet beherrschte, sich eine Bibel in Latein und später auch in anderen Sprachen kaufen konnte – um festzustellen, dass nirgendwo in der Bibel steht, man müsse zur Vergebung seiner Sünden der Kirche Geld geben. Es ist also ganz verständlich, dass viele Leute sich betrogen fühlten.

Nachdem der deutsche Goldschmied Johannes Gutenberg den Druck mit beweglichen Buchstaben erfunden hatte, wurden Bücher auch für normale Leute erschwinglich. Am besten verkaufte sich die lateinische Übersetzung der Bibel.

Luthers Protest gab einer neuen Form von Christentum den Namen – Protestantismus. In den nächsten Jahren verbreitete er sich in Europa.

Nicht nur einfache Leute bejubelten Luthers Botschaft. Auch Herrscher, die sich von der katholischen Kirche ablösen wollten, schlossen sich der Protestbewegung an, wenn auch nicht unbedingt aus religiöser Überzeugung. Als der Papst dem englischen König Heinrich VIII. verbot, sich von seiner spanischen Ehefrau scheiden zu lassen, begründete Heinrich die Kirche Englands und erklärte sich selbst zum Oberhaupt der anglikanischen Kirche, die nicht dem Papst unterstand.

Auch an anderen Orten verbreitete sich der Protestantismus. Erbitterte Feinde des katholischen Spaniens wie Holland, Dänemark und Schweden wurden protestantisch. Andere Länder wie Frankreich und England wechselten zwischen dem alten und dem neuen Glauben hin und her. Gleich welcher Religion man in diesen Ländern angehörte: Sobald die andere Glaubensrichtung wieder an die Macht kam, lebte man gefährlich. Weder Katholiken noch Protestanten waren dauerhaft auf der sicheren Seite. Zudem gab es immer mehr protestantische Splittergruppen, die sich oft gegenseitig bekämpften.

Die Pilgerväter verließen England im Herbst 1620 und landeten an der Nordostküste Nordamerikas. Genug von ihnen überlebten, um eine neue, dauerhafte Siedlung zu gründen.

Was hättest du getan, wenn du damals gelebt hättest? Hättest du dich für eine Seite entschieden und mitgekämpft? Oder hättest du dich aus der Sache herausgehalten und gehofft, alle anderen würden dich in Ruhe lassen? Beides scheint ganz schön riskant.

Aber natürlich gab es noch eine andere Möglichkeit: Europa verlassen!

Ein paar Leute, die von all den Kriegen, Streitigkeiten und Gefahren die Nase voll hatten, entschieden sich für diesen Weg. Im Herbst 1620 brach eine Gruppe von 102 Engländern mit ihren Familien zu einer gefährlichen Reise ohne Wiederkehr auf. Sie reisten an Bord eines der berühmtesten Schiffe der Geschichte, der *Mayflower*. In Amerika gab es bereits seit 1607 eine erste britische Kolonie namens Virginia. Auf der Insel Bermuda lag eine weitere offiziell im Jahr 1612 gegründete britische Siedlung. Aber dort wollten die Passagiere der *Mayflower* nicht hin. Sie planten die Gründung einer brandneuen Kolonie in einer Gegend, die sie Neuengland nannten. Die Expedition wurde von rund 35 Protestanten einer Gemeinschaft geleitet, die als Puritaner oder Separatisten bekannt war. Die neuen Siedler suchten einen Ort, an dem sie ihre Religion praktizieren und die englische Kultur pflegen konnten. Die anderen Passagiere waren Dienstboten oder Bauern, die auf ein besseres Leben hofften als in ihrem Heimatland. Den Ort, an dem sie sich niederließen, nannten sie Plymouth. Er liegt im heutigen Bundestaat Massachusetts in den USA. Der zusammengewürfelte Haufen wurde später als Pilgerväter berühmt.

Die Kolonisten in Plymouth hatten außerordentliches Glück. Schon sehr bald fanden sie Mais in den Grabstätten und Lagerhäusern der amerikanischen Ureinwohner, den sie stahlen, um ihn als Saatgut zu verwenden. Sie fanden ein Stück bereits gerodetes Land zum Bebauen und Bepflanzen und weil sie glaubten, Gott habe es dort für sie ausgewählt, begannen sie Häuser zu bauen. Viel Zeit hatten sie nicht zu

Tisquantum wurde entführt und versklavt, aber ihm gelang die Flucht und die Heimkehr in sein Dorf – wo er allerdings feststellen musste, dass alle Menschen aus seinem Stamm gestorben waren. Als die Pilgerväter in sein altes Dorf einzogen, wurde er ein wichtiger Berater ihrer Anführer und Vermittler zwischen ihnen und den in dem Gebiet ansässigen Stämmen. Der Maler dieses Bildes aus dem 20. Jahrhundert stellte sich diese Szene vor: Tisquantum erklärt einigen Pilgern, wie man Mais anbaut.

verlieren, denn der Winter stand vor der Tür. Später erfuhren die Siedler, dass sie Plymouth auf dem Land eines Dorfes errichtet hatten, das von dem einheimischen Stamm der Patuxet aufgegeben worden war, nachdem viele von ihnen an einer Infektionskrankheit gestorben waren. Die Engländer nannten die Krankheit „Indianerfieber", aber vermutlich waren es die Pocken, die von europäischen Entdeckern ins Land gebracht worden waren.

Schon bald nach der Ankunft der Pilgerväter stellten sich Besucher ein. Als erster erschien ein Abenaki namens Samoset, der ein bisschen Englisch konnte. Dann kam ein Patuxet aus der Gegend, er hieß Tisquantum. Er hatte in England gelebt und konnte die Sprache der Siedler fließend sprechen. Er bot an, ihnen dabei zu helfen, die Einheimischen kennenzulernen und zu erfahren, wie man hier Ackerbau betreiben kann. Den Siedlern muss es wie ein Wunder vorgekommen sein: Ureinwohner treten aus den Wäldern und sprechen sie auf Englisch an!

Trotz dieser vielen glücklichen Zufälle war ihr erster Winter schrecklich. Sie waren zu spät im Jahr angekommen, um noch genug Nahrungsmittel anbauen zu können, und über die Hälfte der Auswanderer starb an Hunger oder Krankheit. Wer aber den ersten Winter überlebte, konnte im September 1621 eine gute Ernte einbringen und sich über die friedlichen Beziehungen zu den Nachbarn freuen. Dies feierten die Siedler zusammen mit den Wampanoag, ihren neuen Nachbarn. Thanksgiving, das amerikanische Erntedankfest, erinnert an diesen schönen Moment.

Aber der Frieden dauerte nicht an. Konnte er auch nicht. Massachusetts wurde von Zehntausenden britischer Siedler überrannt, der Platz wurde knapp. Die Europäer glaubten weiterhin, alles, was sie fänden, gehörte ihnen. Du kannst dir sicher denken, dass die amerikanischen Ureinwohner, deren Vorväter den Kontinent seit über 10 000 Jahren bewohnten, diese Meinung absolut nicht teilten.

„ALLE GROSSEN UND EHRENWERTEN HANDLUNGEN GEHEN MIT GROSSEN SCHWIERIGKEITEN EINHER, UND MÜSSEN MIT ENTSPRECHENDEM MUT ANGEGANGEN UND BEWÄLTIGT WERDEN."

William Bradford,
Gouverneur der
Kolonie Plymouth

Kapitel 13

Revolutionen an allen Ecken und Enden

1543–1905

Wissenschaft, Freiheit und Roboter

Zeitleiste

1543
Kopernikus veröffentlicht seine Theorie, dass die Sonne das Zentrum des Universums ist.

1776
Die Vereinigten Staaten erklären ihre Unabhängigkeit von Großbritannien.

1789
Französische Umstürzler stürmen die Bastille.

1803
Die Vereinigten Staaten erwerben von Frankreich das Louisiana-Territorium.

1815
Napoleon wird von den Briten besiegt.

1829
George Stephensons *Rocket* gewinnt das Lokomotivrennen von Rainhill.

1869
In den Vereinigten Staaten wird die transkontinentale Eisenbahnlinie fertiggestellt.

1876
Bell erfindet das Telefon, Benz erfindet das Auto mit Benzinmotor.

1882
In New York und London werden Kraftwerke eröffnet.

1905
Albert Einstein entdeckt die Formel $E=mc^2$.

Jacques de Vaucanson war ein französischer Erfinder, der von Uhrwerken angetriebene Roboter herstellte. Zu seinen Konstruktionen gehörten ein Flötenspieler, der zwölf verschiedene Melodien spielen, und ein Kellner, der auf einer Party Getränke servieren konnte. Sein Meisterwerk war jedoch die verdauende Ente. Sie konnte mit den Flügeln schlagen, fressen, also Körner aufpicken – und das Verdaute sogar am anderen Ende wieder ausscheiden!

Durch ein Uhrwerk angetrieben, konnte die verdauende Ente fressen, mit den Flügeln schlagen und sogar die Körner, die von ihr aufgepickt wurden, in einem künstlichen Darm verdauen und wieder ausscheiden.

De Vaucanson war einer aus einer langen Reihe von Menschen, die in der Lage waren, sich lebensechte Maschinen auszudenken und sie technisch umzusetzen. Die Chinesen bauten bereits 1088 eine riesige Uhr mit gongschlagenden Schaufensterpuppen. Ismail Al-Jazari, ein muslimischer Erfinder, der von 1136 bis 1206 lebte, konstruierte mehrere Automaten, von denen einer aus Musikrobotern bestand, die in einem Boot auf einem See schwammen. 1292 besaß Robert II., Graf von Artois, im heutigen Nordfrankreich, in seinem Schlossgarten eine Vielzahl von menschen- und tierähnlichen Robotern, darunter auch winkende Affen.

In den 1730er-Jahren, als de Vaucanson seine Automaten herstellte, war die Fertigung von Robotern ein Zeichen der Zeit in Europa, da diese naturgetreuen Maschinen zu beweisen schienen, dass sich die Natur vom menschlichen Verstand kopieren und steuern lässt.

Obwohl muslimische Gelehrte seit Jahrhunderten Vernunft und Wahrnehmung für bedeutend hielten, um die Welt zu begreifen, befanden sich die Europäer inmitten einer eigenen Phase des Umdenkens. Die Ideen, die man Aufklärung nennt, boten dem Einzelnen die Hoffnung auf Macht über sein eigenes Leben und die Natur.

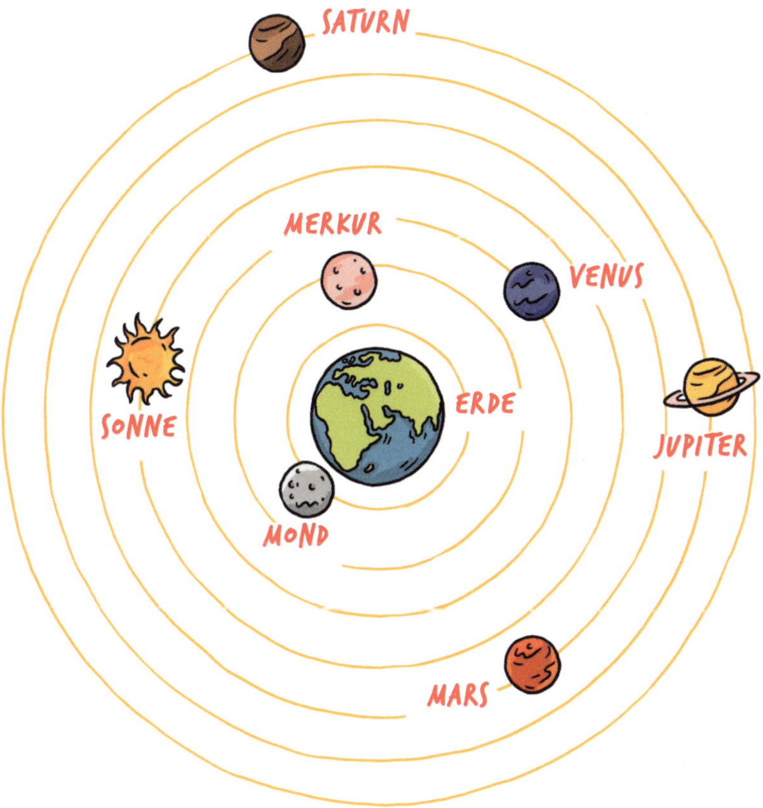

So stellten sich die Menschen die Anordnung des Universums vor, bis Nikolaus Kopernikus behauptete, dass die Sonne und nicht die Erde der Mittelpunkt sei.

Wie wir gerade gesehen haben, hatte die protestantische Reformation die Menschen bereits dazu gebracht, das Recht des Papstes und der Priester in Frage zu stellen, ihnen zu sagen, was sie zu tun haben. Das war einer der ersten Schritte.

Der nächste Schritt war ein umwälzendes Buch, das der polnische Astronom Nikolaus Kopernikus 1543 veröffentlichte. Damals glaubte man in Europa, die Erde sei der Mittelpunkt des Universums, den die Sonne, die Planeten und alle Sterne umkreisen.

Kopernikus hatte die Bewegung der Planeten am Himmel observiert und festgestellt, dass seine Beobachtungen nur einen Sinn ergaben, wenn sich die Erde zusammen mit den Planeten um die Sonne herum bewegt. Später wurden seine Theorien von dem italienischen Astronomen Galileo Galilei bestätigt. Ein weiterer Triumph des freien Denkens über den althergebrachten Volksglauben.

Zwei große Denker der Aufklärung stützten sich auf Vernunft und Beobachtung, um weitere neue Ideen zu entwickeln. Der französische

Wissenschaftler und Philosoph René Descartes erklärte, das Universum und seine Naturgesetze seien wie eine riesige, von einem Uhrwerk angetriebene Maschine. Nur wir Menschen hätten einen Verstand, sagte er, was uns zu etwas Besonderem macht. Nach Descartes müssten wir nur die Funktionsweise der Maschine Natur herausfinden, dann könnten wir sie für uns arbeiten lassen.

Du hast vielleicht schon von Isaac Newton gehört. Er war ein großer Beobachter und Forscher. Und manchmal war ihm dabei sogar seine Gesundheit egal. Einmal starrte er so lange er nur konnte in die Sonne, einfach um herauszufinden, was mit seinen Augen passiert. Er war vier Tage lang blind und hatte Glück, dass er dann doch wieder sehen konnte. (Mach das bloß nicht nach!)

Newtons Forscherdrang war legendär und am bekanntesten ist seine Frage, warum ein Apfel vom Baum fällt. Die meisten würden sicher sagen, Äpfel sollen von Bäumen fallen. Genau das machen Äpfel halt. Newton wollte gemäß der Philosophie von Descartes anhand der Naturgesetze erklären, warum ein Apfel herunterfällt. Er sagte, dass eine unsichtbare Kraft – die Schwerkraft oder Gravitation – dafür verantwortlich sei. Und dass die Stärke der Schwerkraft von der Größe und Dichte, also der Masse, des jeweiligen Objekts abhängt.

Ein Apfel hat Schwerkraft. Der Planet Erde hat ebenfalls Schwerkraft. Tatsächlich

Isaac Newton war ein genialer Denker, der Dinge gedanklich verknüpfte. Angeblich soll ihm durch einen Apfel, der von einem Baum fiel, die Idee zum Gravitationsgesetz gekommen sein.

Der Mond

hat jedes Objekt seine eigene Schwerkraft. Aber die Schwerkraft des winzigen Apfels ist zu schwach, um die viel stärkere der riesigen Erde zu überwinden. Deshalb wird der Apfel von der Erde angezogen und nicht umgekehrt. Newton schaute dann zum Nachthimmel auf und fragte sich, warum der Mond die Erde umkreist, ohne aus seiner Bahn in den Weltraum zu kippen oder wie ein Apfel auf die Erde zu fallen. Ihm wurde klar, dass der Mond, weil er kleiner und leichter ist, wohl von der stärkeren Schwerkraft der Erde angezogen wird, aber auch, dass noch eine andere Kraft im Spiel sein musste, damit er nicht auf die Erde fiel, und zwar die Geschwindigkeit, abhängig von der Entfernung. Der Mond bewegt sich in der richtigen Höhe so schnell, dass er beim Herabfallen die Erde nicht trifft und sich in einer Kreisbahn um sie herum bewegt. Er kann sich in dieser sogenannten Umlaufbahn nur halten, indem er sich mit der erforderlich hohen Geschwindigkeit bewegt, um die Anziehungskraft der Erde auszugleichen. Du siehst, man muss nur die Naturgesetze erforschen und die Geheimnisse des Universums werden gelüftet.

Andere Philosophen der Aufklärung sagten, dass jeder Einzelne die Freiheit haben sollte, seine eigenen Entscheidungen zu treffen. Unterschiedliche Menschen haben unterschiedliche Vorstellungen von Freiheit. Erinnerst du dich an die Ureinwohner Mexikos, die sich mit den Spaniern verbündet haben, um die Azteken zu besiegen? Sie taten es, damit sie von den Steuerzahlungen, die sie für ungerecht hielten, befreit wurden. Derselbe Freiheitsgedanke löste nun eine völlig neue Art von Revolution in Nordamerika aus.

Mitte des 18. Jahrhunderts wütete der Siebenjährige Krieg, in dem sich Großbritannien und Frankreich jeweils mit ihren Verbündeten gegenüberstanden. Eigentlich handelte es sich um mehrere Kriege, die zur gleichen Zeit geführt wurden. Manche sprechen heute vom „echten ersten Weltkrieg", weil er auf der ganzen Welt ausgetragen wurde, darunter Europa, Indien und Nordamerika, wo er „Franzosen- und Indianerkrieg" genannt wurde. Nach mehr als 100 Jahren seit Gründung der Kolonien Virginia und Plymouth bestand der größte Teil der nordamerikanischen Ostküste aus britischen Kolonien. Da Großbritannien sie während des Krieges vor Frankreich geschützt hatte und Kriege nun mal teuer sind, schien es nur angemessen, dass die Kolonisten ihren Beitrag zu den Kosten leisten sollten. Also erhöhte Großbritannien die Steuern. Die zusätzlichen Steuern machten viele Kolonisten wütend. Sie beschwerten sich über die Besteuerung, weil sie aufgrund der großen Entfernung an den britischen Wahlen nicht teilnehmen konnten und meinten, dass sie einem Land, in dessem Parlament sie nicht vertreten

Nordamerikanische Kolonisten waren wütend darüber, dass sie der britischen Regierung Steuern zahlen mussten. Einige von ihnen protestierten, indem sie sich als Indianer verkleideten und Teekisten in den Hafen der nordamerikanischen Stadt Boston warfen. Dies ist eine Darstellung der Begebenheit, die um 1840 entstand.

waren, auch keine Steuern zahlen mussten. Am 16. Dezember 1773 hatten sich die Proteste gegen die neuen Steuern, insbesondere die Teesteuer, so zugespitzt, dass sich eine Gruppe von Kolonisten aus Massachusetts als Indianer verkleidet auf ein britisches Handelsschiff im Bostoner Hafen schlich und die komplette Teeladung ins Wasser kippte.

Nach diesem berühmten Ereignis, das als die „Boston Tea Party" bekannt ist, schlossen sich 13 der 18 britischen Kolonien in Nordamerika zusammen und erklärten ihre Unabhängigkeit von Großbritannien. Sie gründeten eine neue Nation, die Vereinigten Staaten von Amerika. Die restlichen Kolonien entschieden sich dafür, bei Großbritannien zu bleiben, und wurden später Teil eines anderen neuen Landes, Kanada.

> „FOLGENDE WAHRHEITEN ERACHTEN WIR ALS SELBSTVERSTÄNDLICH: DASS ALLE MENSCHEN GLEICH GESCHAFFEN SIND; DASS SIE VON IHREM SCHÖPFER MIT GEWISSEN UNVERÄUSSERLICHEN RECHTEN AUSGESTATTET SIND; DASS DAZU LEBEN, FREIHEIT UND DAS STREBEN NACH GLÜCK GEHÖREN."
>
> Thomas Jefferson, Unabhängigkeitserklärung der Vereinigten Staaten

In der Unabhängigkeitserklärung, einem Dokument, das den Grund für die Revolution darlegt, erklärten die 13 Kolonien, dass sie durch „die Gesetze der Natur und den Willen des Gottes der Natur" ein Recht auf Unabhängigkeit haben. Dann zählten sie konkrete Handlungen auf, mit denen die Briten sie ihrer Rechte beraubt und sie schwer geschädigt hatten.

Der Krieg tobte von 1775 bis 1783. Am Ende siegten die Vereinigten Staaten und wurden die ersten europäischen Kolonien, die sich ihre Unabhängigkeit sichern konnten. Sie bildeten eine Regierung, die versuchte, in einer Verfassung die Macht des Einzelnen zu festigen, indem sie jedem eine Stimme in der Regierung gab. Die „Bill of Rights", die ersten zehn Zusatzartikel zur amerikanischen Verfassung, schützte die Rechte der einzelnen Bürger vor der Macht der Regierung. Als Bürger galten damals jedoch nur weiße Männer mit Grundbesitz.

Die Loslösung der Vereinigten Staaten von Großbritannien ließ Menschen auf der ganzen Welt aufhorchen. Wenn Kolonien ihre Unabhängigkeit erlangen konnten, gab es vielleicht auch Hoffnung für andere unterdrückte Menschen. Die Franzosen waren empört über die Unsummen an Geld, die König und Adlige für Schlemmereien auf ihren reich gedeckten Tischen in riesigen Palästen verprassten, während das einfache Volk verhungerte.

Die französischen Vorstellungen von Freiheit hatten mit Gerechtigkeit, Gleichheit und Essen für alle zu tun. Die Führer der einfachen Leute verhandelten, um das gleiche Stimmrecht für alle durchzusetzen. Aber es ging nur langsam voran. Der Zorn des Volkes ergoss sich wie Lava aus einem ausbrechenden Vulkan und richtete sich gegen König und Adlige, die den Reichtum des Landes für sich allein beanspruchten. In der Nacht zum 14. Juli 1789 stürmte das wütende Volk die Bastille, das Staatsgefängnis in Paris, entwendete Waffen und Schießpulver und befreite einige der Gefangenen. Das war der Beginn der Französischen Revolution.

Noch bevor sie zu Ende war, hatten Revolutionäre mit einer neuen Hinrichtungsmaschine, der Guillotine, reiche Adlige, darunter König Ludwig XVI. und seine österreichische Gemahlin Marie Antoinette, enthauptet. Nicht nur Menschen mussten daran glauben, auch ihre Werke wurden zerstört, wie die verdauende Ente von Jacques de Vaucanson, die er Ludwig XVI. geschenkt hatte.

Die Guillotine, effektiv und tödlich, wurde während der Französischen Revolution eingesetzt, um Adlige und Könige zu enthaupten, die bei den Revolutionären als habgierig und korrupt galten.

Die Amerikanische Revolution beeinflusste auch andere Kolonien. Um 1800 lebten in der französischen Kolonie Saint-Domingue auf der von Kolumbus besiedelten Karibikinsel Hispaniola 450 000 versklavte Afrikaner, die fast die Hälfte des weltweiten Bedarfs an Zucker erzeugten. Nach 13 Jahren Widerstand befreiten sie sich 1804 von der französischen Herrschaft. Ihr neues Land, Haiti, war nach den Vereinigten Staaten die zweite Kolonie der Welt, die sich vom Kolonialregime befreit hatte und die erste unabhängige, von dunkelhäutigen Menschen regierte Republik der neueren Geschichte.

Ähnliche Freiheitsbewegungen folgten in Mittel- und Südamerika. Am 20. Juli 1810 erklärte Kolumbien (das damalige Neugranada) seine Unabhängigkeit. Im Laufe der nächsten Jahre folgten weitere spanische und portugiesische Kolonien.

François-Dominique Toussaint Louverture, hoch gebildet und als Sklave geboren, war ein Anführer der Haitianischen Revolution.

Die Newtonschen Gesetze besagen, dass es in der Physik für jede Aktion eine gleiche und eine entgegengesetzte Reaktion gibt. In der Geschichte ist es manchmal ebenso. 1799, kurz nachdem das französische Volk seinen korrupten König erfolgreich gestürzt hatte, übernahm ein neuer starker Mann die Alleinherrschaft: Napoleon Bonaparte.

Napoleon hatte vor, Europa zu erobern und sein eigenes Imperium aufzubauen. Kriege kosten Geld, und Napoleon interessierte sich mehr für sein neues europäisches Reich als für amerikanische Kolonien. Deshalb verkaufte Napoleon 1803, als er gerade dabei war, die Schlacht um Haiti zu verlieren, die französische Kolonie Neufrankreich (Louisiana) für

Obwohl man bei Napoleon vor allem an seinen Versuch denkt, die Welt zu erobern, sind ihm auch große Veränderungen in der französischen Verwaltung zu verdanken. Er führte ein System der öffentlichen Bildung ein und schuf den Code Civil, ein Gesetzesbuch, das eine Reihe von Bürgerrechten festschrieb, darunter die Religionsfreiheit.

15 Millionen Dollar an die Vereinigten Staaten. Das abgetretene Gebiet umfasste nicht nur ganz oder teilweise die heutigen US-Bundesstaaten Arkansas, Missouri, Iowa, Oklahoma, Kansas, Nebraska, Minnesota, North Dakota, South Dakota, New Mexico, Texas, Montana, Wyoming, Colorado und Louisiana sondern auch Teile der kanadischen Provinzen Alberta und Saskatchewan.

Großbritannien hatte Napoleons Invasion erfolgreich abgewehrt, aber infolge der Napoleonischen Kriege und bedingt durch den Verlust seiner amerikanischen Kolonien kämpfte es mit großen finanziellen Schwierigkeiten. So machte man sich die erprobte Strategie des Römischen Reiches zu eigen, jenseits der eigenen Grenzen zu expandieren.

Um 1780 erkundete der britische Kapitän James Cook den Südpazifik. Seine Expeditionen führten zur Gründung einer Sträflingskolonie in Australien. Für die Gerichte wurde es zur Regel, Verbrecher und Menschen, die ihre Rechnungen nicht bezahlen konnten, zwangsweise dorthin zu verschicken.

Unterdessen waren britische Streitkräfte dabei, weitere Kolonien zu erobern. Mitte der 1820er-Jahre standen große Teile Indiens und Burmas (heute Myanmar) unter britischer Herrschaft und lieferten lebenswichtige Güter für das ständig wachsende Empire. Salpeter, einer der Bestandteile von Schießpulver, kam aus Indien. Kostbares Hartholz für den Schiffbau kam aus Burma. In Großbritannien konzentrierte sich der Freiheitsgedanke in den Köpfen einiger Menschen auf die Abschaffung der Sklaverei. William Wilberforce war ein unermüdlicher Kämpfer, dessen Bemühungen schließlich dazu führten, dass das britische Parlament 1807 beschloss, den Sklavenhandel zu verbieten. 1833 ging Großbritannien noch weiter und erklärte die Sklaverei im gesamten britischen Weltreich für gesetzwidrig.

Als der Barbier Richard Arkwright aus Bolton in England die erste durch ein Wasserrad angetriebene Baumwoll-Spinnmaschine der Welt erfand, löste dies eine ganz andere Art von Revolution aus, die Industrielle Revolution. Arkwrights Spinnerei wurde 1771 im Dorf Cromford in Derbyshire in Betrieb genommen. Dort wurden feine, kräftige Fäden gesponnen, die dann in einen mechanischen Webstuhl geführt und zu Stoff gewebt wurden. Noch nie zuvor waren so wenige Menschen in der Lage, so viel Stoff herzustellen.

Neue Maschinen hatten das Leben der Arbeiter verändert. Ein Tischler zum Beispiel muss viele Tätigkeiten beherrschen, um ein schönes Möbelstück herzustellen. Dabei muss er sich Zeit nehmen, um das passende Werkzeug für den jeweiligen Arbeitsschritt auszusuchen. Aber ein Fabrikarbeiter am Fließband wartet nur darauf, dass ihm das nächste Bauteil auf dem Fließband zugeführt wird, um dann immer wieder die gleichen Handgriffe auszuführen.

Richard Arwrights wasserbetriebene Spinnmaschine veränderte die Baumwollherstellung und war ein Wegbereiter der Industriellen Revolution.

Eli Whitneys Baumwoll-entkörnungsmaschine war eine mechanische Lösung, um Baumwollfasern von Samen zu trennen.

Der Gedanke der Massenproduktion kommt eigentlich aus den Vereinigten Staaten. 1801 führte ein Erfinder namens Eli Whitney vor, wie er aus einem Haufen austauschbarer Einzelteile zehn Gewehre zusammensetzen konnte. Der Kongress war so beeindruckt, dass man ihm einen Auftrag zur Herstellung von 10 000 Gewehren, sogenannten Musketen, erteilte. Auch wenn man jetzt davon ausgeht, dass Whitney bei seiner Präsentation vielleicht geschwindelt hat, um den Zuschlag zu erhalten, funktionierte die Idee wirklich. Zum Zeitpunkt von Whitneys Tod 1825 setzten amerikanische Waffenfabriken diese Methode ein, um jedes Jahr Tausende von Waffen am Fließband herzustellen.

Whitney ist auch bekannt für die Erfindung einer Maschine, die Baumwollfasern von den Samen trennt – eine Arbeit, die von Hand ausgeführt, extrem zeitaufwändig ist. Seine Entkörnungsmaschine (die Cotton Gin, wobei „gin" hier für „engine" steht und Maschine bedeutet) trug dazu bei, dass sich die Wirtschaft im Süden der Vereinigten Staaten veränderte. Sie machte die Baumwollbauern reich und ließ die Nachfrage nach Sklaven für den Baumwollanbau sprunghaft steigen.

Neue Maschinen waren ja ganz gut, aber es gab noch immer ein Problem. Bis etwa 1825 waren Fabriken und Fahrzeuge aller Art auf die Antriebskraft von Tieren, Wasser oder Wind angewiesen. Doch Wind weht nicht überall, bei Flaute stehen Schiffe und Windräder still. Verlässliche Wasserkraft lässt sich eben nur dort erzeugen, wo Wasser fließt, und in Zeiten einer Dürre arbeiten auch wasserbetriebene Webstühle nicht. Wenn die Menschen ihre Experimente mit einer an jedem Ort und zu jeder Zeit funktionierenden Antriebsenergie fortsetzen wollten, brauchten sie einen weiteren Durchbruch.

Genau das geschah, als Richard Trevithick 1801 in Cornwall, England, bei seiner Dampfmaschine *Puffing Devil* den Druck erhöhte. Diese Maschine war zur Gewinnung ihrer Antriebsenergie nicht mehr auf die Naturkräfte der Erde angewiesen. Sie brauchte weder Pferde noch Menschen noch Wind oder Flüsse. Das Einzige, was sie benötigte, waren die reichlich vorhandenen, transportablen Rohstoffe aus der Erde – Wasser in einem Tank und etwas Holz oder Kohle, um ein Feuer zu machen. Die Hitze verwandelte das Wasser in Dampf. Der Dampf gelangte durch Rohre zu den Antriebsrädern. Es war die weltweit erste völlig unabhängige Quelle für mobile Energie.

Innerhalb von 30 Jahren war Hochdruckdampf das verbindende Element der Welt. 1829 fand in England mit dem „Rennen von Rainhill" ein Wettbewerb statt, um eine geeignete Dampflokomotive zu finden, die in der Lage war, einen Waggon über eine neu gebaute, 56 km lange

George Stephenson's *Rocket* war die modernste Lokomotive ihrer Zeit, die die neuesten Innovationen in sich vereinte.

Schienenstrecke zu ziehen, welche die Baumwollstadt Manchester mit dem Handelshafen von Liverpool verband. Die Lokomotive *Rocket* des Erfinders George Stephenson gewann das Rennen. Die Strecke wurde am 15. September 1830 mit großem Trara eröffnet. Großbritannien wurde eisenbahnverrückt. Neue Firmen wurden gegründet und die Menschen investierten Geld in den Bau von Eisenbahnen, manchmal verdienten sie ein Vermögen, manchmal verloren sie alles. Bis 1914 hatte ein über 35 000 km langes Schienennetz, das von 120 konkurrierenden Unternehmen betrieben wurde, die Landschaft verändert.

Vor dem Beginn des Eisenbahnverkehrs hatten unterschiedliche Teile Großbritanniens ihre eigene Ortszeit. London zum Beispiel war Bristol elf Minuten voraus, weil die Sonne in Bristol elf Minuten später aufgeht. Aber die Zugfahrpläne konnten nur funktionieren, wenn alle Uhren die gleiche Normalzeit zeigten. So begann man im ganzen Land, die Uhren auf die gleiche Zeit einzustellen. Schließlich schloss sich der Rest der Welt an, und die Zeitzonen, die wir heute kennen, wurden eingeführt.

Auch in Nordamerika brach bald das Eisenbahnfieber aus. Eine der ersten in Amerika gebauten Dampflokomotiven war die *Best Friend of Charleston*, die im selben Jahr wie Stephensons *Rocket* in Betrieb genommen wurde. Leider war dies auch die erste Lokomotive, die durch eine Kesselexplosion zerstört wurde, bei der ihr Heizer im Juni 1831 auf tragische Weise ums Leben kam.

Am 10. Mai 1869 stellten amerikanische Ingenieure den Bau der ersten transkontinentalen Eisenbahnlinie fertig, die von nun an die Ostküste der Vereinigten Staaten mit Kalifornien im Westen verband. Kanada folgte mit seiner eigenen Canadian Pacific Railway, die von Ontario im Osten bis British Columbia im Westen verlief. So gab es 1885 in Nordamerika zwei transkontinentale Eisenbahnen.

Dank der Dampfkraft konnten Schiffe auch bei Windstille in voller Fahrt die Meere überqueren. 1845 lief die vom Eisenbahner Isambard

Kingdom Brunel konstruierte SS *Great Britain* vom Stapel. Mit fast 100 Metern Länge war sie das erste eiserne Dampfschiff, das den Atlantik in nur 14 Tagen überquerte.

Aber während Europa und Nordamerika mit ihrem industriellen Fortschritt beschäftigt waren, zog sich ein Großteil des Fernen Ostens, einschließlich China, Japan und Korea, zurück. Von etwa 1600 bis 1860 versuchte Japan, sich völlig von der Außenwelt abzuschotten. Dasselbe gilt für Korea, das sich dem europäischen Einfluss so erfolgreich entzog, dass es „Einsiedlerkönigreich" genannt wurde.

Auch China war wenig an einer Expansion interessiert. Fast 100 Jahre bevor Kolumbus auf dem amerikanischen Doppelkontinent eintraf, war ein chinesischer muslimischer Admiral namens Zheng He mit einer Flotte von Hunderten riesiger Schiffe und Zehntausenden von Seeleuten und

Auf seinen Reisen sammelte Zheng He Schätze aller Art, die er an den Königshof in Nanjing, China, brachte. Von seiner Fahrt nach Somalia in Ostafrika brachte er Giraffen, Leoparden, Löwen und Zebras mit, die er „Himmelspferde" nannte.

Passagieren nach Übersee unterwegs, um ferne Länder zu erkunden. Auf mindestens einer seiner sieben abenteuerlichen Seereisen Anfang des 15. Jahrhunderts erreichte er die Ostküste Afrikas. Anders als europäische Konquistadoren, die Krieg führten und Menschen versklavten, wollte er jedem von dem ruhmreichen chinesischen Kaiser erzählen, der dank Gott im Himmel der oberste Herrscher der Welt war. Im Gegenzug sammelte er exotische Geschenke von fremdländischen Herrschern. Ein Ergebnis seiner Expeditionen waren ausgedehnte chinesische Handelsrouten durch Asien und chinesische Kolonien in Südostasien.

» UNSER HIMMLISCHES REICH BESITZT ALLE DINGE IN HÜLLE UND FÜLLE ... ES BESTAND DAHER KEINE NOTWENDIGKEIT, DIE ERZEUGNISSE VON AUSLÄNDISCHEN BARBAREN IM AUSTAUSCH FÜR UNSERE EIGENEN PRODUKTE ZU IMPORTIEREN. «

Qianlong, Kaiser von China

Bis 1520 hatte China seine riesige Flotte aufgegeben und die Zeit der Übersee-Expeditionen war beendet. Stattdessen sah sich China durch die Invasionen der Mongolen aus dem Norden gezwungen, all seine Energie in den Ausbau und die Erneuerung der Großen Mauer zu stecken und sie in eine spektakuläre 8850 Kilometer lange Befestigungsanlage zu verwandeln.

Die außergewöhnliche Verteidigungslinie erfüllte eine ganze Weile ihren Dienst, bis es in China zu einem Bürgerkrieg kam, der zum Ende der Ming-Dynastie führte, die nach den Mongolen geherrscht hatte. 1644 übernahm die Qing-Dynastie die Herrschaft. Wie Japan und Korea hatten die Qing wenig Interesse am Handel mit Europa, aber ab etwa 1850 spionierten westliche Mächte vor den Ufern Japans und schnüffelten mit ihren neuen dampfbetriebenen Kriegsschiffen auf Chinas Flüssen herum.

Kaiser Qianlong

Vor Tausenden von Jahren entdeckten die alten Griechen, dass Bernstein, wenn man ihn an einem Stoff reibt, rätselhafte Schläge oder Funken erzeugt. Das Wort „Elektrizität" stammt eigentlich vom griechischen Wort „élektron", was Bernstein bedeutet.

In den 1820er-Jahren führte der englische Wissenschaftler Michael Faraday in der Royal Institution, einem wissenschaftlichen Institut in London, vor, wie man einen Gegenstand mit einer unsichtbaren Kraft namens Elektromagnetismus bewegen kann, die entsteht, wenn Strom durch einen Draht fließt. Das war der weltweit erste Elektromotor. 1831 hatte er zudem entdeckt, dass sich Strom erzeugen lässt, indem man eine Drahtschleife durch ein Magnetfeld zieht. Nach diesem Prinzip erzeugt auch ein Kraftwerk Strom.

Nachdem der amerikanische Erfinder Thomas Edison sein Verfahren für eine kostengünstige, für die Massenproduktion geeignete Glühlampe perfektioniert hatte, konnte das weltweit erste elektrische Stromnetz in Betrieb genommen werden. 1882 versorgte ein dampfbetriebenes Kraftwerk erstmals 59 Kunden in New York mit Strom.

Die Elektrizität schuf die Voraussetzung für das erste Telegrafennetz. 1837 gelang es dem Erfinder Samuel Morse, mit seinem Morse-Code Nachrichten über eine Entfernung von fast 65 Kilometern von Washington, D.C. nach Baltimore, Maryland, zu senden. Innerhalb von 20 Jahren war ganz Nordamerika durch Leitungen verbunden. In den 1860er-Jahren wurden sogar Kabel am Meeresgrund verlegt, sodass eine schnelle Kommunikation zwischen Nordamerika und Europa möglich war. Das erste Kabel verlief von Irland nach Neufundland.

Thomas Edison hat nie aufgegeben. Er und sein Team von Ingenieuren tüftelten mehr als fünf Jahre lang bis sie herausfanden, wie man vermeidet, dass eine Glühlampe explodiert, wenn sie an einen elektrischen Strom angeschlossen wird.

> ICH RIEF:
> WATSON, KOMM' HER,
> ICH BRAUCHE DICH.
> ZU MEINER FREUDE KAM
> ER UND BESTÄTIGTE,
> DASS ER GEHÖRT UND
> VERSTANDEN HATTE, WAS
> ICH SAGTE.

Alexander Graham Bell, Erfinder

Als der in Schottland geborene kanadisch-amerikanische Erfinder Alexander Graham Bell eine Möglichkeit fand, Sprachsignale über elektrische Leitungen zu übertragen, war er komplett aus dem Häuschen. Am 10. März 1876 sprach Bell die ersten Worte über eine Telefonleitung mit seinem Assistenten Thomas Watson, der sich im Nebenraum befand.

Maschinen veränderten nun alle Bereiche des Lebens. Wenn die Menschen sich entscheiden müssten, welche Entwicklung ihr Leben am meisten beeinflusst hat, würden warscheinlich viele das Auto nennen.

Möglicherweise war Alexander Graham Bell gar nicht der erste Erfinder des Telefons. Zur gleichen Zeit arbeiteten auch andere an dieser Idee. Aber er war der erste, der die Erfindung beim Patentamt der Vereinigten Staaten anmeldete, und erhielt so die Rechte zur Herstellung und zum Verkauf von Telefonen. Dieses Bild, das in der Zeitung *Detroit News* veröffentlicht wurde, zeigt einen unbekannten Mann beim Telefonieren mit Bells Apparat.

Bertha Benz, die Ehefrau des Erfinders Karl Benz, machte 1888 mit dem von ihrem Mann konstruierten Patent-Motorwagen Nummer 3, dem ersten mit Benzin betriebenen Automobil, eine mehr als 100 km lange Probefahrt. Sie nahm ihre beiden jugendlichen Söhne mit, die den Wagen anschieben und so zum Laufen bringen konnten. Als der Wagen unterwegs liegenblieb, reparierte sie ihn selbst. Es war das erste Mal, dass jemand ein Auto mehr als nur ein paar Meter weit gefahren hatte.

Außer in Großstädten ist es heute kaum vorstellbar, in einer Welt zu leben, in der man nicht wann immer man will, mit dem Auto überallhin fahren kann.

Erstaunlicherweise waren um 1900 fast alle Autos in New York elektrisch angetrieben. Das neue Antriebssystem von Edison ließ das Interesse an der Konstruktion von Autos, die zu Hause aufgeladen werden konnten, rasant steigen. Aber schon 1915 wurden die Elektroautos durch die nächste revolutionäre Erfindung mehr und mehr verdrängt.

Die deutschen Wissenschaftler Nikolaus Otto, Gottlieb Daimler und Wilhelm Maybach begannen 1876 mit der Entwicklung einer Reihe von Benzinmotoren. Wenige Jahre später verwendete der deutsche Mechaniker Karl Benz einen dieser Motoren und baute das weltweit erste Auto mit Benzinmotor, das wesentlich leichter und schneller als die durch Elektrizität oder Dampf angetriebenen Automobile war.

Natürlich brauchen Autos auch genug Benzin, das aus Erdöl erzeugt wird, welches tief in der Erde vorkommt. Die ersten Ölbohrungen der Neuzeit fanden in den 1850er-Jahren statt, um Brennstoff für Lampen zu gewinnen. Mit der Erfindung von Benzinfahrzeugen erhöhte sich die Nachfrage nach Öl natürlich rapide.

Am 10. Januar 1901 stießen Goldsucher in Spindletop im US-Bundesstaat Texas auf Öl, das unkontrolliert mit 100 000 Barrel pro Tag an die Oberfläche schoss. Und es sprudelte die nächsten neun Tage ununterbrochen weiter, bis endlich jemand darauf kam, wie man den Fluss stoppen konnte. Die einheimischen Bauern waren wütend, dass ihre Ernten in Öl ertranken, aber ein neues Zeitalter der Entdeckungen hatte gerade erst richtig begonnen.

Henry Ford stellte seine Autos in Massenproduktion her. In seinen Fabriken wurden zwischen 1908 und 1927 mehr als 16 Millionen Autos des Ford Modell T gebaut. Die Regierungen bauten die Straßennetze aus, um der Begeisterung der Menschen gerecht zu werden, jederzeit und überall dahin fahren zu können, wohin sie wollten.

Die erste spektakuläre Öl-Fontäne in Spindletop war nur der Anfang. Insgesamt wurden in diesem Gebiet mehr als 75 Millionen Barrel Öl gefördert, bevor die Vorkommen 1936 erschöpft waren.

Die Inhaber des Fahrradgeschäfts Orville und Wilbur Wright erfanden das erste motorisierte Luftfahrzeug.

1903 hatten zwei Brüder, die ein Fahrradgeschäft besaßen, die geniale Idee, ein Fluggerät zu bauen, indem sie ein Paar Flügel auf einem Fahrrad befestigen und hinten darauf einen kleinen Benzinmotor montierten. Am 17. Dezember gelangen Orville und Wilbur Wright in der Nähe von Kitty Hawk im US-Staat North Carolina die ersten kontrollierten motorgetriebenen Flüge. Diese dauerten nur jeweils zwischen 12 und 59 Sekunden, aber sie bewiesen, dass es prinzipiel machbar war, ein Fluggerät mit Benzinmotor zu bauen, das Menschen durch die Luft transportieren konnte.

Innerhalb von 15 Jahren hatte es die Idee zu einem ausgereiften Flugzeug geschafft. Der Erste Weltkrieg (1914–1918) gewann an Dynamik, weil die Nationen auf beiden Seiten Flugzeuge einsetzten, um feindliche Kräfte auszuspionieren und Bomben abzuwerfen. Die Massenproduktion fand sehr schnell auch in die Flugzeugherstellung Eingang. Während des Zweiten Weltkriegs (1939–1945) wurden fast 800 000 Flugzeuge gebaut.

$R_{ik} = 0$

Stell dir vor, du findest eine Energiequelle, die nie versiegt. Diese letzte Hürde nahm der deutsche Physiker Albert Einstein 1905 in einer Reihe von wissenschaftlichen Arbeiten in Angriff. Newtons Gesetze zur Beschreibung von Gravitation und Bewegung gelten zwar für große Objekte, aber wie Einstein erkannte, versagen sie im Maßstab der Atome.

Einstein stellte fest, dass Atome durch eine fast unvorstellbar große Kraft zusammengehalten werden, die eine bisher ungenutzte Energiequelle darstellt. Die berühmte Formel $E=mc^2$ beschreibt diesen Zusammenhang, dabei ist E = Energie, m = Masse und c = Lichtgeschwindigkeit.

Einstein rechnete aus, dass ein einziges Sandkorn genug Energie enthält, um Wasser in einem Wasserkocher 10 Millionen Mal zum Sieden zu bringen. Der Startschuss für ein nukleares Wettrennen war gefallen, als konkurrierende Wissenschaftler und Ingenieure nach Möglichkeiten suchten, Atome zu spalten und grenzenlose Mengen an Energie freizusetzen.

Gewaltige Fortschritte in Wissenschaft und Technik prägten und veränderten im 20. Jahrhundert die Welt und ließen unser heutiges Leben in greifbare Nähe rücken. Aber bis es soweit war, fehlte noch ein weiterer Schritt auf unserer Reise. Und das ist leider kein leichter, wie wir gleich sehen werden.

Albert Einstein stellte fest, dass das Universum nicht ist, was es zu sein scheint. Auf diesem Bild schreibt er eine Gleichung für die Dichte der Milchstraße an eine Tafel.

Kapitel 14

Die Welt im Krieg

1845–1945

Als jeder mit jedem zu kämpfen begann

Zeitleiste

1851
In Australien wird Gold entdeckt.

1850–64
In China sterben 20 Millionen Menschen beim Taiping-Aufstand.

1914
Die europäischen Länder haben 90 Prozent des afrikanischen Kontinents kolonisiert.

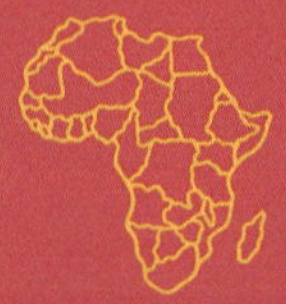

1914
Nach der Ermordung von Erzherzog Franz Ferdinand von Österreich bricht der Erste Weltkrieg aus.

1917
Während der Revolution in Russland bringt Wladimir Lenin das Land unter seine Kontrolle.

1939
Deutschland marschiert in Polen ein und löst damit den Zweiten Weltkrieg aus.

1945
Der Zweite Weltkrieg geht zu Ende.

Wir sind zusammen durch viele Geschichtsepochen gereist und haben viele Kriege gesehen. Aber die Zeit von 1845 bis 1945 erscheint mir besonders brutal. Aus für mich schwer verständlichen Gründen kam es plötzlich in fast allen Gegenden der Welt zu blutigen Übergriffen und Kämpfen zwischen Volksgruppen.

Niemand weiß wirklich, warum das passierte. Ein Grund könnte sein, dass die Weltbevölkerung dank der Fortschritte in Landwirtschaft und Technik immer schneller wuchs. 1804 lebten erstmals mehr als 1 Milliarde Menschen auf der Welt. 1950 hatte sich diese Zahl mehr als verdoppelt: Nun waren es 2,5 Milliarden. Vielleicht war angesichts von so viel mehr Menschen die Gefahr größer, dass Länder und Kulturen in Streit miteinander gerieten. Oder manche Leute fühlten sich in der jetzt enger miteinander verbundenen Welt sozial benachteiligt und empfanden Neid auf reichere Menschen, während andere gierig immer mehr Wohlstand anhäuften.

Zu Beginn dieser 100 Jahre waren die Europäer eifrig bemüht, sich die ganze Welt untertan zu machen. Sie beherrschten den Großteil des amerikanischen Kontinents. Jetzt sahen sie die Chance, auch Südasien, den Mittleren Osten und Afrika unter ihre Kontrolle zu bringen. Schon seit Jahrhunderten kauften sie Waren und Menschen in Afrika. Nun begannen sie, dort Kolonien zu errichten und auf Dauer zu bleiben. Afrika ist ein bemerkenswert vielfältiger Kontinent mit rund 3000 Volksgruppen und zwischen 900 und 1500 verschiedenen Sprachen. Als die Europäer willkürlich neue Grenzlinien zogen, nahmen sie keine Rücksicht auf die von den einzelnen Volksgruppen bewohnten Regionen oder die Lebensweisen der Einheimischen.

1845 fanden mehrere Kriege statt, darunter auch der Erste Sikh-Krieg zwischen der Britischen Ostindien-Kompanie und dem Sikh-Reich, heute Pakistan und Nordindien. Die Ostindien-Kompanie war als Gesellschaft für den Handel mit Indien und China gegründet worden, kolonisierte und kontrollierte aber auch weite Teile Indiens.

Nordafrika war der erste Staat, der die Auswirkungen der europäischen Besiedlung zu spüren bekam. 1834 fielen französische

Truppen in Algerien ein und bauten Straßen für den Transport von Waren und Material nach Europa. Bis 1848 hatten sich mehr als 100 000 Franzosen in dem Gebiet niedergelassen. Sie betrieben Ackerbau und exportierten Baumwolle.

1881 ging der sogenannten „Wettlauf um Afrika" erst richtig los. Damals kontrollierten die europäischen Länder rund zehn Prozent des afrikanischen Kontinents. 20 Jahre später waren es 90 Prozent. Die kolonisierten Afrikaner mussten Kaffee, Kakao, Kautschuk, Baumwolle und Zucker für den Export anbauen; andere wurden zur Arbeit in Minen gezwungen und mussten Gold, Diamanten und Kupfer schürfen. So wurden die Schätze Afrikas außer Landes gebracht und machten die europäischen Länder immer reicher.

1851 wurde in Australien Gold entdeckt, und die Europäer fielen auf der Jagd nach schnellem Reichtum auch auf diesem Kontinent ein. In nur 20 Jahren wuchs die Bevölkerung Australiens von 437 000 auf 1,7 Millionen Menschen. Die europäischen Siedler waren sehr erfolgreich, ganz im Gegensatz zu den Australiern, die bereits hier gelebt hatten. Die Europäer stahlen ihr Land und steckten sie mit ihren europäischen Krankheiten an. Im Vergleich zu der Bevölkerungszahl bei der Ankunft der ersten britischen Siedler war im Jahr 1900 die Zahl der australischen Ureinwohner auf ein Drittel geschrumpft.

Währenddessen hatten die Europäer um das Jahr 1840 herum Tee, Seide und Porzellan aus China zu Verkaufsschlagern gemacht. Aber der Handel war nicht unproblematisch: Die Chinesen hatten kein Interesse an Waren aus Europa. Die europäischen Kaufleute mussten die Waren aus China mit Silber bezahlen, bekamen aber kein Silber aus China zurück, weil niemand dort europäische Produkte kaufen wollte. Das führte zu einer Silberknappheit in den europäischen Ländern.

Der Wettlauf um Afrika

Gebiete 1914

- Britisch
- Französisch
- Deutsch
- Italienisch
- Portugiesisch
- Belgisch
- Spanisch
- Unabhängige afrikanische Staaten

Die Afrikakarte von 1914 zeigt, wie wenig es bei der Aufteilung des Kontinents um die Belange der Einheimischen ging, weil sich europäische Mächte auf ihre Kosten bereichern wollten.

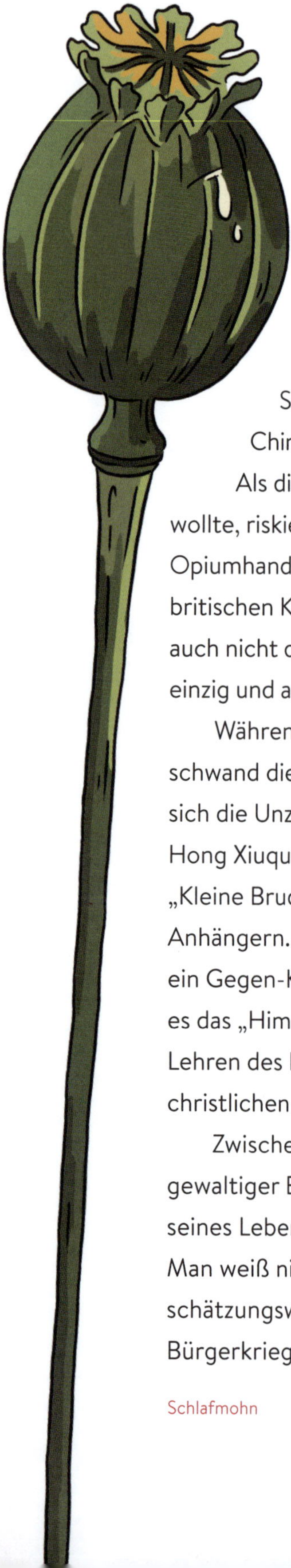

Schließlich brachten britische Händler ein Produkt auf den Markt, für das chinesische Kunden ihr Silber bereitwillig auf den Tisch legten: die Droge Opium. Opium macht Menschen sehr schnell süchtig. Heute wird daraus Heroin hergestellt. Weil die Droge in China verboten war, verkauften die Briten sie an Drogenhändler, die sie dann ins Land schmuggelten. Mit dem Silber, das sie dafür bekamen, konnten die europäischen Händler in China wieder mehr Seide, Tee und Porzellan kaufen.

Als die chinesische Regierung die Einfuhr der Droge stoppen wollte, riskierten die Briten bewaffnete Auseinandersetzungen, um ihren Opiumhandel fortführen zu können, die sogenannten Opiumkriege. Den britischen Kaufleuten war das Leid der Chinesen egal. Sie kümmerten sich auch nicht darum, dass sie die chinesischen Gesetze brachen. Ihnen ging es einzig und allein darum, das Silber der Chinesen zu bekommen.

Während immer mehr Chinesen vom Opium abhängig wurden, schwand die Macht der chinesischen Regierung rapide. Schließlich entlud sich die Unzufriedenheit der Menschen. 1850 forderte ein Mann namens Hong Xiuquan die regierende Qing-Dynastie heraus. Er behauptete, der „Kleine Bruder von Jesus Christus" zu sein, und hatte eine riesige Schar von Anhängern. Hong und seine Armee von Aufständischen riefen in Südchina ein Gegen-Königreich aus, dessen Hauptstadt Nanjing war. Sie nannten es das „Himmlische Reich des Großen Friedens". Und sie ersetzten die Lehren des Konfuzius mit der von Hong selbst erstellten Übersetzung der christlichen Bibel.

Zwischen diesen beiden rivalisierenden Teilen Chinas brach ein gewaltiger Bürgerkrieg aus, der Taiping-Aufstand. Niemand war sich seines Lebens sicher. Der Krieg dauerte 14 Jahre, von 1850 bis 1864. Man weiß nicht, wie viele Menschenleben er tatsächlich gekostet hat – schätzungsweise zwischen 20 und 70 Millionen. Es war der opferreichste Bürgerkrieg der Menschheitsgeschichte.

Schlafmohn

Schauplatz des Taiping-Aufstands war eines der ältesten Länder der Welt. Zur gleichen Zeit fand etwas Vergleichbares auf der anderen Seite der Welt statt, in einem der neuesten Länder, den Vereinigten Staaten von Amerika. Auch durch die USA ging ein tiefer Graben. In den Staaten im Norden war die Sklaverei mittlerweile verboten. Die Leute, die gegen die Sklaverei waren – die Abolitionisten sagten, wenn alle Menschen gleich geschaffen sind, wie es in der Unabhängigkeitserklärung steht, dann dürfe auch kein Mensch versklavt werden, gleich welche Hautfarbe er hat.

> „VOR 87 JAHREN GRÜNDETEN UNSERE VÄTER AUF DIESEM KONTINENT EINE NEUE NATION, IN FREIHEIT GEZEUGT UND DEM GRUNDSATZ GEWEIHT, DASS ALLE MENSCHEN GLEICH GESCHAFFEN SIND."
>
> Abraham Lincoln in seiner Rede „Gettysburg Address"

Die Sklavenhalter im Süden waren völlig anderer Ansicht. Ihre Sklaven waren so wertvoll, dass sie sich ein Leben ohne sie nicht vorstellen konnten. Versklavte Arbeiter bauten Baumwolle, Tabak, Zuckerrohr und andere Feldfrüchte an. Sie arbeiteten in qualifizierten Berufen, beispielsweise als Schreiner. Und sie lebten in den Haushalten ihrer Sklavenhalter als Dienstboten, Köche, Putzfrauen und Kindermädchen.

Weil jeder Bundesstaat für sich entscheiden durfte, ob er Sklaverei zuließ oder nicht, blieb die Lage in den USA vorerst einigermaßen ruhig.

1848 gelang Ellen und William Craft in Georgia die Flucht aus der Sklaverei. In Männerkleidung gab sich die hellhäutige Ellen als reicher weißer Plantagenbesitzer aus. Begleitet von ihrem Ehemann William, der als ihr Diener auftrat, kaufte sie zwei Zugfahrkarten, und das Ehepaar fuhr nach Norden in die Freiheit.

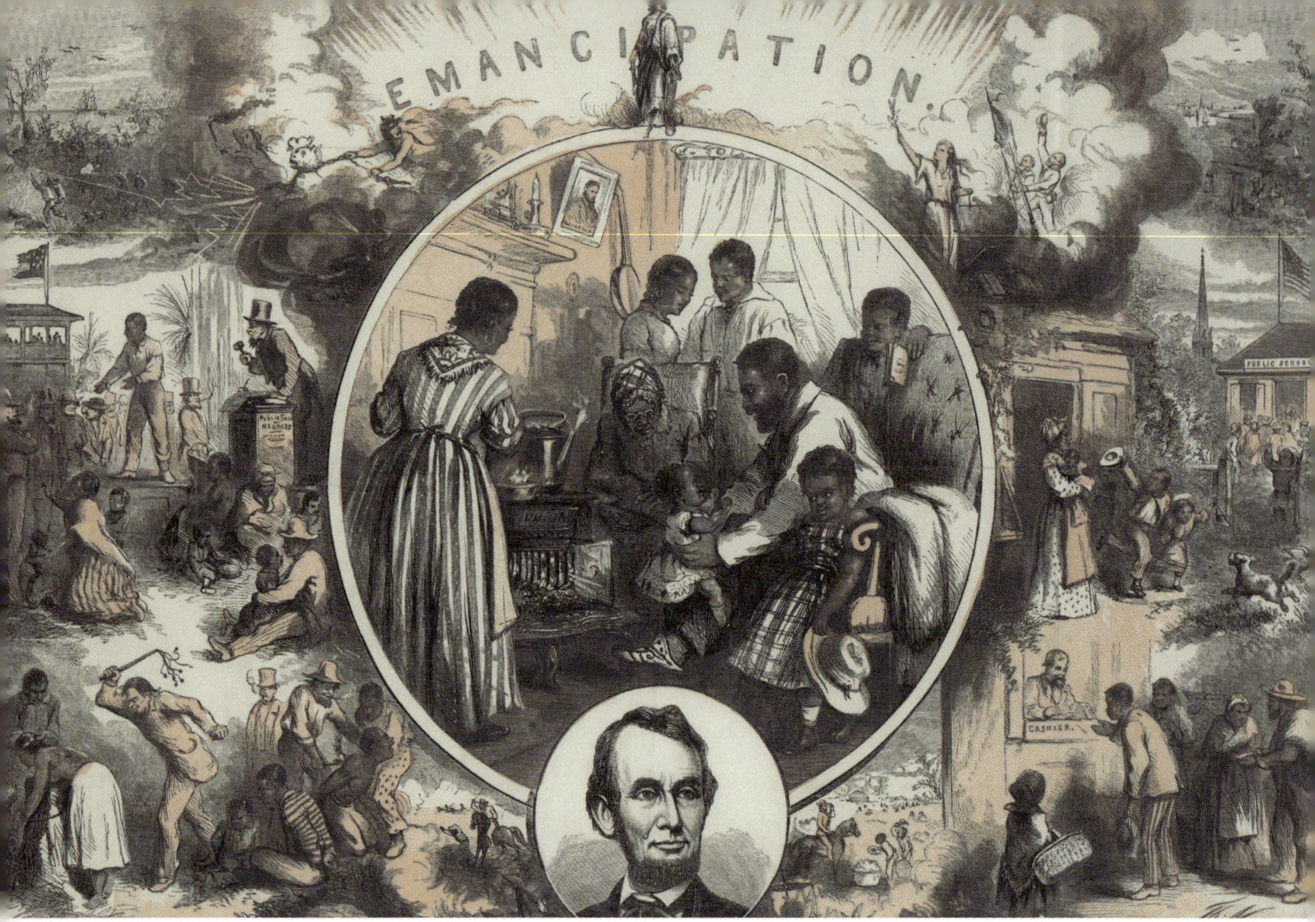

Dieses Plakat aus dem Jahr 1865 nach einer Illustration von Thomas Nast erinnert an den amerikanischen Präsidenten Abraham Lincoln (im unteren Kreis) kurz nach seiner Ermordung durch einen wütenden Attentäter aus den Südstaaten. Es würdigt Lincolns Emanzipationserklärung, in der er alle Sklaven in den Staaten, die sich von der Union gelöst hatten, für frei erklärte. Nast stellt sich das Leben einer zukünftigen afroamerikanischen Familie vor, die sich um ihren modernen Holzofen versammelt (Mitte). Links sieht man die Schrecken der Sklaverei, einschließlich der Prügel und des Verkaufs. Auf der rechten Seite besuchen fröhliche afroamerikanische Kinder in Zukunft die Schule und freie Arbeiter nehmen ihren Lohn entgegen.

Aber als neue Bundesstaaten hinzukamen, brachen Kämpfe aus, weil sie darüber stritten, ob dort die Sklaverei erlaubt oder verboten sein sollte.

Dann wurde Abraham Lincoln, ein bekennender Gegner der Sklaverei, 1861 zum Präsidenten gewählt. Elf Staaten im Süden beschlossen, dass sie nun genug hätten. Sie spalteten sich aus den Vereinigten Staaten ab und bildeten ein eigenes Land, die Konföderierten Staaten von Amerika. Es kam zu einem brutalen Bürgerkrieg, dem zwischen April 1861 und dem Frühjahr 1865 über 600 000 Menschen zum Opfer fielen. Am Ende gewann der Norden und zwangen die abtrünnigen Staaten zurück in die Union. Vier Millionen Menschen wurden aus der Sklaverei befreit. Die Verfassung der Vereinigten Staaten wurde um Zusatzartikel erweitert, in denen die Sklaverei verboten und Afroamerikanern das Wahlrecht gegeben wurde. Aber Frauen, egal welche Hautfarbe sie hatten, duften weiterhin nicht wählen. Und bis zur wirklichen Gleichberechtigung zwischen Menschen verschiedener Hautfarbe war es noch ein weiter Weg.

Leider muss ich sagen, dass unser Jahrhundert der schrecklichen Kriege gerade erst angefangen hat. In Europa gerieten die Dinge außer Kontrolle. Nach der Gründung von zwei neuen Ländern war der Konkurrenzkampf zwischen den Nationen schärfer geworden. 1861 schlossen sich die italienischen Stadtstaaten zusammen und bildeten das moderne Italien. Zehn Jahre später vereinigte der deutsche Kanzler Otto von Bismarck 25 deutsche Staaten und gründete das Deutsche Kaiserreich unter der Führung von Kaiser Wilhelm I. Er ärgerte sich darüber, dass Deutschland nicht zum Zug gekommen war, als die anderen europäischen Nationen mächtige Reiche aufgebaut hatten. Also nahmen die Deutschen Teile von Afrika in Besitz, darunter das heutige Namibia, Ruanda, Ghana und Tansania. Dieses neue Deutschland machte Frankreich und England sehr nervös.

Nach und nach bildeten sich zwei rivalisierende Allianzen: England, Frankreich und Russland auf der einen Seite und Deutschland, Italien und Österreich-Ungarn auf der anderen Seite. Zu Österreich-Ungarn gehörten das heutige Österreich, Ungarn, Tschechien, Slowakei, Slowenien, Kroatien, Bosnien und Herzegowina sowie Teile von Polen, Serbien, Rumänien und der Ukraine.

Frankreich wollte die Gebiete zurückgewinnen, die es 1870 an Deutschland verloren hatte. Italien und Frankreich stritten sich um afrikanische Kolonien.

Diese politische Karikatur zeigt Otto von Bismarck, der kleine deutsche Staaten zusammenkehrt, um eine neue Großmacht zu schaffen.

Russland kämpfte mit Österreich-Ungarn um die Herrschaft über Gebiete am Schwarzen Meer. Großbritannien schließlich fürchtete die Bestrebungen Deutschlands, ein konkurrierendes Reich aufzubauen. 1914 war Europa wie eine Feuerwerksrakete, die losgehen würde, sobald irgendjemand ein Streichholz in die Hand nahm. Am 28. Juni 1914 zündete der serbische Student Gavrilo Princip schließlich das Streichholz im bosnischen Sarajewo an. Er war wütend, weil Bosnien seiner Meinung nach nicht zum Reich Österreich-Ungarn gehören sollte. Deshalb erschoss er den österreichisch-ungarischen Thronfolger Erzherzog Franz Ferdinand, als er im Auto an ihm vorbeifuhr.

Weil Princip Serbe war, machte Österreich-Ungarn die serbische Regierung für das Attentat verantwortlich und marschierte zur Vergeltung in Serbien ein. Die Verbündeten Serbiens – Großbritannien, Frankreich und Russland – standen Österreich-Ungarn und seinem Verbündeten Deutschland gegenüber. Ausgelöst von einem einzigen Mordanschlag entstand auf diese Weise ein Krieg, an dem fast ganz Europa beteiligt war. Zeitweise war die Situation so verworren, dass viele Soldaten nicht einmal wussten, weswegen sie kämpften oder wen sie töteten.

Dieser Krieg, den man später den Ersten Weltkrieg nannte und der von 1914 bis 1918 dauerte, spielte sich hauptsächlich in Europa ab. 1917 traten die

Erzherzog Franz Ferdinand von Österreich-Ungarn und seine Frau Sophie, Herzogin von Hohenberg, wurden am 28. Juni 1914 zweimal angegriffen. Beim ersten Mal verfehlte die Granate ihr Ziel und explodierte unter dem Auto hinter ihnen. Beim zweiten Angriff schoss Gavrilo Princip aus knapp zwei Metern Abstand auf das Ehepaar. Eine Stunde später waren beide tot.

Die Soldaten im Ersten Weltkrieg mussten unter schrecklichen Bedingungen kämpfen, oft in Gräben voller Schlamm und in ständiger Angst vor Angriffen.

Vereinigten Staaten auf der Seite der Briten und ihrer Alliierten in den Krieg ein. Bis zu seinem Ende verloren rund 20 Millionen Menschen ihr Leben. Sie waren entweder in den Kämpfen gefallen oder an der furchtbaren Grippe gestorben, die während des Krieges in Europa wütete.

Russland ist in unserer Geschichte bisher kaum aufgetreten, aber jetzt übernimmt es eine Hauptrolle. Seit prähistorischen Zeiten war dieses riesige Land die Heimat von vielen verschiedenen Volksgruppen. Wie wir in einem früheren Kapitel gelesen haben, siedelte sich dann um das Jahr 840 das Wikingervolk Rus in Russland an, gefolgt von einer Welle mongolischer Siedler.

Ab 1547 wurde Russland von Zaren und Zarinnen regiert. Wie die meisten Herrscher hatten auch sie ihre guten und schlechten Seiten. Der erste Zar war Iwan der Schreckliche, der ein gewaltiges Reich erschuf. Peter der Große, der von 1682 bis 1725 an der Macht war, war ein Förderer von Wissenschaft und Technik; er modernisierte das Land und gründete die erste russische Zeitung. Katharina die Große wollte während ihrer Regentschaft von 1762 bis 1796 eigentlich die Leibeigenschaft abschaffen. Wie Sklaven waren die Leibeigenen das Eigentum adliger Familien, der Gutsherren. Aber weil Katharina die Unterstützung der Gutsherren brauchte, änderte sie ihre Pläne und nahm den Leibeigenen stattdessen auch noch ihre wenigen Rechte.

1917, drei Jahre nach dem Ausbruch des 1. Weltkriegs, versank Russland im Chaos. Der Krieg hatte das Land geschwächt, und das Volk machte Zar

Nikolaus II. dafür verantwortlich. Lebensmittel waren knapp, die Menschen waren hungrig, krank und wütend. Und sie misstrauten Grigori Rasputin, einem Berater des Zaren, der behauptete, er sei ein heiliger Mann.

Im Februar 1917 zettelten Frauen in Sankt Petersburg wegen der Brotknappheit einen Aufstand an. Die Proteste griffen auf viele andere Städte über. Im März musste Zar Nikolaus abdanken. Nach einem Kampf um die Macht übernahmen Wladimir Lenin und Leon Trotzki in der sogenannten Russischen Revolution die Kontrolle. Im Mai des folgenden Jahres wurden der Zar und seine Familie hingerichtet.

Lenin und Trotzki wollten ein Experiment wagen und eine neue Regierungsform namens Kommunismus einführen. Die Idee ging auf den deutschen Philosophen Karl Marx zurück. Er behauptete, die Welt wäre ein besserer Ort, wenn die Arbeiter regieren würden; außerdem müssten die Fabriken den Arbeitern gehören, die darin schufteten.

Nun brach ein Bürgerkrieg zwischen den beiden Seiten aus: Zwischen Lenins kommunistische Armee (den „Roten") auf der einen Seite und der Weißen Armee auf der anderen Seite; das waren diejenigen, die gegen den Kommunismus hielten. Großbritannien, Frankreich, die USA und Japan unterstützten die „Weißen". Im Juni 1923 hatte Lenins Rote Armee den Krieg gewonnen. Sie taufte Russland um in „Union der Sozialistischen Sowjetrepubliken", kurz UdSSR oder Sowjetunion.

Leider wurde die ursprünglich großartige Idee von einem Mann namens Joseph Stalin missbraucht, dem es nur um eines ging: Macht. Er regierte von 1924 bis 1953 mit eiserner Hand. Schreckliche Dinge passierten während dieser Zeit. Wer sich Stalin widersetzte, wurde hingerichtet oder in Arbeitslager im bitterkalten Sibirien geschickt, die sogenannten Gulags. Vermutlich hat Stalin während seiner Regierungszeit den Tod von 20 Millionen seiner eigenen Landsleute verursacht.

Solche Revolutionsplakate riefen die Menschen auf, die Ketten des Zarenreichs zu sprengen und sich der Russischen Revolution Lenins anzuschließen. Dann, versprach Lenin, würde sich das Leben der Arbeiter verbessern.

под Ленинским знаменем
Ком
на—вперед!
Дени
ЛА ЗДРАВСТВУЕТ ПЕРВОЕ МА

Manche Leute glaubten, dass die Europäer nach der grauenvollen Erfahrung des Ersten Weltkriegs niemals wieder zu den Waffen greifen würden. In England nannte man den ersten Weltkrieg sogar „The War to End all Wars“ – Der Krieg, der alle Kriege beenden sollte. Leider erwies sich diese Einschätzung als falsch. Tatsächlich führte der Friedensvertrag von Versailles zu einem noch verheerenderen Konflikt.

Dieser Vertrag bürdete Deutschland die gesamte Kriegsschuld auf. Als Strafe mussten die Deutschen ihre gesamten Waffen abgeben und 96 000 Tonnen Gold zahlen – in heutigem Geld wären das mehr als 2 Billionen Euro. Diese Riesensumme mussten sie zwar nicht auf einmal begleichen sondern verteilt auf viele Jahre, aber auch diese Teilrückzahlungen stürzten Deutschland in die Armut und brachten die Bevölkerung gegen die Siegermächte auf.

Ein Mann, der im Ersten Weltkrieg mitgekämpft hatte, war tief enttäuscht von dieser Entwicklung: Adolf Hitler. Seiner Ansicht nach hatte die deutsche Regierung das Land leichtsinnig in den Krieg geführt und ihn dann verloren. Hitler berief sich auf das antike Sparta. Er wollte ein „starkes“ deutsches Volk. So, versprach er in seinem Buch *Mein Kampf*, würde die deutsche Nation wieder groß werden. Diese Botschaft kam bei den unterdrückten Deutschen gut an, und am 30. Januar 1933 wählten sie Hitler zum Reichskanzler.

Nach seiner „Machtergreifung“ wurde schnell klar, was Hitler in Wirklichkeit plante. Er glaubte, dass Deutschland mehr Raum für seine wachsende Bevölkerung brauchte. Die beste Art, die deutsche

Nach seiner „Machtergreifung“ 1933 sorgte Adolf Hitler dafür, dass jede Frau und jeder Mann in Deutschland ihm gehorchte. Seine Träume von einer Eroberung ganz Europas wurden 1945 durch die Niederlage der Nazis zunichte gemacht.

Wirtschaft zu stärken, meinte er, sei die Schaffung von vielen neuen Arbeitsplätzen in der Rüstungsindustrie. Die Panzer und Flugzeuge, die die Arbeiter dort bauten, würden die Nachbarländer so einschüchtern, dass sie dem deutschen Volk freiwillig Land abtreten würden – und falls doch nicht, würde man es sich eben mit Gewalt nehmen.

Mithilfe von Notstandsgesetzen verschaffte sich Hitler die Machtbefugnisse eines Diktators. Er verbot alle politischen Parteien außer seiner NDSAP. Schließlich gründete er die Gestapo, die Geheime Staatspolizei. Die Gestapo hatte überall im Land ihre Leute und verfolgte jeden, der etwas gegen Hitler sagte; jede Kritik wurde schwer bestraft.

1938 besetzten Hitlers Truppen Gebiete in der Tschechoslowakei, dem östlichen Nachbarland Deutschlands (heute Tschechien und Slowakei). Der Vielvölkerstaat Österreich-Ungarn war nach dem Ersten Weltkrieg zerfallen. England, Frankreich und Russland hofften immer noch, dass sie Hitler mit diplomatischen Mitteln Einhalt gebieten könnten. Aber im Jahr darauf marschierte Hitler in Polen ein, und Europa stürzte erneut in einen furchtbaren Krieg, der bis 1945 auf dem Kontinent wütete. Hitlers Armee setzte ihren Siegeszug durch Europa im Eilmarsch fort und eroberte erst Belgien und danach Frankreich. Niemand konnte sie aufhalten. Im Mai 1941 sah es so aus, als ob Hitlers Traum von der Herrschaft über Europa wahr werden könnte.

Der Panzer IV war das Schlachtross der deutschen Panzertruppen im Zweiten Weltkrieg. Zwischen 1939 und 1945 wurden mehr als 8000 Stück gebaut.

Dies war die schwärzeste Epoche der europäischen Geschichte. Zwischen 1941 und 1945 errichteten die Nazis zahllose Konzentrationslager. Einige davon waren Arbeitslager, in denen sich die Gefangenen unter lebensbedrohenden Bedingungen abmühen mussten, einige waren Vernichtungslager, in denen sie umgebracht wurden. Insgesamt starben in den Lagern rund 11 Millionen Unschuldige. Unter den Opfern waren 6 Millionen Juden und 5 Millionen andere Menschen, die in den Augen der Nazis minderwertig waren. Dazu gehörten Roma (damals Zigeuner genannt), Homosexuelle und Transgender-Leute, Behinderte, politische Gegner und andere Gruppen. Dieser Völkermord an den Juden wird als Holocaust bezeichnet.

Nach der Bombardierung der amerikanischen Pazifikflotte durch die japanische Luftwaffe in Pearl Harbor traten die USA offiziell in den Zweiten Weltkrieg ein. Das Foto zeigt die *USS Arizona* kurz vor ihrem Untergang. Insgesamt wurden 18 Schiffe zerstört und 2403 Amerikaner starben bei diesem Angriff.

Eine Mitsubishi A6M der japanischen Marine. Das Trägerjagdflugzeug wurde als „Zero" bezeichnet.

Im Gegensatz zum Ersten Weltkrieg beschränkten sich die Kämpfe im Zweiten Weltkrieg nicht auf Europa, sondern zogen fast die ganze Welt in Mitleidenschaft. In den 1930er-Jahren begann nämlich Japan einen Plan umzusetzen, wie ihn die Länder Europas schon seit 400 Jahren verfolgten – den Aufbau eines mächtigen Reiches.

1931, noch vor Hitlers „Machtergreifung", besetzte Japan die Region Mandschukuo im Nordosten Chinas. Einige Jahre später eroberten 350 000 japanische Soldaten weitere Gebiete in China und setzten Flugzeuge ein, um Städte im ganzen Land zu bombardieren.

Japan und Deutschland hatten ein gemeinsames Ziel: den Sieg über die Sowjetunion. Und beide Länder wollten ihren Teil der Welt beherrschen. Daher unterzeichnete Japan mit Deutschland und Italien im Jahr 1940 den Dreimächtepakt und stellte sich damit offiziell gegen England, Frankreich und die USA.

China wehrte sich gegen die japanische Invasion. Um China zu unterstützen, sorgten England und die USA mit einem Embargo dafür, dass kein Erdöl mehr nach Japan geliefert wurde. Ohne Erdöl kein Benzin – die Maschinen des japanischen Heeres, der Marine und der Luftwaffe standen still. Kein Öl, kein Sieg.

Wegen dieses Embargos startete Japan am 7. Dezember 1941 einen Überraschungsangriff auf Pearl Harbor in Hawaii. Die Japaner hofften, dass es den USA wichtiger wäre, ihren Freunden in Europa zu helfen, als China vor Japan zu schützen, und dass sie das Ölembargo gegen Japan wieder aufheben würden.

Aber Japan hatte die falsche Entscheidung getroffen, der Angriff auf Pearl Harbor erwies sich als schrecklicher Fehler. Die USA hatten England bereits vorher mit Waffenlieferungen unterstützt. Aber nach Pearl Harbor konnte der amerikanische Präsident Franklin D. Roosevelt sein Land überzeugen, dass die amerikanische Armee eingreifen müsse. 1941 traten die USA in Europa und in Asien in den Krieg ein.

Die brutalen Kämpfe gingen erst Jahre danach zu Ende, zuerst in Europa: Am 30. April 1945 war Hitlers Armee von allen Seiten von britischen, amerikanischen und sowjetischen Truppen eingekreist. Hitler war klar, dass er den Krieg verloren hatte. Er erschoss sich in seinem Berliner Bunker, in dem er sich versteckt hielt.

Nach dem Tod des „Führers" ergab sich Deutschland.

Aber damit war der Krieg noch nicht vorbei. Erinnerst du dich noch an $E=mc^2$? 1933 reiste Albert Einstein durch Amerika. Für ihn als Juden war der Aufstieg Hitlers so bedrohlich, dass er nicht nach Deutschland zurückkehrte, sondern in den USA blieb. Bei Kriegsausbruch schrieb Einstein zusammen mit einem anderen Wissenschaftler, Leo Szilard, einen Brief an Präsident Roosevelt. Beide warnten, wenn es den Deutschen gelänge, durch Kernspaltung ungeheure Energie freizusetzen, würden sie diese Erkenntnisse nutzen, um neuartige Superbomben zu bauen. Damit würden die Nazis den Krieg gewinnen.

Mit Kriegseintritt der Vereinigten Staaten startete die amerikanische Regierung ein Geheimprogramm: das „Manhattan-Projekt". Und was war das Ziel? Es sollte sicherstellen, dass die USA, unterstützt von England und Kanada, die Atombombe als Erste hätten – vor Deutschland.

Die Amerikaner schafften es im Gegensatz zu den Deutschen tatsächlich, die Kernspaltung für den Bombenbau zu nutzen. Sie setzten die neue Waffe jedoch nicht gegen Deutschland ein. Am 6. August 1945 bekamen die Bewohner der japanischen Städte Hiroshima und Nagasaki als erste ihre ungeheure Gewalt zu spüren. Jede Stadt wurde von nur

Dieses Denkmal in der japanischen Stadt Hiroshima stellt die zwölfjährige Sadako Sasaki dar, die durch die radioaktive Strahlung der Atombombe Krebs bekam und daran starb. Als sie im Krankenhaus lag, erzählte ihr eine Freundin, dass ein kranker Mensch gesund wird, wenn er 1000 Origami-Papierkraniche faltet. Sadako faltete Kraniche, so schnell sie konnte. Sie schaffte 644, bevor sie starb. Nach ihrem Tod falteten Kinder in der ganzen Welt Kraniche zu ihren Ehren. Hier hält sie einen riesigen Origami-Kranich über ihren Kopf.

einer Bombe getroffen, die augenblicklich je 70 000 Menschen tötete. Tausende weitere starben später an der unsichtbaren, aber tödlichen Radioaktivität, die das Gebiet auf Jahre hinaus verseuchte.

Einstein litt sehr darunter, dass sein Brief an Präsident Roosevelt den Anstoß zur Entwicklung einer solch entsetzlichen Waffe gegeben hatte. „Hätte ich gewusst, dass die Deutschen keinen Erfolg beim Bau der Atombombe haben würden, hätte ich keinen Finger gerührt", sagte er.

Die Atombombe beendete den Krieg. Japan ergab sich, und am 15. August war der Zweite Weltkrieg vorbei. Schätzungsweise 50 bis 80 Millionen Menschen hatten ihr Leben verloren. Damit war der Zweite Weltkrieg der opferreichste Konflikt in der Geschichte der Menschheit.

Kapitel 15

FORTSETZUNG FOLGT …

1945–heute
Die Welt, wie wir sie kennen,
und was die Zukunft bringen könnte

Zeitleiste

1945
Die Weltbevölkerung umfasst 2,5 Milliarden.

1945
Die Vereinten Nationen werden gegründet, um einen neuen Weltkrieg zu verhindern.

1947
Indien wird von Großbritannien unabhängig.

1947
Der Kalte Krieg beginnt.

1948
Die Vereinten Nationen verabschieden die UN-Menschenrechtsdeklaration.

1969
Neil Armstrong betritt als erster Mensch den Mond.

1981
IBM bringt den ersten Personal Computer auf den Markt.

1989
Die Berliner Mauer fällt.

2001
Am 11. September greifen Terroristen das World Trade Center in New York an.

2018
Die Weltbevölkerung umfasst 7,6 Milliarden.

Ist dir schwindlig? Also mir schon. Wir sind mit enormer Geschwindigkeit durch die Geschichte und um die Welt gesaust und soeben in der letzten Hundertstelsekunde vor Mitternacht auf unserer 24-Stunden-Uhr gelandet. Und obwohl wir fast am Ende eines Buches über das gesamte Weltgeschehen stehen, gibt es einige Geschichten, die offen bleiben müssen.

Fangen wir mit Plastik an. 1855 stellte der britische Erfinder Alexander Parkes den ersten Kunststoff her und nannte ihn Parkesine. Das Material eignete sich wunderbar, um Oberflächen wasserdicht zu beschichten. Dann wurde seine Rezeptur vor allem für das Verkochen von Chemikalien und natürlichen Fasern in England und den USA weiterentwickelt, und aus Zelluloid entstanden viele neue Kunststoffarten.

Heute besteht der Großteil des von uns verwendeten Plastiks aus Rohöl, dem Material, aus dem auch das Benzin für unsere Autos hergestellt wird. Und Plastik ist überall – sein Siegeszug in unserer Welt begann schon bald nach dem Zweiten Weltkrieg. Unsere Spielsachen sind aus Plastik. Plastik ist in Form von Kunstfasern in unserer Kleidung. Wir tragen unsere Einkäufe in Plastiktüten nach Hause, bewahren sie in unseren Kunststoffmöbeln auf und halten unser Essen mit Plastikfolien frisch. Wir machen künstliche Beine, Arme und Herzklappen aus Plastik und bauen sogar Autos und Flugzeuge daraus. Denn Autos aus Kunststoffmaterialien sind leichter als solche aus Stahl, verbrauchen von daher weniger Kraftstoff und stoßen weniger Schadstoffe aus.

Aber wie so oft, ganz so einfach ist die Sache nicht. Es hat eine Weile gedauert, bis man erkannte, dass dieses hochbeliebte Plastik auch zum Problem werden kann. Weil Plastikprodukte so preiswert sind, kaufen wir viele davon und werfen sie schnell wieder weg. Und der ganz große Haken kommt noch, denn da wir keine Pilze oder Bakterien kennen, die Plastik zersetzen, bleibt

Seit 1948 werden Tupperware-Artikel aus Plastik als preisgünstige und praktische Aufbewahrungsmöglichkeit für Lebensmittel verkauft.

Guaranteed by Good Housekeeping
TUPPERWARE
The Miracle on your pantry shelf
AS ADVERTISED IN GOOD HOUSEKEEPING
Tupperware Home Parties

Ein Albatros hat statt eines Tintenfischs eine Plastiktüte gefangen.

unser Plastikmüll nahezu unvergänglich und wir wissen bisher nicht, wie wir ihn wieder loswerden können. Das heißt, es gibt fast den gesamten jemals hergestellten Kunststoff auch heute noch.

Ein Großteil des Plastikmülls ist entweder im Erdboden vergraben oder, noch schlimmer, gelangt ins Meer, wo er Fischen und Seevögeln gefährlich wird. Sie nehmen mit ihrer Nahrung winzige Plastikpartikel auf, verfangen sich im schwimmenden Plastikmüll, werden krank und sterben. Und die Wirbel der Meeresströmungen sammeln das schwimmende Plastik in gewaltigen Müllteppichen an, von denen der „Große Pazifische Müllteppich" wohl der bekannteste ist. Seine genaue Größe ist schwer festzustellen, aber Fachleute schätzen, dass er mindestens dreimal so groß ist wie Frankreich.

Wie wird diese Geschichte enden? Wir wissen es nicht. Ein Teil des Plastiks wird recycelt und zur Herstellung neuer Kunststoffprodukte genutzt. Ein Teil wird verbrannt, um Energie zu erzeugen. Manche Wissenschaftler glauben, dass weiterentwickelte Bakterien irgendwann in der Lage sein könnten, Plastik zu zersetzen. Aber keine dieser Lösungen reicht aus, um das Problem auch nur annähernd in den Griff zu bekommen. Was sollen wir bloß machen mit all diesem Plastik auf unserer Erde?

Wusstest du, dass heute in jeder Sekunde weltweit mehr als vier Babys geboren werden? Das macht 353 000 neue Babys jeden Tag! Und wusstest du, dass pro Tag nur ungefähr 151 000 Menschen sterben? Das bedeutet, dass die Weltbevölkerung im Durchschnitt jeden Tag um mehr als 200 000 Menschen wächst. Deshalb gibt es 7,6 Milliarden Menschen auf der Erde, dreimal so viele wie 1945.

Diese riesige Zunahme ist hauptsächlich der Wissenschaft zu verdanken. Neue Medikamente, Impfstoffe, Operationen, Geräte und lebenserhaltende

Maschinen können Krankheiten vorbeugen und heilen, sodass wir Menschen länger leben. Mit neuen Chemikalien und Technologien können wir auf kleineren Flächen mehr Nahrungsmittel anbauen. Autos, Flugzeuge und Fabriken sind sicherer geworden, also sterben weniger Leute bei Unfällen. In vielen Ländern gibt es ein Sozialhilfesystem, das den Bürgern genug zu essen und ein Dach über dem Kopf garantiert, auch wenn sie sich dies nicht aus eigenen Mitteln leisten können. Weltweit liegt die durchschnittliche Lebenserwartung bei 71 Jahren – das sind 40 Jahre mehr als im Jahr 1900.

Erstmals wurde der Große Pazifische Müllteppich 1988 in den Medien erwähnt, aber die meisten Menschen hörten erst 1997 von ihm, nachdem Charles Moore auf seiner Rückkehr von der Segelregatta Transpacific Yacht Race auf diese gigantische Masse von im Meer treibenden Plastikmüll gestoßen war.

Erinnerst du dich noch an den gewaltigen Meteoriten, der vor 65 Millionen Jahren alle nicht flugfähigen Dinosaurier getötet hat? Er verursachte ein Massenaussterben, den plötzlichen Tod vieler Lebensformen auf einmal. Heute glauben viele Wissenschaftler, dass wir uns mitten in einem ähnlichen Massenaussterben befinden. Dieses Mal ist der auslösende Meteorit sozusagen in Form von uns Menschen und die von uns gebauten Städte, Dörfer, Straßen und Fabriken auf die Erde gefallen. Einige Erfindungen sind gut für uns Menschen, aber schlecht für andere Lebewesen. Wir bauen ungeheure Staudämme, um viel Strom zu erzeugen, zerstören damit aber die Heimat von Tieren wie Ottern und Bieber. Unser Kunstdünger verschmutzt Bäche und Flüsse. Unser Städtebau vernichtet den Lebensraum von Tieren und blockiert ihre Wanderrouten. Und dann noch das ganze Plastik!

2018 entwickelte ein Team aus Wissenschaftlern eine Methode, um das Gewicht aller Lebewesen auf der Erde zu schätzen. Sie fanden heraus, dass wir Menschen mit einem Kilo pro 10 000 Kilogramm Lebewesen nur einen winzigen Teil des Gesamtgewichts ausmachen. Aber unser Einfluss auf die Erde ist gewaltig. Seit wir Ackerbau betreiben, haben wir 83 Prozent der wildlebenden Landsäugetiere und die Hälfte aller Pflanzen ausgerottet.

Wälder nehmen Kohlendioxid auf und geben Sauerstoff ab. Aber wir Menschen fällen Bäume,

Der Amazonas-Regenwald ist 5,5 Millionen Quadratkilometer groß, das entspricht einem Achtel der Landmasse von Nord- und Südamerika. Er liegt hauptsächlich in Brasilien, das nur schwer ein Gleichgewicht findet zwischen den wirtschaftlichen Interessen der Einwohner und der Wichtigkeit eines gesunden Erdklimas für alle Lebewesen. Das Foto zeigt die Rodung eines Stücks Regenwald in Nordbrasilien.

um Papier und Holz zu gewinnen und Platz für Felder zu schaffen. Das hat zur Zerstörung wertvoller Regenwälder geführt, zum Beispiel am Amazonas in Brasilien. Und das ist ein Problem – nicht nur für uns, sondern auch für einen Großteil der anderen Lebewesen auf der Erde.

Der schwedische Klimaforscher Svante Arrhenius war 1896 der erste, der einen Zusammenhang zwischen der Menge an Kohlendioxid (CO_2) in der Luft und der globalen Erwärmung vermutete. Kraftwerke, Autos und Flugzeuge verbrennen Kohle, Gas und Erdöl; die dadurch entstehende Luftverschmutzung pumpt Massen von zusätzlichem CO_2 in die Luft. Gleichzeitig schrumpfen unsere Waldflächen, sodass weniger CO_2 aus der Luft gefiltert werden kann. Deshalb hat sich der CO_2-Gehalt seit 1832 fast verdoppelt. Und das ganze CO_2 hat dazu geführt, dass die Temperaturen weltweit stärker gestiegen sind als je zuvor in den letzten 100 000 Jahren.

Ist die Welt wärmer, schmelzen die Eiskappen und die Gletscher. Dadurch steigt der Meeresspiegel. Weißt du noch, was ich dir über die Zeit erzählt habe, als der Nordpol noch keine Eiskappe hatte und der Meeresspiegel so hoch war, dass 42 Fußballspieler, die Schulter auf Schulter an einem Strand stehen, eine Tauchausrüstung tragen müssten? Nun, wenn wir so weitermachen wie bisher, steigen die Meere wieder auf diese Höhe. Das bedeutet, dass London, New York, Montreal, Tokio, Schanghai und die meisten anderen tiefliegenden Städte unter Wasser stehen. Das immer wärmere Klima verändert auch die Lebensräume der Tiere. Einige Tierarten werden weiterziehen und sich anpassen können. Andere sterben aus.

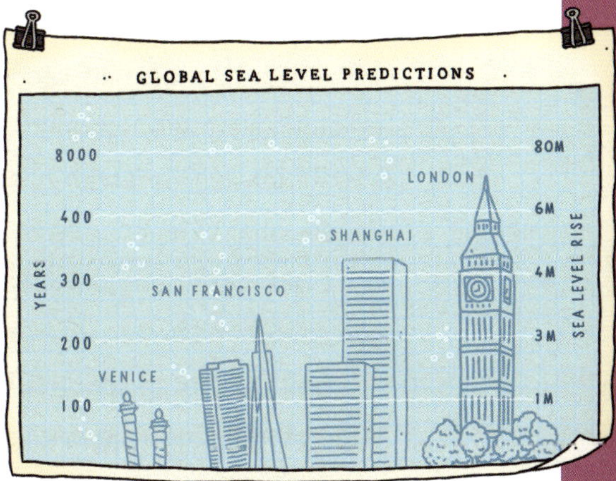

Wenn die globale Erwärmung weitergeht, werden die größten Städte der Erde irgendwann im Meer versinken. Diese Tabelle zeigt eine Prognose, nach wie vielen Jahren und bei welchem Anstieg des Meeresspiegels diese vier Städte untergehen würden.

Niemand weiß wirklich, wie lange es dauert, bis das ganze Eis geschmolzen ist – die Schätzungen reichen von 500 bis 5 Millionen Jahre. Was passiert dann? Auch diese Geschichte hat noch kein Ende.

Dasselbe trifft auch auf die immerwährende Geschichte von Krieg und Frieden zu. Nach dem Zweiten Weltkrieg hofften die Menschen auf den Beginn einer friedlichen Zeit. Im Oktober 1945 trafen sich Vertreter mehrerer Länder und gründeten eine neue internationale Organisation, die Vereinten Nationen, abgekürzt UN nach ihrem englischen Namen United Nations. Sie sollte die Nationen der Welt vereinen und einen neuen Weltkrieg verhindern. Die UN hilft Ländern, die unter Hungersnot oder Krieg leiden, und versucht auch, alle Nationen der Welt dazu zu bringen, sich auf eine Reihe von internationalen Gesetzen zu einigen. Leider hält sich nicht jedes Land an die Regeln, aber es ist gut, das es die UN immerhin gibt.

Nach Gründung der UN begannen die vom Weltkrieg erschöpften europäischen Länder, ihre Kolonien in die Unabhängigkeit zu entlassen.

Seit 30 Jahren schon führte Mahatma Gandhi den gewaltlosen Widerstand gegen die britische Herrschaft über Indien an. 1947 erfüllte sich schließlich sein Traum und Indien wurde unabhängig, bald gefolgt von den britischen Kolonien Sri Lanka (1948), Sudan (1956), Malaysia (1957), Kenia (1963), Sambia (1964), Zimbabwe (1980) und Australien (1986). Auch Frankreich, Italien, Deutschland und die Vereinigten Staaten zogen sich aus fast allen ihren Überseegebieten zurück.

Das war doch großartig, oder? Aber leider bedeutete das nicht, dass sich alle vertrugen. Die mächtigsten Nationen der Erde waren in zwei Lager gespalten. Auf der einen Seite standen die Westmächte mit Westeuropa, Japan, den USA und Kanada.

Fahne der Vereinten Nationen

Ihre Gesellschaftsform war der Kapitalismus: Einzelpersonen waren die Besitzer von Unternehmen und konnten durch die damit erzielten Gewinne reich werden. Die Anhänger dieses Gesellschaftssystems glauben, dass so jeder die gleichen Erfolgschancen hat.

„DER SCHWACHE KANN NICHT VERZEIHEN. VERZEIHEN IST EINE EIGENSCHAFT DES STARKEN."

Mahatma Gandhi,
Aktivist im Kampf um die Unabhängigkeit Indiens und Bürgerrechtsführer

Diesem Lager stand der kommunistische Ostblock gegenüber. Nach den Lehren von Karl Marx gehörten die Unternehmen in diesen Ländern nicht einzelnen Menschen sondern dem Staat. Die Kommunisten sind der Ansicht, dass die Gewinne so allen Bürgern zugutekommen und nicht nur den Glücklichen, die eine erfolgreiche Firma gegründet oder einen gutbezahlten Job ergattert haben. Du wirst dich erinnern, dass die Sowjetunion vor dem Zweiten Weltkrieg kommunistisch wurde. Nach einem Bürgerkrieg wenig später bekannte sich auch China zum Kommunismus.

Die Kapitalisten unter der Führung der USA wie auch die Kommunisten unter der Führung der Sowjetunion wollten, dass sich andere Länder ihrer Gesellschaftsform anschließen. Und jeder der beiden Blöcke wollte sicherstellen, dass der andere nicht zu mächtig wurde. Um sich gegenseitig in Schach zu halten, baute jede Seite viele tausend Langstreckenraketen mit Atomsprengköpfen und richtete sie auf die Länder des anderen Blocks. Schon bald nach dem Ende des Zweiten Weltkriegs waren aus ehemaligen Freunden Feinde geworden, und frühere Gegner hatten sich in Verbündete verwandelt.

Diese Jahre sind als Kalter Krieg bekannt. Er blieb „kalt", weil sich die Konflikte nie so weit aufheizten, dass es zum

Nachdem Deutschland den Zweiten Weltkrieg verloren hatte, wurde das Land zweigeteilt. Die Deutsche Demokratische Republik oder DDR im Osten war kommunistisch, die Bundesrepublik Deutschland oder BRD im Westen war kapitalistisch. Im August 1961 baute die DDR eine Mauer mitten durch Berlin, damit die Bürger nicht mehr vom Osten in den Westen gehen konnten. Die Berliner Mauer fiel 1989, und im Jahr darauf kam es zur Wiedervereinigung der beiden deutschen Staaten.

Einsatz von Atomwaffen kam. Die Androhung eines Nuklearkriegs machte den Menschen so große Angst, dass sie es nicht wagten, als erste anzugreifen. Dieses Konzept nannte man „Gleichgewicht des Schreckens". Einige Leute glauben, dass es den Frieden gesichert hat, weil jeder Seite klar war, wenn sie einen Atomkrieg beginnt, schießt die andere Seite zurück und alle werden sterben.

Und irgendwie hat es ja tatsächlich funktioniert mit dem Frieden, obwohl während des Kalten Krieges über 60 kleinere bewaffnete Auseinandersetzungen stattfanden, zum Beispiel der Koreakrieg und der Vietnamkrieg. In den meisten dieser Kriege unterstützten die Kommunisten die eine und die Kapitalisten die andere Seite. Sie unterstützten ihre Verbündeten mit konventionellen Waffen (ohne Atomsprengköpfe), bildeten deren Soldaten aus und kämpften manchmal sogar selbst mit. Also war der Kalte Krieg manchmal doch ganz schön heiß.

> „ES IST EIN KLEINER SCHRITT FÜR DEN MENSCHEN UND EIN RIESIGER SPRUNG FÜR DIE MENSCHHEIT."
>
> Neil Armstrong, Astronaut

Der Kalte Krieg war auch für den sogenannten Wettlauf ins All verantwortlich. 1957 schoss die Sowjetunion Sputnik in den Weltraum, den weltweit ersten Satelliten, der unseren Planeten auf der Erdumlaufbahn umkreisen konnte. Für die Amerikaner war der Gedanke unerträglich, dass ihre Feinde sie aus dem Weltraum bespitzeln könnten. Von diesem Moment an verkündete die USA, noch vor Ende der 1960er-Jahre einen Menschen zum Mond zu schicken. Und sie schafften es! Neil Armstrong betrat als erster Mensch den Mond, gefolgt von elf weiteren Astronauten.

Heute werden in den Vereinigten Staaten, Europa, China und Russland diverse neue Weltraumfahrzeuge entwickelt. Eine Rakete, die Falcon Heavy, wird von einem Privatunternehmen namens SpaceX gebaut, das Elon Musk gehört. Er hofft, dass schon bald Menschen mit der Falcon Heavy zum Mars und wieder zurück reisen können. Die Endstufen der Falcon Heavy sind wiederverwendbar. Sie kehren zur Erde zurück und landen aufrecht auf der Startrampe.

Der Kalte Krieg endete offiziell im Jahr 1991, als die Sowjetunion in 15 Republiken zersplitterte. Russland und China übernahmen bestimmte Aspekte des Kapitalismus. Als 2007 die Europäische Union auf 28 Länder erweitert wurde, gehörten dazu auch neun ehemalige Sowjetrepubliken.

Neil Armstrong betrat als erster Mensch den Mond. Zwölf weitere Astronauten folgten ihm zwischen 1969 und 1972. Seither gab es keine bemannte Mondmission mehr.

Die Welt atmete erleichtert auf, weil die Gefahr eines dritten Weltkrieges gebannt schien. Aber trotz dieser ganzen positiven Entwicklungen entbrannten überall auf der Welt Dutzende kleinerer Kriege.

In dieser Zeit entstand auch eine moderne Art von Krieg, für die man keine große Armee braucht: der Terrorismus. Die Angreifer verfolgen das Ziel, den Feind in Angst und Schrecken zu versetzen und die Welt auf ihr Anliegen aufmerksam zu machen.

Erinnerst du dich an die Geschichte, wie der Erste Weltkrieg von einem Mann ausgelöst wurde, der eigentlich nur Freiheit für sein Land wollte? Nun, genau das war auch der Beweggrund für den größten Massenmord in der Geschichte Kanadas. Er ereignete sich 1985, als auf dem Flug Nr. 182 der Fluglinie Air India von Kanada nach Indien die in einem Koffer an Bord geschmuggelte Bombe explodierte. Das Flugzeug zerbrach und stürzte ins Meer. Es gab keine Überlebenden.

Der Bombenanschlag wurde von Mitgliedern einer indisch-kanadischen Gruppe verübt. Sie forderten die Unabhängikeit für die Sikhs, eine der religiösen Minderheiten in Indien. Sie waren wütend auf die indische

Regierung, die bei der Stürmung eines Tempels, in dem sich die Rebellen versteckt hielten, über 1000 Sikhs hatte töten lassen. Die meisten der 329 Passagiere von Flug Nr. 182 waren Kanadier indischer Abstammung und völlig unschuldige Opfer. Sie wurden aus Rache getötet, und um das Anliegen der Terroristen bekannt zu machen.

Terroristen können zu jeder Volksgruppe gehören. 1995 wurden beim Bombenanschlag in Oklahoma City in den USA 165 Menschen getötet. Die Attentäter, weiße Amerikaner, wollten Rache für eine Polizeiaktion gegen eine religiöse Sekte; die Sektenmitglieder hatten den Beamten den Zutritt zu ihren Häusern verweigert, um diese daran zu hindern, nach illegalen Waffen zu suchen. Die Anschläge vom 11. September 2001, bei denen die Zwillingstürme des World Trade Center in New York City einstürzten und rund 3000 Menschen in New York, Washington D.C. und Pennsylvania ums Leben kamen, wurden von einer militanten islamistischen Gruppe namens Al-Qaida verübt. Deren Mitglieder waren wütend, weil sie glaubten, dass die USA sich gegenüber muslimischen Ländern ungerecht verhielten und das hauptsächlich von Juden bewohnte Israel zu stark unterstützten.

Nicht alle Terroristen töten ihre Opfer. Es gibt andere Wege, Menschen Angst einzujagen. In Nigeria entführte die Terrororganisation Boko Haram Teenagermädchen aus der Schule. Die Botschaft? Mädchen sollen keine Schule besuchen und keine Ausbildung erhalten, sondern sehr jung heiraten. Mit den Entführungen wollten sie die Eltern dazu bringen, ihre Töchter im Haus zu behalten.

Terroristische Angriffe gelten stets gewöhnlichen Bürgern in ihrem normalen Umfeld. Menschen auf der ganzen Welt legen in den Straßen Blumen, Botschaften und Kerzen nieder und kommen zusammen, um die unschuldigen Opfer zu betrauern, wie hier 2014 in London, wo Passanten der Todesopfer einer Attacke gegen eine Schule im pakistanischen Peshawar gedenken.

Es sieht nicht so aus, als ob in naher Zukunft Schluss mit Terrorangriffen und regionalen Kriegen wäre. Aber im Moment scheint zumindest die Gefahr eines großen Krieges mit Millionen von Opfern relativ gebannt zu sein. Eine Sache, für die man dankbar sein muss.

Beim Thema Frieden geht es aber nicht nur um Nationen und Gesellschaftsformen. Es geht auch um uns einzelne Menschen und darum, wie wir jeden Tag miteinander umgehen. Am 10. Dezember 1948, drei Jahre nach der Gründung der Vereinten Nationen, verabschiedeten ihre Mitglieder eine Allgemeine Erklärung der Menschenrechte, die 30 Artikel enthält, von denen jeder ein Menschenrecht behandelt, das geschützt werden muss. Unter anderem heißt es dort, dass jegliche Form von Sklaverei zu verbieten ist. Es heißt, dass Menschen das Recht haben, sich frei in und zwischen Staaten zu bewegen. In einem Artikel ist festgelegt, dass jeder die Religion seiner Wahl praktizieren oder auch ohne Religionszugehörigkeit leben darf. Und ein weiterer besagt, dass Regierungen dafür sorgen müssen, dass ihre Staatsbürger genug zu essen und Zugang zu ärztlicher Versorgung haben.

Diese Regeln sind rechtlich nicht bindend. Nur wenige Länder weltweit garantieren ihren Bürgern alle 30 Rechte. Aber die Allgemeine Erklärung der Menschenrechte war sehr wichtig, weil viele Nationen sie als Grundlage für ihre eigenen Gesetze verwendet haben.

In den Vereinigten Staaten riskierten Aktivisten der Bürgerrechtsbewegung in den 1950er- und 1960er-Jahren ihr Leben, um die Situation für Afroamerikaner in den Südstaaten zu verbessern. Kurz nach dem amerikanischen Bürgerkrieg hatten die Südstaaten Gesetze eingeführt, die eine Rassentrennung zwischen Afroamerikanern und Weißen vorschrieben. In Zügen und Bussen gab es bestimmte Bereiche, die nur den Weißen vorbehalten waren. Weiße und afroamerikanische Kinder besuchten getrennte Schulen, und ich wette, du kannst dir denken, welche Schulen neue

Als Rosa Parks sich 1955 im Stadtbus auf einen den Weißen vorbehaltenen Platz setzte, wusste sie genau, was passieren würde. Sie war bereits vorher einmal von genau diesem Fahrer aus genau diesem Bus geworfen worden. Sie wusste auch, dass amerikanische Gefängnisse ein gefährlicher Ort für eine schwarze Frau waren. Aber sie und andere Aktivisten waren sich einig, dass die Zeit reif war, zu seinen Überzeugungen zu stehen. (Übrigens gab es damals keine Kameras in dem Bus, die Szene wurde später für das Foto nachgestellt.)

Schulbücher und Toiletten mit Wasserspülung hatten. Dazu galt ein unfaires Wahlgesetz, das Afroamerikaner von der Stimmabgabe abhielt, obwohl sie laut der US-Verfassung das Wahlrecht besaßen.

Rosa Parks war eine führende Aktivistin. 1955 weigerte sie sich, ihren Platz im Bus für einen weißen Mann zu räumen. Damit löste sie einen Protest aus, den Montgomery Bus Boykott: Tausende von Afroamerikanern weigerten sich über ein Jahr lang, die Stadtbusse zu benutzen, bis endlich ein Richter entschied, dass sich jeder Passagier ungeachtet seiner Hautfarbe in den Bussen überall hinsetzen durfte.

„ICH HABE EINEN TRAUM, DASS MEINE VIER KINDER EINES TAGES IN EINER NATION LEBEN WERDEN, IN DER MAN SIE NICHT NACH IHRER HAUTFARBE, SONDERN NACH IHREM CHARAKTER BEURTEILEN WIRD."

Martin Luther King Jr.,
Pastor und Aktivist

Einer der Anführer dieses Boykotts war Martin Luther King Jr., der zum berühmtesten Vertreter der Zivilrechtsbewegung wurde. Nach und nach lösten die gut organisierten, gewaltlosen Proteste bei den Menschen im Land ein Umdenken aus, unterstützt durch Richter, die den Mut hatten, Entscheidungen gegen die Gesetze der Südstaaten zu treffen.

1964 verabschiedete der amerikanische Kongress eine Reihe neuer Bürgerrechtsgesetze, die sogenannten Civil Rights Acts. Sie sahen die rechtliche Gleichstellung von Afroamerikanern vor. Heute, über 50 Jahre danach, sind die Lebensbedingungen für Afroamerikaner viel besser aber immer noch nicht völlig gleich. Vorurteile gegen Farbige sind immer noch vorhanden, und die neue Bewegung *Black Lives Matter* (Schwarze Leben zählen) nimmt wieder den Kampf um die Gleichbehandlung von weißen und farbigen Amerikanern auf.

Nachdem George Zimmerman, ein Weißer, 2012 den unbewaffneten schwarzen Teenager Trayvon Martin erschossen hatte und vor Gericht freigesprochen wurde, gründeten drei Aktivisten – Alicia Garza, Patrisse Cullors and Opal Tometi – die Bewegung *Black Lives Matter* (Schwarze Leben zählen). Sie soll darauf aufmerksam machen, dass Afroamerikaner in den USA der Gewalt durch Polizisten und andere Leute ausgesetzt sind.

Auf dem Höhepunkt der Bürgerrechtsbewegung in den USA brachen auch in Südafrika Proteste aus. Damals wurde das großenteils von Schwarzen bewohnte Land von Weißen regiert. Die von der Regierung erlassenen Gesetze verlangten eine Rassentrennung nach Hautfarbe und machten es dunkelhäutigen Menschen unmöglich, Macht auszuüben. Dieses System nannte man Apartheid. 1962 wurde Nelson Mandela, einer der Anführer der Anti-Apartheid-Bewegung, zu lebenslanger Haft verurteilt. Nach 27 Jahren im Gefängnis kam er schließlich frei. In einer höchst ungewöhnlichen Wendung der Geschichte wurde Mandela 1994 in der ersten freien Wahl nach dem Ende der Apartheid zum Präsidenten von Südafrika gewählt.

In seinem neuen Amt setzte Nelson Mandela ein Beispiel für alle Menschen, indem er eine Wahrheits- und Versöhnungskommission gründete. Hunderte von Leuten, darunter auch Regierungsbeamte, erzählten der Öffentlichkeit die Wahrheit über ihre Rolle in dem furchtbaren System der Apartheid. Mandelas Vision beruhte auf Vergebung. Er wollte keine Rache für das, was in der Vergangenheit passiert war, sondern blickte nach vorn in eine friedliche Zukunft.

Nelson Mandela

Menschen werden nicht nur wegen ihrer Hautfarbe ungleich behandelt, sondern auch wegen ihres Geschlechts. Schon lange vor dem Zweiten Weltkrieg begann der Kampf um die Gleichberechtigung von Frauen. Erst 1893 erhielten Frauen erstmals das Wahlrecht – zuerst in Neuseeland, danach in Australien, Finnland, Norwegen, Dänemark und Island. 1918 zogen viele europäische Länder nach, die im Ersten Weltkrieg gekämpft hatten, darunter Russland, England und Deutschland. 1920 durften dann auch US-Amerikanerinnen wählen. 2015 hat Saudi-Arabien als letztes Land Frauen das volle Wahlrecht eingeräumt.

15. Fortsetzung folgt …

Malala Yousafzai hat eine weltweite Kampagne ins Leben gerufen, um Mädchen in allen Ländern der Welt beim Kampf um das Recht auf Schulbildung zu unterstützen. Als Zwölfjährige wurde sie in Pakistan wegen ihrer Überzeugungen von Terroristen angeschossen und schwer verletzt. 2014 erhielt sie den Friedensnobelpreis.

Viel schwieriger ist es, auch in anderen Lebensbereichen die Gleichberechtigung zwischen den Geschlechtern herzustellen; noch immer bekommen zum Beispiel Frauen für die gleiche Arbeit oft weniger Lohn als Männer. Noch schlimmer ist, dass Mädchen in einigen Ländern nicht zur Schule gehen und sich ihren Ehemann nicht selbst aussuchen dürfen. Außerdem gehört weniger als 20 Prozent des Landbesitzes weltweit Frauen.

Gut zu wissen, dass der Kampf um die Gleichberechtigung weitergeht und dass immer mehr bisher machtlose Gruppen von Menschen erfolgreich um ihre Rechte kämpfen. In vielen Ländern haben sich Behinderte das Recht auf gleichen Zugang zu Bildung und Arbeit erstritten. In etlichen Ländern können schwule und lesbische Menschen jetzt offen und ohne Furcht vor Anfeindungen leben und die Person heiraten, die sie lieben. Der Kampf gegen Diskriminierung geht weiter, und jeden Tag wird ein kleines Stück Geschichte geschrieben.

Ohne die Erfindung des Computers hätten moderne Gleichstellungsbewegungen nicht den Einfluss, den sie heute haben. 1981 brachte das Unternehmen IBM die ersten Personal Computer (PC) auf den Markt. Seither haben Computer, Handys und das Internet unsere Welt völlig verändert. Wir können uns das Leben ohne sie kaum noch vorstellen. Wir verwenden Computer und Handys zum Spielen, Lesen, Einkaufen, Fotografieren und um neue Freunde zu treffen. Wir nehmen sie zur Hand, wenn wir eine Nachricht schicken, einen Test schreiben, etwas im Lexikon nachschlagen oder einen Film gucken wollen. Über Computer oder Handy finden wir Leute mit ähnlichen Interessen und Anliegen, und wir teilen Nachrichten und Videos über Dinge, die uns zum Lachen oder Weinen bringen. So machen wir andere Menschen darauf aufmerksam, was gerade passiert, damit wir alle zusammen daran arbeiten können, die Welt zu einem besseren Ort zu machen.

Den Fortschritten in der Computerwissenschaft haben wir auch Roboter zu verdanken, die weit cleverer sind, als man es sich zu den Zeiten der Mechanischen Ente hätte vorstellen können. Schon seit Jahren arbeiten Roboter in unseren Fabriken. Außerdem können sie an Orte geschickt werden, die für Menschen nicht erreichbar sind – zum Beispiel in den Körper eines Patienten. Ist ein solcher Miniroboter auch noch mit Künstlicher Intelligenz ausgestattet, kann er automatisch einen entsprechenden Arzttermin für den Patienten vereinbaren. Bald können solche Roboter möglicherweise Krebsgeschwüre finden und vielleicht sogar Kriminelle identifizieren. Der Roboter der Zukunft wird womöglich einem Menschen zum Verwechseln ähnlich sein, sodass man gar nicht weiß, ob man mit einer Person oder einer Maschine redet.

Ist die Menschheit erst einmal so weit, dass sie Weltraumkolonien errichten kann, brauchen wir die Roboter ganz bestimmt. Schon bevor der erste Mann den Mond betrat, träumten die Menschen von Reisen durch Raum und Zeit. Erfolge lassen lange auf sich warten, aber neue Weltraumraketen geben uns zumindest

Zusammen mit Freunden gründete Steve Jobs 1976 die amerikanische Computerfirma Apple. Im Juni 2007 brachte er mit dem iPhone das weltweit führende Smartphone auf den Markt.

einen kleinen Eindruck von den Weiten des Alls. Es ist nicht ausgeschlossen, dass in den nächsten 50 Jahren Ansiedlungen auf dem Mond und dem Mars entstehen. Vielleicht können dann auch normale Menschen dorthin reisen.

So vieles verändert sich so schnell, dass man nur schwer vorhersagen kann, wie die Welt in 50 oder 500 Jahren aussehen wird, ganz zu schweigen von 5000, 50 000 oder 5 Millionen Jahren. Vielleicht machen die Menschen großartige Erfindungen, um die Probleme der Welt zu lösen. Stell dir zum Beispiel vor, Wissenschaftlern würde es gelingen, genau wie die Sonne mithilfe der Kernfusion Energie zu gewinnen. Dann könnten wir weltweit unbegrenzte Mengen von preiswerter Energie erzeugen, ohne die Umwelt zu verschmutzen und gleichzeitig die globale Erwärmung verlangsamen oder stoppen.

Wie können wir die schnell wachsende Weltbevölkerung ernähren, ohne noch mehr Tieren ihren natürlichen Lebensraum zu nehmen? Vielleicht können künstlich erzeugte Lebensmittel die Antwort sein. Bereits heute können Wissenschaftler im Labor aus Stammzellen Fleisch züchten. Also müssen für unsere Steaks und Hamburger möglicherweise bald keine Tiere mehr aufgezogen und geschlachtet werden.

Eine unglaubliche Vielzahl von Robotern arbeitet für uns Menschen. Das Bild unten zeigt Curiosity, der auf der Marsoberfläche nach Spuren von früherem oder aktuellem Leben sucht. Die Handprothese nach dem neuesten Stand der Technik kann von ihrem Träger durch Gedanken gesteuert werden, so wie echte Hände auch. Der Roboter Asimo von Honda (ganz rechts) kann laufen, Treppen steigen und mit Menschen interagieren.

Aber die Wissenschaft allein kann nicht für Frieden und Wohlstand in der Welt sorgen. Dazu müssen wir Menschen weise Entscheidungen darüber treffen, wie wir leben wollen und wie wir miteinander und mit unserer Erde umgehen. Gute Entscheidungen trifft man zum Beispiel, indem man gründlich über die Vergangenheit nachdenkt, um daraus zu lernen. Unsere lange Reise durch die Zeit lehrt uns vielleicht, Gefahrensignale zu identifizieren, auf die wir achten müssen, aber auch die hilfreichen Fähigkeiten der Natur und der Menschen zu erkennen.

Das erste Gefahrensignal ist die absolute Macht. Die Geschichte zeigt uns Beispiele dafür, wie Menschen, für die Macht das allerwichtigste war, ganze Länder gekapert haben. Derartige Anführer können mit ihrer Machtgier Kriege auslösen. Häufig geben die Bürger eines Landes solchen starken Anführern ganz bewusst mehr Macht und erkennen nicht, wie gefährlich das werden kann – wie zum Beispiel die Deutschen, als sie 1933 Adolf Hitler zum Reichskanzler wählten.

Ein weiteres Gefahrensignal sind große Unterschiede zwischen Armen und Reichen. Auf jeder Etappe unseres Wegs durch die Geschichte haben wir extrem reiche und völlig mittellose Menschen kennengelernt. Denk nur an das Gold von Mansa Musa oder die Schätze, die König Tutenchamun mit ins Jenseits nahm.

Und stelle diesen beiden die versklavten Menschen überall in der Welt gegenüber, vom antiken Griechenland bis zu den amerikanischen Südstaaten. Vergiss nicht die verzweifelten Bauern im pestgeplagten Europa oder die Ureinwohner auf dem amerikanischen, afrikanischen und australischen Kontinent, deren Freiheit, Lebensform und Lebensgrundlage ihnen von den Eroberern geraubt wurden, für die nur Macht zählte.

Manchmal wird der Unterschied zwischen Arm und Reich so groß, dass die einfachen Leute ihn nicht mehr ertragen. Dann entsteht aus Wut sehr schnell Gewalt. Weißt du noch, was ich dir über die Französische, Haitianische und Russische Revolution erzählt habe? Heute besitzen die acht reichsten Menschen der Erde mehr als 50 Prozent des gesamten Reichtums weltweit. Kann sich daraus möglicherweise ein neuer Krieg entwickeln?

Aber es gibt auch gute Neuigkeiten. Die vermutlich wichtigste Lehre aus der Geschichte macht die anderen Lektionen, die man ihr entnehmen kann, weniger furchteinflößend. Natur schreitet nämlich nicht einfach voran – sie verändert sich und passt sich an die Bedingungen an. Als sich während des Kambriums die Augen der Trilobiten so entwickelten, dass sie richtig sehen konnten, mussten sich die anderen Lebewesen anpassen – oder sie starben aus. Menschen haben ähnliche Fähigkeiten: Wir passen uns neuen Situationen an. So hat unsere Gattung schließlich die Eiszeit überlebt. Wir sind umhergezogen und haben unseren Lebensstil geändert, während die großen Gletscher kamen und gingen.

Menschen sind sogar ungeheuer anpassungsfähig. Wir ändern unsere Gewohnheiten und erfinden neue Maschinen, damit unser Leben hier auf der Erde angenehmer wird. Und wenn es einen Grund gibt, der Zukunft mit echter Hoffnung entgegenzusehen, dann diesen: Während aller Zeiten, auch wenn die Zukunft ganz, ganz düster aussah, haben wir Menschen uns angepasst.

Nun aber bin ich fast am Ende angekommen. Wir blicken voller Ehrfurcht auf die Geschichte der Erde, und die Uhr schlägt Mitternacht. Gleich was als Nächstes passiert, eines ist sicher: Die erste Tausendstelsekunde eines neuen Tages wird mit Sicherheit ein ganz fantastischer, unglaublicher Moment werden, erstaunlicher als alles, was du dir ausdenken könntest.

Auf ihrer Reise zum Mond sahen Astronauten erstmals einen „Erdaufgang“. Bewegt durch den Anblick unseres Planeten als verletzliches blaues Juwel inmitten der schwarzen Leere des Alls haben die Menschen begonnen, ein neues Umweltbewusstsein zu entwickeln. Was wird in Zukunft mit unserem wunderschönen Planeten passieren? Das hängt von jedem Einzelnen von uns ab.

Schlusswort

Ich wollte wirklich alles in dieses Buch packen. Aber wie jedem anderen ist auch mir inzwischen klar, dass das unmöglich ist. Die Geschichte ist einfach zu umfangreich. Stattdessen habe ich versucht, einen Überblick über die gesamte Geschichte – der Natur und der Menschheit – zu geben und aufzuzeigen, wie wichtige Momente und Ereignisse ineinandergreifen.

Aber ich musste so vieles weglassen. Ich hätte gerne mehr über die verschiedenen Kulturen der Welt geschrieben, über die Maori in Neuseeland, das Volk der San in der Kalahari-Wüste im südlichen Afrika und die Sami im hohen Norden Europas. Ich wollte von den Migrationsbewegungen berichten, durch die unsere komplexe moderne Welt entstanden ist, von den Iren, die in den 1850er-Jahren vor der großen Hungersnot geflohen sind, bis hin zu den Syrern, die heute vor einem grausamen Bürgerkrieg fliehen.

Ich wünschte auch, wir hätten Platz für viele weitere mächtige und einflussreiche Persönlichkeiten gehabt, von Diplomaten wie T. E. Lawrence und Arundhati Ghose bis hin zu Führern wie Michail Gorbatschow, die es wagten, anders zu denken. Und wenn es um die unglaubliche Anzahl von Erfindungen geht, die tatsächlich die Welt verändert haben, oder um Kämpfe für Gleichheit und Gleichberechtigung, oder die Helden, die Menschen, Tiere, Gebäude und ganze Ökosysteme gerettet haben, oder um die Künstler, Schriftsteller und Musiker, die unsere Welt bereichern und prägen, dann – ich will gar nicht erst daran denken!

Ich habe da eine Idee. Ich würde diese Geschichte gern anders erzählen. Wie wäre es mit *Einfach alles weitere*? Es wird ein Buch sein, das die gleiche große Zeitspanne wie dieser Band abdeckt, aber mit einem völlig anderen Ansatz. Ich möchte noch keine Einzelheiten nennen, aber ich habe eine Bitte. Es wäre toll zu wissen, was du im nächsten Buch erfahren möchtest. Mich interessieren insbesondere weniger bekannte Menschen oder Ereignisse, die deiner Meinung nach einbezogen werden sollten – die vergessenen Helden, Heldinnen und Bösewichte der Geschichte und die kleinen Momente, die extreme Auswirkungen auf unseren Planeten, das Leben und die Menschen haben. Also schicke mir bitte deine Ideen. Ich werde mein Bestes tun, um sie zu einzubauen.

Wenn du auf www.whatonearthbooks.com gehst und dem Link folgst, landet deine Nachricht direkt bei mir. Ich freue mich, von dir zu hören.

Christopher Lloyd

Die Freiheitsstatue, die Frankreich 1886 den Vereinigten Staaten als Geschenk übergab und im New Yorker Hafen steht, sollte ursprünglich die Freude über die Abschaffung der Sklaverei ausdrücken, wurde aber zu einem Willkommenssymbol der Vereinigten Staaten, insbesondere gegenüber den Einwanderern Ende des 19. und Anfang des 20. Jahrhunderts.

Literaturhinweise

Anmerkung des Autors zur Recherche

Die vollständige Liste der Quellen für dieses Buch ist zu lang, um sie hier aufzunehmen. Für einen Vorgeschmack schauen Sie sich bitte die Quellenangaben unten an.

Zitatnachweise

S.14 Parsons, Aaron. 11 October 2016. 'After our universe's cosmic dawn, what happened to all its original hydrogen?' *The Conversation* (theconversation.com); **S.17** Wolpert, Stuart. 28 January 2017. 'Moon was produced by a head-on collision between Earth and a forming planet' *UCLA Newsroom* (newsroom.ucla.edu); **S.24** Walcott, Charles D. 1916. 'Evidences of Primitive Life' *Annual Report of the Board of Regents of the Smithsonian Institution 1915*: 246 (Government Printing Office, Washington, DC); **S.38** Pogue, David. 23 October 2008. 'An Interview with E.O. Wilson, the Father of the Encyclopedia of Life' *The New York Times* (nytimes.com); **S.42** Tudge, Colin. 2006. *The Variety of Life*: 571 (Oxford University Press, Oxford, UK); **S.44** Preston, Richard. 3 December 2012. 'Flight of the Dragonflies' *New Yorker* (newyorker.com); **S.47** Sander, P. Martin. 17 August 2012. 'Reproduction in Early Amniotes' *Science* Vol. 337, Issue 6096: 806 (AAAS, Washington, DC); **S.56** Horner, Jack interviewed by Stahl, Lesley. 12 November 2009. 'Scientists Dino Findings Making Waves' *60 Minutes* (cbsnews.com); **S.64** Rohrseitz, Kristin and Tautz, Jürgen. 1999. 'Honey bee dance communication: waggle run direction coded in antennal contact?' *Journal of Comparative Physiology A* 184: 463 (Springer-Verlag, Berlin and Heidelberg, Germany); **S.70** Smith et al. 26 November 2010. 'The Evolution of Maximum Body Size of Terrestrial Mammals' *Science* Vol. 330, Issue 6008: 1218 (AAAS, Washington, DC); **S.79** Wilford, John N. 11 August 2010. 'Lucy's Kin Carved Up a Meaty Meal, Scientists Say' *New York Times* (nytimes.com); **S.82** Cam, Deniz. 30 December, 2017. 'How Cooking Made Us Smarter: A Q&A With Suzana Herculano-Houzel' *BrainWorld* (brainworldmagazine.com); **S.98** Huxley, Thomas H. 1894. 'Biogenesis and Abiogenesis' *Collected Essays* Vol. VIII: 244 (Macmillan, London); **S.110** Layard, Austen. 1853. *Discoveries among the ruins of Nineveh and Babylon: with travels in Armenia, Kurdistan, and the desert*: 204 (G. P Putnam & Co., New York); **S.112** Kramer, Samuel N. 1963. *The Sumerians: Their History, Culture and Character*: 4 (University of Chicago Press, Chicago, USA); **S.122** Carter, Howard. *Howard Carter's Diary and Journal 1922*: 5 November 1922. Transcript retrieved from Griffith Institute (griffith.ox.ac.uk); **S.128** Hughes, Bettany. 26 January 2014. 'How women's wisdom was lost'. *The Guardian* (theguardian.com); **S.139** Lam, Wengcheong. Winter 2014. 'Everything Old is New Again' *Journal of Anthropological Research* vol. 70, no. 4: 511 (University of Chicago Press, Chicago, USA); **S.141** Eno, Robert (translator). *Confucian Analects* 15.24 (Indiana University, Bloomington, IL, USA. (indiana.edu); **S.143** Muller, F.M. (trans.). 1990. *Hymns of the Atharva-Veda* VI 142: 141. (Atlantic Publishers & Distributors, New Delhi, India); **S.158** Herodotus. 1920. *The Histories* 1.74.2. Trans. Godley, A. D. (Harvard University Press, Cambridge, MA, USA); **S.165** Pritchard, J. B. (ed.). 1969. *Ancient Near Eastern Texts Relating to the Old Testament*: 316. (Princeton University Press, Princeton, NJ, USA); **S.170** Vergano, Dan. 25 February 2014. 'Gladiator School Discovery Reveals Hard Lives of Ancient Warriors' in *National Geographic* (nationalgeographic.com); **S.172** New Testament. John 13:34, King James version; **S.184** Recinos, Adrián. 1950. *Popol Vuh: The Sacred Book of the Ancient Quiché Maya*: 83. Trans. Goetz, D and Sylvanus G. M (University of Oklahoma Press, Norman, OK, USA); **S.193** Bey, Lee. 17 August 2016. 'Lost cities #8: mystery of Cahokia – why did North America's largest city vanish?' *The Guardian* (theguardian.com); **S.202** The Koran 16:97 (*The*

Study Quran: A New Translation and Commentary 2015 edition); **S.216** Fitzgerald, C. P. 1954. *China: A Short Cultural History*: 382 (The Cresset Library, London); **S.221** Walsh, Bryan. 10 March 2014. 'How Climate Change Drove the Rise of Genghis Khan' *Time* (time.com); **S.238** Davies, G. R. C. 28 July 2014. 'English Translation of Magna Carta' *British Library* (bl.uk); **S.244** Cross, Robin. 7 June 2012. *50 Events You Really Need to Know: History of War*: 60 (Quercus, London, UK); **S.256** Zamora, Margarita. 1993. *Reading Columbus*. Berkeley: University of California Press: 192 (ark.cdlib.org); **S.269** Bradford, William. 1912. *History of Plymouth Plantation 1620–1647* Vol. I: 60 (Houghton Mifflin Company, Boston, MA, USA); **S.277** Jefferson, Thomas et al. 4 July 1776. 'Declaration of Independence: A Transcription'. Transcript retrieved from National Archives (archives.gov); **S.286** Backhouse, E. and Bland, J. O. P. 1914. *Annals & Memoirs of the Court of Peking*: 326 (Houghton Mifflin Company, Boston and New York); **S.288** Bell, Alexander Graham. 'March 10th 1876' from Lab Notebook: 40. Transcript retrieved from Library of Congress (lcweb2.loc.gov); **S.301** Lincoln, Abraham. 19 November 1863. 'The Gettysburg Address'. Transcript retrieved from Cornell University (library.cornell.edu); **S.313** Rosen, Rebecca J. 23 November 2011. "'I've Created a Monster!' On the Regrets of Inventors". *The Atlantic* (theatlantic.com); **S.323** Gandhi, Mahatma. 1969. *All Men Are Brothers*: 171 (United Nations Educational, Scientific and Cultural Organization, Paris); **S.325** Armstrong, Neil. 21 July 1969. Transcript ed. Jones, E. M. and Glover, K. Retrieved from NASA (hq.nasa.gov); **S.329** King, Martin Luther, Jr. 28 August 1963. Transcript retrieved from the Avalon Project, Yale Law School (avalon.law.edu)

Weiterführende Literatur

Wenn Sie Lust haben, die Weltgeschichte noch in weiterer Literatur zu erforschen, dann ist hier eine Auswahl von Büchern, die sich meiner Meinung nach gut dazu eignen.

Für junge Leser

Bryson, Bill. 2011. *Eine kurze Geschichte der alltäglichen Dinge* (Goldmann Verlag, München)

Deary, Terry and Brown, Martin. *Horrible Histories* series. Scholastic (New York and London)

Lloyd, Christopher. *The Big History Timeline Wallbook: Unfold the History of the Universe - From the Big Bang to the Present Day*. (What on Earth Books: Tonbridge, UK)

2013. *History Year by Year*. (DK: London and New York)

2015. *When on Earth?: History as You've Never Seen It Before* (DK: London and New York)

2016. *Everything You Need to Ace World History*. (Workman: New York)

Für Erwachsene, aber auch für Jugendliche geeignet

Bryson, Bill. 2004. *Eine kurze Geschichte von fast allem* (Goldmann Verlag, München)

Gaarder, Jostein (Üb. Gabriele Haefs). 1993. *Sofies Welt: Roman über die Geschichte der Philosophie* (Carl Hanser Verlag, München)

Gombrich, E. H. 2017. *Eine kurze Weltgeschichte für junge Leser* (DuMont Buchverlag, Köln)

MacGregor, Neil (Üb. W. Götting, A. Wirthensohn, A. Zettel). 1996. *Eine Geschichte der Welt in 100 Objekten* (C.H.Beck)

O'Brien, Patrick, ed. 2010. *Atlas of World History*, 2nd edition. (Oxford University Press: New York)

Bildnachweise

S.12–13 Mark Garlick/Science Photo Library; **S.19** Department of Biodiversity, Conservation and Attractions Western Australia; **S.23** Photo by Martin R. Smith/CC0 1.0; **S.28** istock/fusaromike; **S.35** Richard Bizley/Science Photo Library; **S.36** istock/olikim; **S.41** Photo by Windchu/CC BY 4.0; **S.48** istock/AdamMajor; **S.57** istock/JonathanLesage; **S.58** Martin Shields/Alamy; **S.64–65** NRP/CC BY 4.0; **S.68** Mark Garlick/Science Photo Library; **S.75** istock.com/pum_eva; **S.76–77** istock/javarman3; **S.78** Sabena Jane Blackbird/Alamy; **S.78** istock.com/leonello; **S.80** Didier Descouens/CC BY-SA 4.0; **S.86** P.Saura; **S.86** insert Breuil et al. (1913); **S.91** Luka Mjeda, Zagreb; **S.97** The Natural History Museum/Alamy; **S.103** The Metropolitan Museum of Art, New York/Anonymous Gift, 2013; **S.106** World History Archive/Alamy; **S.109** The Metropolitan Museum of Art, New York/Gift of Mr. and Mrs. J. J. Klejman, 1966; **S.110** New York Public Library; **S.111** De Agostini Picture Library/G. Dagli Orti/Bridgeman Images; **S.114–115** istock/gvictoria; **S.116** The Metropolitan Museum of Art, New York/Rogers Fund, 1930; **S.117–118** The Metropolitan Museum of Art, New York/Rogers Fund, 1925; **S.123** Granger Historical Picture Archive/Alamy; **S.124t** Gryffindor, robertharding/Alamy; **S.126–127** Julia W/CC BY-SA 3.0; **S.134** Immanuel Giel/CC-PD; **S.136** CC0 1.0 Daderot; **S.137** CC0 1.0 British Library; **S.137** The Metropolitan Museum of Art, New York/Bequest of William S. Lieberman, 2005; **S.142** Private Collection; **S.146** The Metropolitan Museum of Art, New York/Gift of Mr. and Mrs. A. Richard Benedek, 1981; **S.151** istock/Hung_Chung_Chih; **S.155r** The Metropolitan Museum of Art, New York/Rogers Fund, 1906; **S.155l** The Metropolitan Museum of Art, New York/Fletcher Fund, 1956; **S.156** istock/Grafissimo; **S.160l** istock/PEDRE; **S.160r** British Museum, London/Bridgeman Images; **S.162** www.BibleLandPictures.com/Alamy; **S.164** istock/javarman3; **S.165** © Look and Learn/Bridgeman Images; **S.169** University of Toronto Wenceslas Hollar Digital Collection; **S.171** istock/ventdusud; **S.173** classicpaintings/Alamy; **S.174** istock/dinosmichail; **S.179** CC BY 3.0; **S.180** Biodiversity Heritage Library; **S.182** Chronicle/Alamy; **S.185** istock/boris_1983; **S.186–187** istock/SimonDannhauer; **S.188** Newberry Library, Chicago; **S.190** CC BY-SA 2.5 es; **S.193** Cahokia Mounds State Historic Site, painting by Michael Hampshire; **S.200** The Stapleton Collection/Bridgeman Images; **S.206** Bibliotheque Nationale, Paris/Bridgeman Images; **S.207** De Agostini Picture Library/G. Dagli Orti/Bridgeman Images; **S.209** istock/sorincolac; **S.211** istock/Iwanami_Photos; **S.212** istock/AndreaAstes; **S.213** Wellcome Collection; **S.215** Photograph courtesy International Dunhuang Project; **S.218** Photo: akg-images; **S.222** Photo 12/Alamy; **S.220** istock/rache1; **S.226** The Metropolitan Museum of Art, New York/Fletcher Fund, 1925; **S.229** De Agostini Picture Library/A. Dagli Orti/Bridgeman Images; **S.232–233** Musée de la Tapisserie, Bayeux, France/Bridgeman Images; **S.234** istock/DavidCallan; **S.236–237** © British Library Board. All Rights Reserved/Bridgeman Images; **S.241** © British Library Board. All Rights Reserved/Bridgeman Images; **S.245** Heritage Image Partnership Ltd/Alamy; **S.246** Bibliotheque Nationale, Paris/Bridgeman Images; **S.251** istock/ZambeziShark; **S.252** World History Archive/Alamy; **S.253** Fritz Rudolf Künker GmbH & Co. KG, Osnabrück/Lübke + Wiedemann KG, Leonberg; **S.254** The Print Collector/Alamy; **S.259** Biblioteca Nacional, Madrid/Bridgeman Images; **S.260** Prisma Archivo/Alamy; **S.261** Archives Charmet/Bridgeman Images; **S.264** Prisma Archivo/Alamy; **S.266** Chronicle/Alamy; **S.268** Granger Historical Picture Archive/Alamy; **S.276** Library of Congress; **S.278** istock/ilbusca; **S.281** Lanmas/Alamy; **S.282** Granger Historical Picture Archive/Alamy; **S.283** istock/duncan1890; **S.285** Photo © Chris Hellier/Bridgeman Images; **S.288** Library of Congress; **S.289** Hi-Story/Alamy; **S.290** Library of Congress; **S.292** Granger Historical Picture Archive/Alamy; **S.296** Historical Images Archive/Alamy; **S.301l&r** Granger Historical Picture Archive/Alamy; **S.302** Library of Congress; **S.303** INTERFOTO/Alamy; **S.307** Shawshots/Alamy; **S.308** Shawshots/Alamy; **S.310** NARA; **S.313** coward_lion/Alamy; **S.317** Granger Historical Picture Archive/Alamy; **S.319** istock/Placebo365; **S.320** istock/luoman; **S.323** Everett Collection Historical/Alamy; **S.324** istock/aluxum; **S.326** Kashif Haque; **S.329** Granger Historical Picture Archive/Alamy; **S.330** dpa picture alliance/Alamy; **S.331** Geoffrey Robinson/Alamy; **S.332** WENN Ltd/Alamy; **S.336** NASA

Glossar

Aborigines Australiens
Die Ureinwohner Australiens, die vor rund 40 000 Jahren auf den Kontinent kamen.

Ägyptologe
Erforscht das alte Ägypten, wozu auch die Suche nach Überresten und deren Untersuchung gehört.

Algen
Organismen, die Photosynthese zur Energiegewinnung nutzen und die Vorfahren von Pflanzen sind.

Amphibien
Tiere, auch Lurche genannt, die teilweise im Wasser und teilweise an Land leben. Frösche und Kröten zum Beispiel.

Anthropologe, Anthropologin
Untersucht, wie Menschen heute und in der Vergangenheit in Gesellschaften zusammenleben und sich verhalten.

Apartheid
In Südafrika von 1948 bis 1994 verwendetes System, das Menschen nach Hautfarbe trennt.

Archäologe, Archäologin
Untersucht die materiellen Hinterlassenschaften von Menschen, einschließlich Werkzeuge und alte Ruinen.

Assyriologe, Assyriologin
Erforscht die Geschichte des alten assyrischen Reiches und der umliegenden Gegenden.

Astronaut, Astronautin
Reist in den Weltraum.

Astronom, Astronomin
Untersucht Weltraumobjekte und -phänomene wie Sterne und Gammastrahlen.

Astrophysiker
Untersucht die Kräfte, die Materie und die Energie, die das Universum ausmachen, von in sich zusammenfallenden Sternen bis hin zur Beschleunigung der Kometen.

Atom
Besteht aus Neutronen, Protonen und Elektronen und ist die kleinste Einheit aller Stoffe.

Automat
Eine Maschine, die so gebaut ist, dass sie immer wieder die gleiche Aufgabe ausführt.

Biologe, Biologin
Erforscht und analysiert die Lebensvorgänge, Arten und Abstammungen aller Lebewesen dieser Erde.

Buddhismus
Religion, basiert auf den Lehren von Siddhartha Gautama, bekannt als der Buddha.

Bürgerkrieg
Konflikt, in dem verschiedene Gruppen innerhalb einer einzigen Gesellschaft gegeneinander kämpfen.

Christentum
Weltreligion, gegründet von den Anhängern des Jesus von Nazareth, der als Sohn Gottes verehrt wird.

Cyanobakterien
Winzige Organismen, meist nur einzellig, die mittels Photosynthese Energie erzeugen.

Demokratie
Politisches System, in dem das Volk die Macht über seine Führer hat und diese häufig durch Stimmenmehrheit wählt.

Dendrochronologe
Untersucht die unterschiedliche Breite der Jahresringe von Bäumen, um Informationen über das Erdklima in der Vergangenheit zu erhalten.

Diktator
Ein Herrscher, der mit voller Macht und ohne die Zustimmung des Volkes regiert.

DNA
Eine chemische Substanz, die sich in den Zellen, meist im Zellkern, jedes Lebewesens befindet. Dort in der DNA ist abgespeichert, wie das Lebewesen aufgebaut ist und funktioniert.

Domestizierung
Verfahren zur Zucht von Arten, die dann für den Menschen nützlicher sind als ihre Wildform.

Dynastie
Eine Folge von Herrschern aus einer einzigen Familie.

$E=mc^2$
Physikalische Gleichung, die zeigt, dass Materie in große Mengen an Energie umgewandelt werden kann.

Elektrizität
Der Bewegungsfluss von Elektronen, also Teilchen, die elektrische Ladung tragen. Wird vom Menschen zum Antrieb von Maschinen verwendet.

Entomologe
Erforscht Insekten, die Gruppe der vielfältigsten und zahlreichsten Tiere auf unserem Planeten.

Erfinder
Erkennt ein Problem oder einen Mangel und findet eine Lösung, diesen mit nie dagewesenen Maschinen, Geräten oder Konzepten zu beheben und das Leben zu verbessern.

Eukaryoten
Lebewesen mit Zellen, die einen Kern und andere Strukturen wie Organellen enthalten, die vom Körper benötigte Stoffe erzeugen.

Feudalismus
Mittelalterliches System, in dem die Menschen als Gegenleistung für ein Stück Land als Soldaten mit in den Krieg ziehen mussten.

Forscher
Reisen ins Unbekannte, um neue Länder zu erkunden, bevor sie über ihre Entdeckungen berichten.

Fossilien
Erhaltene Überreste oder Spuren eines Organismus, der vor langer Zeit gelebt hat.

Fruchtbarer Halbmond
Gebiet im Nahen Osten und in Ägypten, in dem sich die Landwirtschaft vor rund 10 000 Jahren entwickelte.

Fünf Säulen des Islam
Die fünf grundlegenden Pflichten der sunnitischen Muslime.

Galeone
Großes Holzsegelschiff, das im 15. und 16. Jahrhundert entwickelt und hauptsächlich als Kriegsschiff eingesetzt wurde.

Gefäßpflanze
Pflanze mit einer Art Röhrensystem für den Transport von Wasser und Nährstoffen.

Gletscher
Masse aus verdichtetem Schnee und Eis, die das ganze Jahr über vorhanden ist und sich im Laufe der Zeit ausbreitet.

Gliederfüßer
Tiere, die kein Rückgrat sondern ein panzerähnliches Außenskelett besitzen, wie Käfer, Spinnen und Krabben.

Globalisierung
Bedeutet, dass Menschen auf der ganzen Welt durch gegenseitigen Handel, die Industrie und gemeinsame Profite miteinander verbunden sind.

Globale Erwärmung
Der stetige Anstieg der Durchschnittstemperatur auf der Welt, der heute zum Teil durch Umweltverschmutzung verursacht wird.

Goldenes Zeitalter
Eine geschichtliche Epoche, in der große Fortschritte in Technologie, Kunst oder anderen Bereichen gemacht werden.

Gravitation oder Schwerkraft
Die fundamentale Kraft des Universums. Alle Objekte haben Schwerkraft und ziehen andere Objekte an.

Hadsch
Pilgerreise in die muslimische heilige Stadt Mekka; eine religiöse Pflicht für jeden Muslim.

Hieroglyphen
Schriftsystem, das mit Bild- und Lautzeichen ganze Wörter darstellt.

Hinduismus
Religion, die auf Göttern, religiösen Texten und kulturellen Traditionen basiert, die ihren Ursprung in Indien haben.

Historiker, Historikerin
Erforscht und beschreibt alle Epochen und Themen der Geschichte, von den Anfängen der Zivilisation bis zur Gegenwart.

Industrielle Revolution
Zeit der rasanten industriellen Entwicklung. Insbesondere die Industrielle Revolution Europas im 18. und 19. Jahrhundert.

Insekten
Gliederfüßer mit sechs Beinen, in Abschnitte unterteilten Körpern und meist auch Flügeln wie Käfer.

Islam
Religion basierend auf den Visionen und Lehren des Propheten Mohammed.

Judentum
Religion, die auf der hebräischen Bibel beruht und die erste ist, die den Monotheismus eingeführt hat.

Kapitalismus
System, in dem Land und Vermögen nicht dem Staat gehören, sondern im Besitz von Einzelpersonen und Unternehmen sind, und in dem Menschen konkurrieren, um Gewinne zu erzielen.

Katholizismus
Christliche Religionsgemeinschaft mit einem einzigen Oberhaupt, dem Papst.

Keilschrift
Eines der frühesten Schriftsysteme, das sich im 4. Jahrtausend v. Chr. entwickelte.

Klimawandel
Prozess, bei dem sich die Umweltbedingungen auf der Erde im Laufe der Zeit ändern.

Kolonie (Biologie)
Gruppe einzelner Organismen einer einzigen Art, die zusammenleben und sich gegenseitig unterstützen.

Kolonie (Geschichte, Politik)
Siedlung, die von einer Gruppe, in der Regel einer Nation, im Ausland gegründet wurde.

Kommunismus
System, in dem produktive Unternehmen wie Fabriken im Besitz aller sind und Wohlstand geteilt wird.

Konquistadoren
Spanische Entdecker und Soldaten, die im 16. Jahrhundert die Neue Welt eroberten.

Kosmochemiker
Untersucht die chemische Zusammensetzung des Universums anhand von außerirdischen Objekten wie Meteoriten und Asteroiden.

Kreuzzüge
Eine Reihe mittelalterlicher Religionskriege, die von christlichen Europäern hauptsächlich gegen Muslime geführt wurden.

Meereswirbel
System von zirkulierenden Meeresströmungen, die sich um einen zentralen Punkt drehen und Tausende von Meilen umfassen können.

Menschenrechte
Überzeugung, dass Menschen Grundrechte auf bestimmte Dinge haben, wie z.B. Religionsfreiheit und das Recht auf eine Ausbildung.

Mesoamerika
Siedlungslandschaft und Kulturareal in Mittelamerika und dem heutigen Mexiko, in der sich alte Zivilisationen entwickelten.

Mesopotamien
Üppige Kulturlandschaft im Mittleren Osten, in der sich mächtige alte Reiche entwickelten.

Monotheismus
Der Glaube an nur einen Gott.

Mumie
Leiche eines Menschen oder Tieres, die versehentlich oder absichtlich konserviert wurde.

Muskete
Lange Vorderladerwaffe, die vor allem im Krieg eingesetzt wurde, bevor Gewehre erfunden wurden.

Muslim
Ein Anhänger des Islam.

Nazismus
Nationalsozialismus in Deutschland, von Adolf Hitler angeführte politische Bewegung ab den 1920er-Jahren.

Nekropole
Baulich gestaltete Begräbnisstätte oder Gräberfeld, vor allem in der Antike. Aus dem Altgriechischen für „Totenstadt".

Neue Welt
Nord- und Südamerika, Kontinente, die Europäern, Afrikanern und Asiaten bis Mitte des 15. Jahrhunderts unbekannt waren.

Neuronen
Nervenzellen, die zusammen mit den Zellen des Nervengewebes bei fast allen vielzelligen Tieren das Nervensystem bilden.

Neurowissenschaftler, -in
Untersucht das Nervensystem, insbesondere das Gehirn.

Nomade
Zieht regelmäßig herum, wird nicht sesshaft, indem er sich an einem einzigen Ort niederlässt.

Nuklear (Kernphysik)
Bezieht sich auf den Atomkern.

Olympier
Die zwölf Hauptgötter der altgriechischen Religion, die auf dem Olymp leben sollen.

Orthodoxes Christentum
Religionsgemeinschaft, findet sich heute vor allem in Russland, Osteuropa und Griechenland.

Paläontologe, Paläontologin
Untersucht die Überreste alter Organismen, von Dinosauriern bis hin zu riesigen Pilzen, um mehr über die prähistorische Erde zu erfahren.

Pangäa
Riesiger Superkontinent aus allen zusammengeschobenen Landmassen der Erde, bestand vor 250-150 Millionen Jahren.

Pantheon
Die Gesamtheit der Götter und Göttinnen, die in einer Religion verehrt werden.

Philosophie
Lehre und Wissenschaft von der Erkenntnis des Sinns des Lebens, der Welt und der Stellung des Menschen in der Welt.

Physiker
Studiert die Wissenschaft von Materie, Energie und den Kräften, die sie verbinden.

Pilze
Gruppe von Organismen, die sich von lebenden oder einst lebenden Substanzen ernähren und sich mit Hilfe von Sporen vermehren.

Plattentektonik
Bewegung der riesigen tektonischen Platten, die die Erdkruste bilden.

Pollen
Fortpflanzungszellen, die von Blumen und einigen anderen Pflanzen produziert werden und für die Entwicklung von Samen unerlässlich sind.

Primaten
Gruppe von Säugetieren, zu denen Schwanzaffen, Menschenaffen und natürlich auch wir Menschen gehören.

Reinkarnation
Der Glaube, dass die Seelen der Toten in neuen Körpern oder sogar als Tiere wiedergeboren werden.

Reptilien
Gruppe von eierlegenden Tieren mit schuppenbedeckter Haut. Zu dieser gehören auch Eidechsen und Schlangen.

Revolutionär
Eine Person, die sich als Teil einer Bewegung gegen ein politisches System auflehnt, um Veränderungen herbeizuführen.

Roboter
Eine Maschine, die einem Menschen oder einem anderen Lebewesen ähnelt.

Sauropoden
Gruppe langhalsiger, pflanzenfressender Dinosaurier. Dieser gehörten die größten Dinosaurier an.

Säugetiere
Gehören zur Gruppe der Wirbeltiere, produzieren Milch für ihren Nachwuchs und gebären (bis auf zwei Ausnahmen) als einzige lebende Jungen.

Seidenstraße
Handelsroute, die China über ein verzweigtes Netz aus Karawanenwegen mit Westeuropa und den Rest der Welt verband.

Telegrafie
Frühe elektrische Kommunikationstechnik mit der man mittels Morse-Codes Nachrichten übertragen kann.

Terrorismus
Strategie, die auf der Verbreitung von Angst und Schrecken beruht, um ein bestimmtes Ziel, meist mit Gewalt, zu erreichen.

Theropoden
Gruppe von zweibeinigen Dinosauriern, von denen die meisten Fleischfresser waren und Federn hatten.

Traumzeit
Nach dem Glauben der Aborigines eine mythische Zeit in der Vergangenheit, als Helden das Universum erschufen.

Trilobiten
Ausgestorbene Meeresbewohner im Kambrium. Sie waren weit verbreitet und wahrscheinlich die ersten Lebewesen mit voll entwickelten Augen.

Wikinger
Nordeuropäer, die ungefähr um das 9. Jahrhundert n. Chr. herum ferne Länder erkundet, besiedelt und erobert haben.

Register

Dank

Dieses Buch wäre ohne das großartige Engagement zahlreicher Menschen nie zustande gekommen. Besonders dankbar bin ich für die gute Beratung und ständige Unterstützung von Richard Atkinson, Natalie Bellos, John Gordon-Reid, Steve Carpenter und Mark Skipworth.
Mein großer Dank geht auch an das Verlagsteam von *What on Earth Books*, von dem jeder Einzelne eine tragende Rolle bei der Umsetzung dieses Buches gespielt hat.

Meinen Eltern, Angus und Wanda Lloyd, die mich über die Jahre hinweg stets unterstützt und mich mit ihrer unermüdlichen Begeisterung für meine Arbeit so sehr beflügelt haben, schulde ich ein ganz großes Dankeschön. Ich danke euch von Herzen.
Ich widme dieses Buch meinen fabelhaften Mädchen. Ohne Matilda, die sich in all den Jahren so furchtbar in der Schule gelangweilt hat, hätten sie, ihre Schwester Verity, ihre liebenswerte Mutter Virginia und ich niemals auf unserer Reise durch Europa diese fünf wundervollen Monate zusammen in einem Wohnmobil verbracht. Und ich hätte niemals all diesen Abwasch unter freiem Himmel gemacht, was letztendlich zur Idee für dieses Buch führte!
Und nicht zuletzt gebührt der größte Dank meiner Frau Virginia. Sie ist nicht nur die fabelhafteste Mutter, sondern auch die fürsorglichste und liebevollste Ehefrau, die man sich nur wünschen kann. Ich kann dir nicht genug danken.